职业教育建筑类改革与创新规划教材

# 建筑工程预算

第2版

主　编　任波远　曹文萍
副主编　肖　霞　孟　丽　曹　越
参　编　于会萍　刘　青　潘莉莉　于　强
　　　　周晓杰　吕红校　任振军　许　雪
主　审　段　欣　黄伟典

机械工业出版社

本书坚持以就业为导向，以企业需求为基本依据，适应行业技术发展的要求；本着以适用为基础，以提高能力为本位，理论联系实际的原则，教学内容体现基础性、适用性、概括性、实践性的特点；结构上，以最常见的工程为实例来编写，突出计算案例，重点规则解释清楚，浅显易懂，是职业学校学生用书以及各类预算员上岗培训的参考教材。

本书是以最新《山东省建筑工程消耗量定额》、《山东省建筑工程价目表》、《山东省建筑工程量计算规则》、《山东省建筑工程费用及计算规则》、《山东省建筑工程消耗量定额综合解释》、《山东省建筑工程费用项目构成及计算规则》等为主要依据编写的。

本书可作为中职、高职建筑类专业工程预算课程的教材，尤其适用于采用山东省定额教学的职业院校，也可作为相关行业岗位培训、成人教育的教材或自学用书。

本书配有精美电子课件，选用本书的老师可通过登录 www.cmpedu.com 注册、下载，或联系编辑（010-88379865）索取。

**图书在版编目（CIP）数据**

建筑工程预算/任波远，曹文萍主编. —2 版. —北京：机械工业出版社，2012.6（2016.9 重印）

职业教育建筑类改革与创新规划教材

ISBN 978-7-111-38183-9

Ⅰ.①建… Ⅱ.①任…②曹… Ⅲ.①建筑预算定额—高等职业教育—教材 Ⅳ.①TU723.3

中国版本图书馆 CIP 数据核字（2012）第 081997 号

机械工业出版社（北京市百万庄大街 22 号 邮政编码 100037）

策划编辑：王莹莹 责任编辑：王莹莹

责任校对：刘秀芝 封面设计：马精明

责任印制：常天培

北京中兴印刷有限公司印刷

2016 年 9 月第 2 版第 6 次印刷

184mm×260mm · 18.5 印张 · 457 千字

标准书号：ISBN 978-7-111-38183-9

定价：39.00 元

凡购本书，如有缺页、倒页、脱页，由本社发行部调换

| 电话服务 | 网络服务 |
|---|---|
| 服务咨询热线：010-88379833 | 机 工 官 网：www.cmpbook.com |
| 读者购书热线：010-88379649 | 机 工 官 博：weibo.com/cmp1952 |
| | 教育服务网：www.cmpedu.com |
| 封面无防伪标均为盗版 | 金 书 网：www.golden-book.com |

# 第 2 版前言

本教材自 2010 年 1 月出版以来，在全国各地受到普遍好评。随着建筑业的迅速发展，新材料、新技术、新工艺不断出现，特别是随着社会经济水平的不断提高，2011 年，山东省住房和城乡建设厅、山东省工程建设标准定额站颁布了新的山东省建筑工程费用及计算规则等一系列的法规性文件，教材中的部分内容已经过时陈旧，应予删除，为此决定对教材进行修订。对于第 1 版教材出版中的一些贻误和疏漏，也借此修订机会一并更正和充实，以臻完善。

本教材坚持以就业为导向，以企业需求为基本依据，适应行业技术发展的要求；本着以适用为基础，以提高能力为本位，理论联系实际的原则，教学内容体现基础性、适用性、概括性、实践性；结构上，以最常见的工程为实例来编写，突出计算案例，重点规则解释清楚，浅显易懂，是职业院校学生用书以及各类预算员上岗培训的参考教材。

本教材修订时，无论预算价格还是计算规则、计费程序，全部参考山东省住房和城乡建设厅、山东省工程建设标准定额站最新颁布的法规性计价文件，如 2011 年 7 月颁布的《山东省建设工程组成及计算规则》和《山东省建筑工程价目表》等。

本教材的教学时数为 289 学时，各章学时分配见下表（供参考）。

| 章　次 | 学 时 数 | 章　次 | 学 时 数 |
|---|---|---|---|
| 第一章 | 7 | 第五章 | 6 |
| 第二章 | 12 | 第六章 | 190 |
| 第三章 | 8 | 第七章 | 10 |
| 第四章 | 26 | 第八章 | 30 |

本教材第 2 版修订由任波远、曹文萍任主编，肖霞、孟丽、曹越任副主编，于会萍、刘青、潘莉莉、于强、周晓杰参加了修订工作，全书由段欣、黄伟典主审。

由于编者水平有限，第 2 版修订时间仓促，书中疏漏和不足之处在所难免，恳请读者提出宝贵意见。

**编　者**

# 第1版前言

多年来，职业院校预算教材一直困扰着授课老师，因预算价格受地区影响差别比较大，各职业院校选用教材也不统一，在目前使用的一些教材中，规则理论讲得多，应用实例偏少，学生在理解规则上难度较大。为顺应课程改革的需要，加快课程改革的步伐，针对职业学校学生底子薄、基础差的现状，编委会特编写了这本预算教材。

本教材坚持以就业为导向，以企业需求为基本依据，适应行业技术发展的要求；本着以适用为基础，以提高能力为本位，理论联系实际的原则，教学内容体现基础性、适用性、概括性、实践性的特点；结构上，以最常见的工程为实例来编写，突出计算案例，重点规则解释清楚，浅显易懂，是职业院校学生用书以及各类预算员上岗培训的参考教材。

本教材编写中参考了黄伟典老师主编的《建设工程计量与计价》一书，是以《山东省建筑工程消耗量定额》、《山东省建筑工程价目表》、《山东省建筑工程量计算规则》、《山东省建筑工程费用及计算规则》、《山东省建筑工程消耗量定额综合解释》、《山东省建筑工程费用项目构成及计算规则》等为主要依据编写的。

本教材的参考教学时数为289学时，各章学时分配建议见下表（供参考）。

| 章　次 | 学 时 数 | 章　次 | 学 时 数 |
|---|---|---|---|
| 第一章 | 7 | 第五章 | 6 |
| 第二章 | 12 | 第六章 | 190 |
| 第三章 | 8 | 第七章 | 10 |
| 第四章 | 26 | 第八章 | 30 |

本教材由任波远、曹文萍任主编，吕红校、任振军、许雪参编，全书由段欣、黄伟典主审。

由于编者水平有限，书中疏漏和不足在所难免，恳请读者提出宝贵意见。

编　者

# 目　录

# 第一章 绪 论

学习目标

- ➢ 了解基本建设的概念、内容、程序。
- ➢ 掌握工程预算的基本理论。
- ➢ 领会并实践学习预算的方法。

## 第一节 基本建设

### 一、基本建设的概念

基本建设是国民经济各部门固定资产的再生产，即人们使用各种施工机具对各种建筑材料、机械设备等进行建造和安装，使之成为固定资产的全过程。其中包括生产性和非生产性固定资产的更新、扩建、改建和新建。与此相关的工作，如征用土地、勘察、设计、培训生产职工等也包括在内。

### 二、基本建设的内容

基本建设一般有五部分内容，即：建筑工程；设备安装工程；设备（工具、器具及生产家具）的购置；勘察设计；其他基本建设工作。

**1. 建筑工程**

建筑工程，包括各种厂房、仓库、住宅、办公、宿舍等建筑物和矿井、铁路、公路、码头等构筑物的建筑工程；各种管道、电力和电信导线的敷设工程；设备基础、各种工业炉砌筑、金属结构等工程；水利工程和其他特殊工程等。

**2. 设备安装工程**

设备安装工程，包括电力、电信、起重、运输、医疗、实验等设备的安装工程；与设备相连的工作台、梯子等附属工程；附属于被安装设备的管线敷设工程；被安装设备的绝缘、保温和油漆等工程；安装设备的测试和进行无负荷试车等。

**3. 设备（工具、器具及生产家具）的购置**

设备购置，包括一切需要安装与不需要安装设备的购置，包括车间、实验室、医院所应配备的，达到固定资产的各种工具、器具、仪器及生产家具的购置。

**4. 勘察设计**

勘察设计，包括地质勘探、地形测量及工程设计方面的工作。

**5. 其他基本建设工作**

其他基本建设工作，包括上述内容以外的如土地征用、建设场地原有建筑物拆迁赔偿、青苗补偿、迁坟移户、建设单位日常清理、生产职工培训等。

## 三、基本建设程序

基本建设程序就是固定资产投资项目建设全过程各阶段和各步骤的先后顺序。对于生产性基本建设而言，基本建设程序也就是形成综合性生产能力过程的规律的反映；对于非生产建设而言，基本建设程序是顺利完成建设任务，获得最大社会经济效益的工程建设的科学方法。基本建设有着必须遵循的客观规律，基本建设程序则是这一客观规律的反映。基本建设程序包括：项目建议书、可行性研究报告、初步设计阶段、施工图设计阶段、项目招标投标、施工阶段、进行生产或交付使用前的准备、竣工验收 8 个环节。具体工作程序如下。

第一步：项目建议书

建设单位根据国民经济中长期发展计划和行业、地区的发展规划，提出需做可行性研究的项目建议书，报上级主管部门。

第二步：可行性研究报告

根据主管部门批准的项目建议书，进行可行性研究、预选建设地址、编制可行性研究报告，报上级主管部门审批。

第三步：初步设计阶段

根据批准的可行性研究报告，选定建设地址，进行初步设计，编制工程总概算。

第四步：施工图设计阶段

按照初步设计文件，由设计单位绘制建筑工程施工图，编制施工图预算。

第五步：项目招标投标

建设单位或委托招标委员会办理招标投标事宜。建设单位或招标委员会编制标底，投标单位分别编制投标书。工程建设项目在招标范围以内，并且达到以下标准的必须进行招标：

（1）施工单项合同估算价在 200 万元人民币以上的；

（2）重要设备、材料等货物的采购，单项合同估算在 100 万元人民币以上的；

（3）勘察、设计、监理等服务的采购，单项合同估算价在 50 万元人民币以上的；

（4）单项合同估算低于第（1）、（2）、（3）项规定的标准，但项目总投资额在 3000 万元人民币以上的。

第六步：施工阶段

施工单位和建设单位签订施工合同，到城建部门办理施工许可证，施工单位编制施工预算。

第七步：进行生产或交付使用前的准备

工程施工完成后，要及时做好交付使用前的竣工验收准备工作。

第八步：竣工验收

工程完工后，建设单位组织规划、建管、设计、施工、监理、消防、环保等有关部门进行全面的竣工验收。

## 第二节 工程预算的基本理论

### 一、建筑产品的特点

建筑产品都是每个建设单位根据自身发展需要，经设计单位按照建设单位要求设计图样，再由施工单位根据图样在指定地点建造而成的，建筑产品所用材料种类繁多，其平面与空间组合变化多样，这就构成了建筑产品的特殊性。

建筑产品也是商品，与其他工业和农业产品一样，有其商品的属性。但从其产品及生产的特点上看，却具有与一般商品不同的特点，具体表现在四个方面。

#### （一）建筑产品的固定性

工程项目都是根据需要和特定条件由建设单位选址建造的，施工单位在建设地点按设计的施工图样建造建筑产品。当建筑产品全部完成后，施工单位将产品就地不动地移交给使用单位。产品的固定性决定了生产的流动性，劳动者不但要在施工工程各个部位移动工作，而且随着施工任务的完成又将转向另一个新的工程。产品的固定性，使工程建设地点的气象、工程地质、水文地质和技术经济条件直接影响工程的设计、施工和成本。

#### （二）建筑产品的单件性

建筑产品的固定性，导致了建筑产品必须单件设计、单件施工、单独定价。建筑产品是根据它们各自的功能和建设单位的特定要求单独设计的。因此，建筑产品形式多样、各具特色，每项工程都有不同的规模、结构、造型、等级和装饰，需要选用不同的材料和设备，即使同一类工程，各个单件也有差别。由于建造地点和设计的不同，必须采用不同的施工方法，单独组织施工。因此，每个工程项目的劳动力、材料、施工机械和动力燃料消耗各不相同，工程成本会有很大差异，必须单独定价。

#### （三）工程建设露天作业

由于建筑产品的固定性，加之体形庞大，其生产一般是露天进行，受自然条件、季节性影响较大。这会引起产品设计的某些内容和施工方法的变动，也会造成防雨、防寒等费用的增加，影响到工程的造价。

#### （四）建筑产品生产周期长

建筑产品生产过程要经过勘察、设计、施工、安装等很多环节，涉及面广，协作关系复杂，施工企业建造建筑产品时，要进行多工种综合作业，工序繁多，往往长期大量地投入人力、物力、财力，因而建筑产品生产周期长。由于建筑产品价格受时间的制约，周期长，价格因素变化大，如国家经济体制改革出现的一些新的费用项目，材料设备价格的调整等，都会直接影响建筑产品的价格。

总之，上述特点决定了建筑产品不宜简单地规定统一价格，而必须借助编制工程概预算和招标标底、投标报价等特殊的计价程序给每个建筑产品单独定价，以确定它的合理价格。

### 二、建设项目的划分

为了计算建筑产品的价格，设想将整个建设项目根据其组成进行科学的分解，划分为若干个单项工程、单位工程、分部工程、分项工程、子项工程。

**1. 建设项目**

一个具体的基本建设项目，通常就是一个建设项目，一般是指在一个场地或几个场地上，按照一个设计意图，在一个总体设计或初步设计范围内，进行施工的各个项目的综合。例如在工业建筑中，建设一个工厂或一个工业园就是一个建设项目；在民用建筑中，一般以一个学校、一所医院、一个住宅小区等为一个建设项目。

建筑产品在其初步设计阶段以建设项目为对象编制总概算，竣工验收后编制竣工决算。

**2. 单项工程**

单项工程是指在一个建设项目中，具有独立的设计文件，竣工后可以独立发挥生产能力或效益的工程，它是建设项目的组成部分。如工业建筑中的各个生产车间、辅助车间、仓库等；民用建筑中如学校的教学楼、图书楼、实验楼、食堂等分别都是一个单项工程。

**3. 单位工程**

单位工程竣工后一般不能发挥生产能力或效益，但具有独立的设计，可以独立组织施工，它是单项工程的组成部分。例如，一个生产车间的土建工程、电气照明工程、机械设备安装工程、给水排水工程，都是生产车间的这个单项工程的组成部分；住宅建筑中的土建、给排水、电气照明等工程分别都是一个单位工程。

建筑工程一般以单位工程为对象编制施工图预算、竣工结算和进行工程成本核算。

**4. 分部工程**

分部工程是单位工程的组成部分，分部工程一般按工种来划分，例如，土石方工程、砌筑工程、混凝土及钢筋混凝土工程、门窗及木结构工程、金属结构工程、装饰工程等。

**5. 分项工程**

分项工程是分部工程的组成部分，按照不同的施工方法、不同材料、不同内容，可将一个分部工程分解成若干个分项工程。如门窗工程（分部工程）可分为木门窗、铝合金门窗等分项工程。

**6. 子项工程**

子项工程（子目）是分项工程的组成部分，是工程中最小单元体。如砖墙分项工程可分为240砖墙、365砖墙等。子项工程是计算工、料、机械及资金消耗的最基本的构造要素。单位估计表中的单价大多是以子项工程为对象计算的。

建设项目划分示意，如图1-1所示。

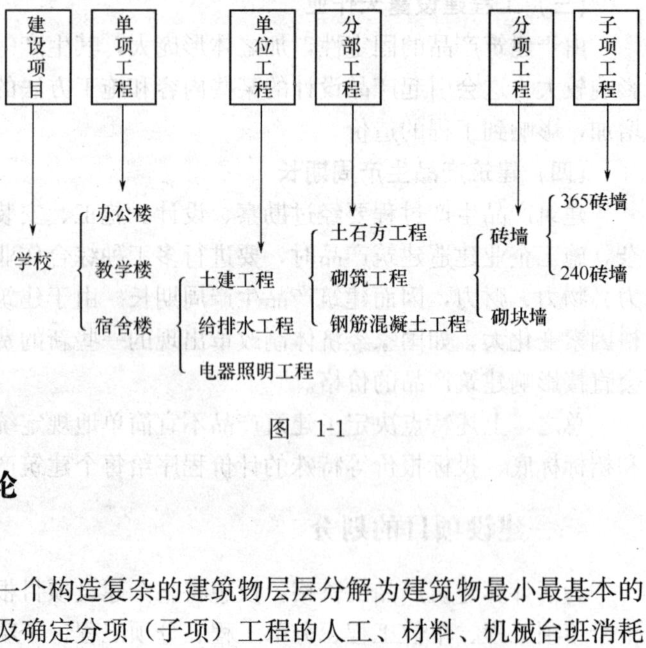


图 1-1

## 三、建筑工程预算的基本理论

**1. 确定建筑工程造价的两个前提**

要计算建筑工程的造价，必须将一个构造复杂的建筑物层层分解为建筑物最小最基本的构造要素——分项（子项）工程，以及确定分项（子项）工程的人工、材料、机械台班消耗量及费用的定额，这两个前提缺一不可。

(1) 将建筑工程分解为分项（子项）工程。将体积庞大、构造复杂的建筑工程按照化整为零的方法，对建筑工程进行合理的层层分解，一直分解到分项（子项）工程为止。

例如：办公楼——土建工程——屋面工程——防水工程——PVC橡胶卷材。

(2) 编制建筑工程预算定额。将最基本的分项（子项）工程作为假定产品，以完成单位合格的分项（子项）工程产品所需的人工、材料、机械台班消耗量为标准编制出预算定额。

**2. 编制工程预算的基本理论**

(1) 将建筑工程合理的分解为分项（子项）工程，依据预算定额计算出各分项（子项）工程的直接费用成本，然后汇总成工程的直接费用成本。

(2) 在工程的直接费用成本的基础上，再计算出直接费、间接费、利润和税金，就可以最终计算出整个建筑工程的造价。

## 第三节 学习建筑工程预算的方法

建筑工程预算是一门综合性很强的科目，它和建筑制图与识图、建筑构造、建筑施工技术等学科有着密切联系。学习预算，除了掌握预算的规则方法以外，还必须看懂图样，弄清工程的详细构造，工程施工的方法、顺序，只有这样才能编写出工程预算书。对于初学者而言，学习预算应做到以下几点：

### 一、多读

(1) 仔细阅读建筑施工图样，并注意设计说明、材料做法等部分。阅读图样时应注意前后联系，并查阅与图样配套的相关图集，从而掌握工程的细部构造及做法。

(2) 全面详细地阅读建筑工程预算定额、补充定额、补充规定，阅读近期发布的工程造价文件，阅读定额注意说明及附注部分。

(3) 精读消耗量定额中项目表具体内容，遇到相近的定额项目，要从工作内容、材料消耗种类、数量和使用机械中找出差别，分析它们各自的使用范围，以便正确套用定额项目。

### 二、多看

(1) 要经常到工地参观，观察建筑工程的细部构造，观察工程的施工方法、施工的内容，把它们和定额项目表中的工作内容联系起来。

(2) 到工地参观遇到不懂的问题，要勤于思考，查阅资料，向老师或有经验的造价员请教，并及时做好笔记。

### 三、多练

(1) 做练习时，在识懂图样的基础上，弄清需计算的工程内容，查阅相关定额说明及计算规则，然后计算工程量，再套用相应内容的定额项目。

（2）熟练掌握本教材中所列举的工程实例。

（3）搜集一套完整的工程施工图样，编制工程预算书。

## 想一想

1. 何谓基本建设，它包括哪些内容？
2. 举例说明建设项目的划分。
3. 分小组讨论预算的基本原理。
4. 说一说你打算如何学好预算。

# 第二章　建筑工程定额编制

**学习目标**

- ➢ 了解建筑工程定额的概念、作用、种类。
- ➢ 了解企业定额的分类及应用。
- ➢ 掌握预算定额的构成、作用及编制原则。
- ➢ 熟悉预算定额计量单位。

## 第一节　概　　述

### 一、定额的概念

在工程建设中，为了完成某单位合格产品，就要消耗一定数量的人工、材料、机械台班和资金。这些消耗是随着生产力的发展、生产技术的不断变化而变化的，它反映出一定时期的社会劳动生产力水平。

工程定额是指在一定时期内，在正常的施工条件、先进合理的施工工艺和施工组织的条件下，采用科学的方法制定每完成一定计量单位的质量合格产品所必需消耗的人工、材料、机械设备及其价值的数量标准。

实行定额的目的，是为了力求用最少的人力、物力和财力的消耗，生产出符合质量标准的合格建筑产品，取得最好的经济效益。定额既是使建筑安装活动中的计划、设计、施工、安装各项工作取得最佳经济效益的有效工具和杠杆，又是衡量、考核上述工作经济效益的尺度。

### 二、定额的作用和意义

**1. 定额是政府宏观调控和监督的依据**

在社会主义初级阶段，市场经济还不成熟，有许多不规范的行为。政府调控和监管的基本目标是使市场价格大体上反映价值，在价值的范围内上下浮动，以体现价值规律。政府的有关计价规则，虽不一定对某具体工程的定价产生直接作用，但它是一只无形的手，在影响、指导、规范着市场总体价格水平。

**2. 定额是政府管理建设市场、实行工程价格监督的依据**

合理确定工程价格、保证工程质量、保证项目资金安全使用、促进建设市场的健康发展是我们的目标和方向。反对价格欺诈、防止不正当竞争和挤占、挪用建设资金，是规范市场的具体要求。在工程价格监督检查中，对于不正当竞争的价格及不平衡报价，其认定的基础应当是政府发布的有关定额和各个阶段的计价依据。

**3. 定额是对建设项目进行评价、控制及确定造价的依据**

建设项目法人（建设单位）或其招标代理机构在确定和控制工程造价、进行经济评价和评判报价是否合理时，必然以定额作依据；定额是项目筛选、进行经济比较的依据；定额也是确定项目造价的基础。实施中，概预算是建设单位筹措资金、发包工程、控制造价的依据和目标，也是自我约束、衡量建设管理水平的标准。

**4. 定额是建筑施工企业参与竞争、投标报价、进行成本核算的重要参考**

企业施工定额是企业生产水平和管理水平的个体反映，是编制投标报价、施工组织设计和作业计划的依据。其目的是要达到激发企业职工或承包商的积极性和创造性，最大限度地提高管理水平和生产效率，增强企业参与社会竞争的能力。由于体制和企业管理水平和管理深度的原因，许多企业没有自己的内部定额，投标报价和成本核算主要依靠现行预算定额，只是在预算定额基础上作一定幅度的调整。制定企业定额已经成了许多企业难以解决而又急于解决的一个棘手问题，随着企业改制和现代企业制度的创建，企业没有自己内部施工定额的问题将会伴随着企业管理的深化而解决。

**5. 定额是权衡项目管理和企业管理水平的杠杆**

由定额消耗量确定的一些量化指标，是考核项目法人、项目经理及各分项负责人项目管理的经济参数，是评判其投资控制和项目运作及廉政建设的依据，也是评判其管理水平高低的杠杆。

**6. 定额是衡量劳动生产率的尺度，是总结、分析和改进施工方法的重要手段**

定额在企业管理中占有十分重要的地位，当前建筑业正在进行全面改革，改革的关键是改进施工方法，提高劳动生产率。

## 三、定额的分类

建筑工程定额的种类很多，按其内容、范围、用途等不同，可以作如图 2-1 所示分类。

- 按生产要素消耗内容分
  - 劳动消耗定额
  - 材料消耗定额
  - 机械台班消耗定额
- 按定额用途分
  - 企业定额
  - 预算定额
  - 概算定额
  - 概算指标
  - 投资估算指标
- 按定额执行范围分
  - 全国统一定额
  - 行业统一定额
  - 地区定额
  - 企业定额
  - 补充定额
  - 临时定额
- 按定额费用性质分
  - 建筑工程定额
  - 设备安装工程定额
  - 建筑安装工程费用定额
  - 工具器具定额
  - 工程建设其他定额

图 2-1　建筑工程定额分类

# 第二节　企业定额

## 一、概述

企业定额是在正常的施工条件下，按照规定的施工过程完成单位合格产品所需消耗的人工、材料、机械台班的数量标准。

企业定额也可以叫做施工定额，但与施工定额在作用上有所区别。

施工定额是施工企业内部管理的工具，是给施工班组下达施工任务、限额领料单和进行“两算”（施工预算和施工图预算）对比的依据。而企业定额除了上述作用外，主要用于企业快速投标报价，力求在报价中反映企业的优势和能力。在《中华人民共和国招标投标法》中明文规定："投标人不得以低于成本的报价竞标"，由此可以看出成本价是中标价的下限。

预算定额确定的工程成本，是该行业的社会成本，企业定额确定的工程成本，是企业的个别成本。因而，企业定额的水平与本企业的生产技术水平和管理水平相一致，具有个别性。

为了计算和确定企业的个别成本，在工程投标中占据有利位置，必须研究企业定额的编制。施工企业为了提高本企业的劳动生产率，降低材料消耗量，取得良好的经济效益，制定企业定额时，定额的水平要以本企业的"平均先进"水平为准。

企业定额一般由劳动定额、材料消耗量定额和机械台班定额组成。

## 二、劳动定额

劳动定额也称人工定额，它有两种表现形式：时间定额和产量定额。

劳动定额的时间以"工日"为单位，每一工日按 8h 计算。

**1. 时间定额**

时间定额是指在正常的施工条件下，某工种、某技术等级工人小组或个人完成单位合格产品所必须消耗的劳动时间。

$$单位产品的时间定额(工日)=\frac{1}{每工产量}$$

$$单位产品的时间定额(工日)=\frac{小组成员工日数的总和}{台班产量(班组完成产品数量)}$$

时间定额常用的单位是：工日/$m^3$、工日/$m^2$、工日/m、工日/个、工日/t。

例如：砌 1$m^3$ 一砖厚清水砖墙的时间定额为 1.16 工日。

**2. 产量定额**

产量定额是指在正常的施工条件下，某工种、某技术等级工人小组或个人在单位时间内完成合格产品的数量。

$$产量定额=\frac{1}{单位产品时间定额(工日)}$$

$$台班产量=\frac{小组成员工日数的总和}{单位产品时间定额(工日)}$$

产量定额常用的单位是：$m^3$/工日、$m^2$/工日、m/工日、个/工日、t/工日。

例如：在砖墙上抹水泥砂浆的产量定额为 1.12$m^3$/工日。

**3. 时间定额与产量定额的关系**

时间定额与产量定额互为倒数关系，即

$$时间定额=\frac{1}{产量定额} \quad 或 \quad 产量定额=\frac{1}{时间定额}$$

$$时间定额\times产量定额=1$$

例如：若采用搅拌机现场搅拌，机械振捣，塔式起重机运输混凝土，浇筑周长 1.6m 以内的矩形柱子 1$m^3$ 混凝土的时间定额为 1.22 工日/$m^3$；那么产量定额为（1/1.22）$m^3$/工日=0.82 $m^3$/工日。

**4. 劳动定额的应用实例**

劳动定额的表现形式一般为

$$\frac{时间定额}{产量定额} \quad 或 \quad \frac{时间定额}{台班产量}$$

某企业编制的劳动定额摘录见表2-1。

表2-1　双（单）轮车运输每100块砖的劳动定额（摘录）

| 编　　号 | 项　　目 | 运距在（米以内） | | | | | | |
|---|---|---|---|---|---|---|---|---|
| | | 30 | 60 | 90 | 120 | 160 | 200 | 500 |
| 17 | 标准砖 | $\frac{0.036}{27.78}$ | $\frac{0.037}{27.03}$ | $\frac{0.04}{24.8}$ | $\frac{0.042}{23.81}$ | $\frac{0.046}{21.73}$ | $\frac{0.05}{20.0}$ | $\frac{0.076}{13.16}$ |
| 18 | 耐火砖 | $\frac{0.049}{20.5}$ | $\frac{0.051}{19.61}$ | $\frac{0.054}{18.52}$ | $\frac{0.058}{17.2}$ | $\frac{0.065}{15.4}$ | $\frac{0.068}{14.71}$ | $\frac{0.111}{9.01}$ |
| 19 | 水泥空心砌块 | $\frac{0.263}{3.81}$ | $\frac{0.281}{3.56}$ | $\frac{0.301}{3.321}$ | $\frac{0.322}{3.11}$ | $\frac{0.345}{2.91}$ | $\frac{0.369}{2.72}$ | $\frac{0.485}{2.06}$ |
| 20 | 煤渣空心砌块 | $\frac{0.155}{6.45}$ | $\frac{0.165}{6.05}$ | $\frac{0.176}{5.68}$ | $\frac{0.189}{5.29}$ | $\frac{0.204}{4.90}$ | $\frac{0.218}{4.58}$ | $\frac{0.287}{3.48}$ |

［例2-1］　某工程开工前需要盖5间平房，作为工地临时办公室和工人临时宿舍，采用旧楼拆下的普通标准砖砌筑，经计算这5间平房共需34185块砖，现砖堆放地点距平房施工地点约160m。（该企业劳动定额见表2-1）

（1）施工员准备安排4人用双轮车运砖，请问需多长时间运完？

（2）若2天必须全部运完，施工员需安排几人？

**解**：查表2-1知：该工程时间定额为0.046工日/100块砖，产量定额为21.73（100块砖）/工日。

（1）完成工程所需劳动量＝(34185÷100×0.046)工日＝15.73工日

需要施工的天数＝（15.73÷4）天≈4天

（2）完成工程所需劳动量＝[34185÷(21.73×100)]工日＝15.73工日

该工程每天需要的人数＝(15.73÷2)人＝8人

## 三、材料消耗量定额

### 1. 材料消耗量定额的概念

材料消耗定额是指在先进合理的施工条件和合理使用材料的情况下，生产质量合格的单位产品所必须消耗的建筑材料的数量标准。

### 2. 消耗量定额材料消耗内容

（1）直接用于建筑工程上的材料——材料的净用量。

（2）不可避免产生的施工废料——工艺性损耗。

（3）不可避免的材料施工操作损耗（如场内运输、堆放损耗）——施工操作损耗。

其中，工艺性损耗及施工操作损耗之和统称为材料损耗量，其数量用材料的损耗率来计算。

$$材料的损耗率=\frac{材料损耗量}{材料净用量}\times100\% \quad 或 \quad 材料损耗量=材料净用量\times材料的损耗率$$

材料的损耗率是通过观测、试验和统计方法得到的，如某企业砌砖项目损耗率见表 2-2。

**表 2-2　某企业砌砖项目损耗率**

| 序　　号 | 项　　目 | 厚　　度 | 砖损耗率（%） | 砂浆损耗率（%） |
|---|---|---|---|---|
| 1 | 实砌砖墙（砖规格 240mm×115mm×53mm） | 0.5 砖 | 1.4 | 1.04 |
| 2 | | 1 砖 | 1.2 | 1.04 |
| 3 | | 1.5 砖 | 1 | 1.01 |

$$材料消耗量=材料净用量+材料损耗量$$

通常简化为：材料消耗量＝材料净用量×(1＋材料损耗率)

**3. 制定消耗量定额的方法**

（1）现场技术测定法：这是指在节约和合理使用材料的条件下，在施工现场通过采用先进的施工技术来测定材料消耗量的方法。

（2）试验法：试验法是指在实验室中进行试验和测定，确定材料消耗量定额的方法。如混凝土、沥青、砂浆材料的消耗。

（3）统计法：统计法是通过现场用料的大量统计资料进行分析计算，来确定材料消耗量定额的方法。

（4）计算法：这是根据典型的施工图样，运用一定的计算公式，通过理论计算确定材料消耗量定额。如砖块、面砖等块体材料的消耗量的计算。

**4. 材料用量计算**

用计算法确定材料用量比较简单，下面以块料面层为例作简要介绍。

$$10m^2块料面层用量=\frac{10}{(块长+拼缝)\times(块宽+拼缝)}\times(1+损耗率)$$

［例 2-2］　某外墙面贴瓷质外墙砖，砖规格为 194mm×94mm，瓷砖拼缝宽度 10mm，其损耗率为 3.5%，计算 $10m^2$ 墙面需用外墙砖的块数。

**解：** $10m^2外墙瓷砖消耗量=\frac{10}{(0.194+0.01)\times(0.094+0.01)}块\times(1+3.5\%)=488\ 块$

## 四、机械台班定额

**1. 机械台班定额的概念**

机械台班定额是指在正常施工、合理的劳动组织和合理使用机械条件下，由熟练工人或小组合理、均衡地组织劳动和使用机械时，该机械在单位时间内的生产效率。

按其表现形式不同，机械台班定额可分为机械台班时间定额和机械台班产量定额两种。

**2. 机械台班时间定额**

机械台班时间定额是指在正常施工、合理的劳动组织和合理使用机械条件下，生产某一单位合格产品所必需消耗的机械台班数量。其单位是：台班/t、台班/$m^3$、台班/$m^2$。

工人使用一台机械，工作一个班次（8h）称为一个台班，它既包括机械本身的工作，又包括使用该机械的工人的工作。

**3. 机械台班产量定额**

机械台班产量定额是指在正常施工、合理的劳动组织和合理使用机械的条件下，单位时间（台班）内完成合格产品的数量。其单位是：t/台班、$m^3$/台班、$m^2$/台班。

机械台班时间定额与机械台班产量定额互为倒数关系，即

$$机械台班时间定额=\frac{1}{机械台班产量定额}$$

或

$$机械台班产量定额=\frac{1}{机械台班时间定额}$$

由于机械通常由工人小组配合，所以定额中所列出的时间定额值一般为工人小组（所有工人）的时间定额，也就是小组每位成员的时间定额之和，即

$$工人机械台班时间定额=\frac{小组成员总人数}{机械台班产量定额}$$

或

$$机械台班产量定额=\frac{小组成员总人数}{工人小组机械时间定额}$$

**4. 机械台班定额应用实例**

机械台班定额的表现形式一般为：$\frac{人工时间定额}{机械台班产量定额}$。

某施工企业吊装每一块混凝土大型空心板机械台班定额（部分）见表2-3。

**表2-3 吊装每一块混凝土大型空心板机械台班定额**

工作内容：构件场外运输、起吊、就位、校正、固定等。

| 施工项目 | | 空心板（吨以内） | | | | | |
|---|---|---|---|---|---|---|---|
| | | 0.25 | 0.5 | 0.75 | 1 | 1.5 | 3 |
| 吊装空心板 | 轮胎式起重机 | $\frac{0.085}{142}$ | $\frac{0.098}{122}$ | $\frac{0.108}{111}$ | $\frac{0.118}{102}$ | $\frac{0.138}{87}$ | $\frac{0.152}{79}$ |
| | 塔式起重机 | $\frac{0.062}{193}$ | $\frac{0.075}{161}$ | $\frac{0.079}{151}$ | $\frac{0.086}{139}$ | $\frac{0.107}{112}$ | $\frac{0.154}{78}$ |
| 编号 | | 275 | 276 | 277 | 278 | 279 | 280 |

注：吊装工人小组共有12人组成。

[例2-3] 某施工企业现需吊装空心板275块，每块空心板质量为0.71吨，吊装小组共12人采用轮胎式起重机，该企业企业定额见表2-3。试问若采用一辆轮胎式起重机需用多长时间起吊完毕。

**解：** 据已知条件查表2-3得知：该工程机械台班时间定额为0.108台班/块，机械台班产量定额为111块/台班。

第一种方法：吊装小组劳动工程量(块)×时间定额(工日/块)

=275×0.108工日=29.7工日

因吊装小组共12人配合协作，故吊装时间为：(29.7÷12)天=2.48天

第二种方法：吊装小组工程量(块)/产量定额(块/台班)=

(275÷111)台班=2.48台班

因为一台机器工作8小时为一个台班，所以采用一辆轮胎式起重机用2.48天可吊装全部空心板。

# 第三节　预 算 定 额

## 一、概述

预算定额是规定完成一定计量单位的合格产品，所消耗的人工、材料、机械台班和基价（货币量）的数量标准。

预算定额是由国家或其授权单位统一组织编制和颁发的一种法令性指标。预算定额中的各项指标是国家允许建筑业在完成工程任务时工料消耗的最高限额，也是国家提供的物质资料和建设资金的最高限额，从而使建筑工程有一个统一的核算尺度，对基本建设实行计划管理和有效的经济监督，也是保证建筑工程施工质量的重要手段。

预算定额反映一段时期内社会的平均消耗水平，是一种综合性定额，它适合一般的设计和施工情况。当设计和施工与定额不同，并且对工程造价影响较大时，预算定额规定可以根据设计和施工的具体情况进行换算，使定额在统一原则下，具有必要的灵活性。

## 二、预算定额的构成和作用

### (一) 预算定额的构成

预算定额反映一定计量单位分部分项工程的人工、材料、机械消耗标准及其货币价值，因此预算定额既反映实物量又反映货币量。在山东省，习惯上将《山东省建筑工程消耗量定额》、《山东省建筑工程价目表》、《山东省建筑工程量计算规则》、《山东省建筑工程费用及计算规则》、《山东省建筑工程消耗量定额综合解释》、《山东省建筑工程费用项目构成及计算规则》、各地市价目表及有关工程造价的各种补充定额及解释文件统称为建筑工程预算定额。

### (二) 预算定额的作用

(1) 预算定额是编制建筑工程预算、确定工程造价、进行工程拨款及竣工结算的依据。

(2) 预算定额是编制招标标底及投标报价的基础资料。

(3) 预算定额是编制地区单位估价表和概算定额的基础。

(4) 预算定额是设计单位对设计方案进行技术经济分析比较的依据。

(5) 预算定额是建筑企业实行经济核算，进行“两算”对比的依据。

### (三)“两算”的区别

“两算”是指施工预算和施工图预算，虽仅一字之差，但区别较大。

(1) 编制的依据不同。施工预算的编制以企业（施工）定额为主要依据，施工图预算的编制以预算定额为主要依据，而企业（施工）定额比预算定额划分得更详细、更具体，并对其中包括的内容，如质量要求，施工方法以及所需劳动工日、材料品种、规格型号等均有较详细的规定或要求。

(2) 适用的范围不同。施工预算是施工企业内部管理用的一种文件，与建设单位无直接关系，而施工图预算既适用于建设单位，又适用于施工单位。

(3) 发挥的作用不同。施工预算是施工企业组织生产、编制施工计划、准备现场材料、签发任务书、考核工效、进行经济核算的依据，也是施工企业改善经营管理、降低生产成本和推行内部经营承包责任制的重要手段；而施工图预算则是投标报价的主要依据。

## 三、预算定额的编制原则

预算定额的编制工作，实质上是一种标准的制定。编制时应遵循价值规律的要求，按生产该产品的社会必要劳动量来确定其消耗量。

**1. 定额水平“平均合理”**

“平均合理”水平，就是在正常施工条件下，在平均的劳动强度、平均的技术熟练程度、平均的技术装备条件下，完成单位合格产品所需要的人工、材料、机械及货币的消耗量水平。

**2. 内容形式“简明适用”**

预算定额的内容和形式，既要满足多方面的用途，又要简单明了，易于掌握和应用。预算定额的编制项目划分的粗细程度要在齐全适用的基础上力求简明。

## 四、预算定额计量单位的确定

编制预算定额时，计量单位的选择与定额项目的多少，定额是否准确，以及消耗量定额的繁简有很大关系。

**1. 确定计量单位需要考虑的原则**

(1) 能确切反映单位产品的工料消耗量，保证定额的准确性。

(2) 有利于减少定额项目。

(3) 能简化工程量计算和整个预算编制工作，保证预算的及时性。

**2. 定额的计量单位的确定**

由于各项分项工程和结构构件的形式不同，应结合上述原则并按照它们的形体特征和变化规律确定定额的计量单位。

凡物体的界面有一定形状和大小，只是长度有变化（如管线、木扶手、装饰线等），应以延长米为计量单位。

当物体的厚度一定，只是长度和宽度有变化（如楼地面、墙面、木门窗等），应以平方米（投影面积或展开面积）为计量单位。

如果物体的长、宽、高都变化不定时（如土石方，钢筋混凝土工程等），应以立方米为计量单位。

有的分项工程虽然体积、面积相同，但质量和价格的差异很大（如金属结构构件的制作、运输与安装等），应以吨或公斤为计量单位。

有时还可以采用个、根、组、套等为计量单位，如上人孔、水斗、配电箱等。

在米、平方米、立方米等单位中，以米为单位计算最简单。所以，在保证定额的准确性的前提下，定额单位能简化尽量简化。定额单位确定以后，在列定额表时，一般都采用扩大单位，以10、100等为倍数，以利于定额编制的精确度。定额计量单位，按公制执行，通常长度用m或km；面积用$m^2$；体积用$m^3$；质量用kg、t等。

**3. 工、料、机械计量单位及小数位数的取定**

定额单位以自然单位和物理单位为准，小数点后的位数保留，有规定按规定执行，没有规定按以下规定取定。

（1）人工以工日为单位，取两位小数。

（2）机械以台班为单位，取三位小数。

（3）主要材料及半成品：木材以立方米为单位，取三位小数；红砖以千块为单位，取三位小数；钢材以吨为单位，取三位小数；水泥以公斤为单位，取整数，以吨为单位则取三位小数；砂浆、混凝土等半成品，以立方米为单位，取两位小数；其余材料一般取两位小数。

（4）其他材料费及机械费以元为单位，取两位小数。

## 五、预算定额的内容

### （一）消耗量定额

《山东省消耗量定额》主要由总说明、目录、分部工程说明、定额项目表及有关附录组成。

**1. 总说明**

总说明主要阐述了定额的编制原则、指导思想、编制依据、适用范围及定额的作用。

**2. 分部工程说明**

它指明分部工程所包括的内容，定额编制中有关问题的说明，执行中的有关规定，应用时如何换算及特殊情况的处理等。它是定额的重要部分，必须全面掌握。

**3. 定额项目表**

定额项目表是定额的主要内容，项目表一般由工作内容、定额单位项目表和附注组成。项目表又由定额编号，项目，人工、材料、机械消耗量构成，如砌多孔砖定额项目表（见表2-4）。

**表2-4　砌多孔砖定额项目表**

工作内容：（1）调运砂浆、铺砂浆，运砖、砌块；

（2）砌砖包括砌窗台、虎头砖、腰线，安装门窗套，安放木砖、铁件等。

（单位：$10m^3$）

| 定额编号 | | | 3-3-5 | 3-3-6 | 3-3-7 | 3-3-8 |
|---|---|---|---|---|---|---|
| 项目 | | | 黏土多孔砖墙厚/mm | | | |
| | | | 115 | 180 | 240 | 365 |
| 名称 | | 单位 | 数量 | | | |
| 人工 | 综合人工 | 工日 | 14.10 | 12.71 | 11.87 | 10.70 |
| 材料 | 混合砂浆，M5 | $m^3$ | 1.5000 | 1.8920 | 1.8900 | 2.0160 |
| | 机制红砖 240mm×115mm×53mm | 千块 | 0.3550 | 0.1710 | 0.3400 | 0.3353 |
| | 黏土多孔砖 178mm×115mm×90mm | 千块 | — | 4.3550 | — | — |
| | 黏土多孔砖 240mm×115mm×90mm | 千块 | 3.3390 | — | 2.2314 | 3.3863 |
| | 水 | $m^3$ | 1.2300 | 1.1700 | 1.1200 | 1.0700 |
| 机械 | 灰浆搅拌机 200L | 台班 | 0.188 | 0.237 | 0.236 | 0.252 |

注：多孔砖包括粉煤灰多孔砖、烧结黄河淤泥多孔砖等。

**4. 附录**

消耗量定额下册列出了每$10m^3$混凝土模板含量参考表和混凝土及砂浆配合比表，供定额换算、补充使用。现浇混凝土（石子粒径小于 31.5mm）配合比见表 2-5（摘录）。

**表 2-5　现浇混凝土**（石子粒径小于 31.5mm）**配合比表**

| 定额编号 | | | 26 | 27 | 28 | 29 | 30 |
|---|---|---|---|---|---|---|---|
| 项　目 | | | 石子粒径小于 31.5mm | | | | |
| | | | C15 | C20 | C25 | C30 | C35 |
| 名　称 | | 单位 | 数　量 | | | | |
| 材料 | 水泥 32.5MPa | t | 0.2710 | 0.3520 | 0.4060 | 0.4670 | — |
| | 水泥 42.5MPa | t | — | — | — | — | 0.4060 |
| | 黄砂（过筛中砂） | $m^3$ | 0.4990 | 0.4020 | 0.3530 | 0.3420 | 0.3530 |
| | 碎石（20～40mm） | $m^3$ | 0.8840 | 0.9300 | 0.9430 | 0.9130 | 0.9430 |
| | 水 | $m^3$ | 0.1900 | 0.1900 | 0.1900 | 0.1900 | 0.1900 |

**（二）工程价目表**

《山东省建筑工程价目表》主要由总说明、目录、分部工程价目表及附录组成，下面简要介绍除目录外的其他 3 项内容。

（1）总说明：主要说明价目表编制原则，价格取定办法、适用范围及作用。

（2）分部工程价目表：由定额编号、项目名称、单位、省定额价组成。它是建筑工程价目表的主要组成部分，如砖基础、砖柱的价目表（见表 2-6）。

**表 2-6　砖基础、砖柱的价目表**（节选）

| 定额编号 | 项 目 名 称 | 单位 | 省 定 额 价 | | | |
|---|---|---|---|---|---|---|
| | | | 基价 | 人工费 | 材料费 | 机械费 |
| 一、砌普通烧结砖 | | | | | | |
| （一）砖基础、砖柱 | | | | | | |
| 3-1-1 | M5 水泥砂浆砖基础 | $10m^3$ | 1682.46 | 341.04 | 1324.10 | 17.32 |
| 3-1-2 | M5 混合砂浆矩形砖柱周长 1.2m 内 | $10m^3$ | 140.94 | 743.68 | 1382.88 | 14.38 |
| 3-1-3 | M5 混合砂浆矩形砖柱周长 1.8m | $10m^3$ | 2088.11 | 694.12 | 1377.96 | 16.03 |
| 3-1-4 | M5 混合砂浆矩形砖柱周长＞1.8m | $10m^3$ | 1954.98 | 561.96 | 1376.29 | 16.73 |
| 3-1-5 | M5 混合砂浆异形砖柱 | $10m^3$ | 2490.80 | 701.96 | 1769.41 | 19.43 |

（3）附录：它由材料、机械台班价格取定表和定额消耗量勘误组成。其中，价格取定表列出了消耗量定额中所涉及的所有材料及机械台班的单价，供定额换算时调整使用。

## 六、预算定额的应用

**（一）预算定额的直接套用**

当施工图设计要求与预算定额项目内容一致时，可以直接套用预算定额，大多数工程项目可以直接套用预算定额，套用定额时注意以下几点：

（1）要根据施工图的设计说明和做法说明，选择定额项目。

（2）要从工程内容、技术特征、施工方法等方面仔细核对定额项目中的工作内容、机械和材料，才能较准确地确定相应的子目。

（3）分项工程名称、单位要与预算定额相对应的内容一致。

（4）定额表中加“（　）”的数量是作为换算调整的数值，该项目的定额基价未列入其内。

**（二）预算定额的换算套用**

当施工图设计工程项目与预算定额内容不一致且对价格影响较大时，不能直接套用定额，这时应将定额基价换算后套用。

为保持定额水平，应按照预算定额中规定的方法进行换算，一般换算包括：

**1. 强度等级换算**

在预算定额中对砂浆、混凝土等半成品均列出了强度等级，当设计与定额不同时，可以换算。其换算公式为

$$\text{换算后定额基价}=\text{换算前定额基价}-\text{换算材料定额用量}\times(\text{换算前材料单价}-\text{换算后材料单价})$$

**2. 用量换算**

在预算定额中，某些材料规格和用量与定额不同时，允许调整其用量。如屋面工程中，屋面瓦材设计使用规格与定额不同时，可以调整；彩钢压型板屋面檩条，定额按间距1～1.2m编制，设计与定额不同时，檩条数量可以换算，其他不变。换算时，不要忘记损耗量，因定额已经考虑了损耗，换算要与定额水平保持一致。

**3. 系数换算**

在预算定额中，由于施工难易程度和方法不同，某些项目可以乘以系数换算调整。如门窗工程中，木门窗制作安装定额以一、二类木种为准，如采用三、四类木种，制作项目人工和机械乘以系数1.3，安装项目人工和机械乘以系数1.35。

**4. 运距换算**

在预算定额中，对各种运输定额项目，一般分为基本项目和增加项目，超过基本运距，就需调整换算。如：推土机推土的基本运距为20m以内，超过的另按100m以内每增运20m计算。

**5. 其他换算**

定额的换算方法很多，如楼地面找平层厚度换算调整，墙体柱面抹灰厚度换算，屋面卷材防水换算等。

## 想一想，算一算

1. 何谓工程定额，它分为哪几类？

2. 企业定额分为哪几类？

3. 举例说明预算定额的计量单位是如何确定的。

4. 对照消耗量定额项目表，指出它由哪几部分组成？

5. 某施工企业的实砌砖墙劳动定额表见表2-7，该企业承接了一幢仿古建筑，其中砌单面清水砖墙182m$^3$，墙厚240mm，采用塔式起重机运输施工材料，施工现场安排8名工人砌筑，请问完成该工程需多少天？并分析各种工序用工时间。

**表 2-7 实砌砖墙（每 $1m^3$ 砌砖）劳动定额**

工作内容：(1) 调制砂浆，铺砂浆运砖。

(2) 砌砖时包括砌阳台、虎头砖、腰线，安装门窗套，安放木砖、铁件等。

| 项目 | | 单面清水墙 | | | |
|---|---|---|---|---|---|
| | | 115 | 180 | 240 | 365 |
| 综合 | 塔式起重机 | $\frac{1.32}{0.258}$ | $\frac{1.30}{0.269}$ | $\frac{1.04}{0.962}$ | $\frac{1.02}{0.980}$ |
| | 机吊 | $\frac{1.51}{0.662}$ | $\frac{1.48}{0.676}$ | $\frac{1.42}{0.704}$ | $\frac{1.38}{0.725}$ |
| 运输 | 砌砖 | $\frac{0.951}{1.052}$ | $\frac{0.907}{1.103}$ | $\frac{0.63}{1.587}$ | $\frac{0.560}{1.786}$ |
| | 塔式起重机 | $\frac{0.297}{3.367}$ | $\frac{0.314}{3.185}$ | $\frac{0.325}{3.082}$ | $\frac{0.363}{2.755}$ |
| | 机吊 | $\frac{0.487}{2.053}$ | $\frac{0.494}{2.024}$ | $\frac{0.705}{1.418}$ | $\frac{0.723}{1.383}$ |
| 调制砂浆 | | $\frac{0.072}{13.889}$ | $\frac{0.079}{12.658}$ | $\frac{0.085}{11.765}$ | $\frac{0.097}{10.309}$ |
| 编号 | | 17 | 18 | 19 | 20 |

注：机吊运输指采用卷扬机作垂直运输。

# 第三章　建筑工程费用构成和计算原理

**学习目标**

➢ 了解建筑工程费用的构成。

➢ 学会确定建筑工程的类别及费率。

➢ 熟练运用建筑工程计算程序。

## 第一节　建筑工程费组成及计算方法

建筑工程费由直接费、间接费、利润和税金组成。建筑工程费用项目（适用于定额计价）组成见图 3-1。

- 建筑工程费
  - 直接费
    - 直接工程费
      - 1. 人工费
      - 2. 材料费
      - 3. 施工机械使用费
    - 措施费
      - 1. 夜间施工费
      - 2. 二次搬运费
      - 3. 大型机械设备进出场及安拆费
      - 4. 已完工程及设备保护费
      - 5. 施工排水、降水费
      - 6. 冬、雨季施工增加费
      - 7. 混凝土、钢筋混凝土模板及支架费
      - 8. 脚手架费
      - 9. 垂直运输机械费
      - 10. 构件吊装机械费
      - 11. 总承包服务费
  - 间接费
    - 企业管理费
      - 1. 管理人员工资
      - 2. 办公费
      - 3. 差旅交通费
      - 4. 固定资产使用费
      - 5. 工具用具使用费
      - 6. 劳动保险费
      - 7. 工会经费
      - 8. 职工教育经费
      - 9. 财产保险费
      - 10. 财务费
      - 11. 税金
      - 12. 其他
    - 规　费
      - 1. 安全文明施工费
        - （1）安全施工费　（2）环境保护费　（3）文明施工费
        - （4）工伤保险费
      - 2. 工程排污费
      - 3. 社会保障费
        - （1）养老保险金　（2）失业保险费　（3）医疗保险费
        - （4）工伤保险费　（5）生育保险费
      - 4. 住房公积金
      - 5. 危险作业意外伤害保险
  - 利润
  - 税金
    - 1. 营业税
    - 2. 城市维护建设税
    - 3. 教育费附加

图 3-1　建筑工程费用项目组成

## 一、直接费

直接费是指在工程施工过程中直接耗费的构成工程实体和有助于工程形成的各项费用。直接费由直接工程费和措施费组成。

### （一）直接工程费

直接工程费是指施工过程中耗费的构成工程实体的各项费用，包括人工费、材料费、施工机械使用费。

直接工程费＝人工费＋材料费＋施工机械使用费

#### 1. 人工费

人工费是指直接从事建筑安装工程施工的生产工人开支的各项费用。其内容包括：基本工资、工资性津贴、生产工人辅助工资、职工福利费、生产工人劳动保护费。

人工费＝∑(工日消耗量×日工资单价)

日工资单价＝基本工资＋工资性津贴＋生产工人辅助工资＋职工福利费＋生产工人劳动保护费

（1）基本工资：是指按企业工资标准发放给生产工人的基本工资。

基本工资＝生产工人平均月工资/年平均每月法定工作日

（2）工资性津贴：是指在基本工资之外的各类补贴。包括：物价补贴、煤和燃气补贴、交通补贴、住房补贴和流动施工津贴等。

工资性津贴＝∑年发放标准/(全年日历日－法定假日)＋∑月发放标准/年平均每月法定工作日＋每工作日发放标准

（3）生产工人辅助工资：是指生产工人年有效施工天数以外非作业天数的工资，包括职工学习、培训期间的工资，调动工作、探亲、休假期间的工资，因气候影响的停工工资，女工哺乳时间的工资，病假在 6 个月以内的工资及产、婚、丧假期的工资等。

生产工人辅助工资＝全年无效工作日×(基本工资＋工资性津贴)/(全年日历日－法定假日)

（4）职工福利费：是指按规定标准计提的生产工人福利费。

职工福利费＝(基本工资＋工资性津贴＋生产工人辅助工资)×福利费计提比例

（5）生产工人劳动保护费：是指按规定标准发放的生产工人劳动保护用品的购置费及修理费，徒工服装补贴，防暑降温费，以及在有碍身体健康环境中施工的保护费用等。

生产工人劳动保护费＝生产工人年平均支出劳动保护费/(全年日历日－法定假日)

#### 2. 材料费

材料费是指施工过程中耗费的构成工程实体的原材料、辅助材料、构配件、零件、半成品的费用，以及材料、构配件的检验试验费用。其内容包括：材料原价（或供应价格）、材料运杂费、采购及保管费、检验试验费。

材料费＝∑（材料消耗量×材料基价）＋检验试验费

材料基价＝[(供应价格＋运杂费)×(1＋运输损耗率)]×(1＋采购保管费率)

（1）材料原价（或供应价格）：是指材料的出厂价、进口材料抵岸价或市场批发价。

（2）材料运杂费：是指材料自来源地运至工地仓库或指定堆放地点所发生的除运输损耗以外的全部费用。

（3）运输损耗费：是指材料在运输、装卸过程中不可避免的损耗等费用。

运输损耗费＝材料原价（或供应价）×相应材料损耗率

（4）采购及保管费：是指为组织采购、供应和保管材料过程中所需的各项费用。包括：采购费、仓储费、工地保管费、仓储损耗费等。

采购及保管费＝[（供应价格＋运杂费）×（1＋运输损耗费）]×采购保管费率

或 采购及保管费＝（供应价格＋运杂费＋运输损耗费）×采购保管费率

（5）检验试验费：是指对建筑材料、构件和建筑安装物进行一般鉴定、检查所发生的费用，包括自设试验室进行试验所耗用的材料和化学药品等费用。不包括新结构、新材料的试验费和建设单位对具有出厂合格证明的材料进行检验，以及对构件作破坏实验及其他特殊要求检验试验的费用。

检验试验费＝∑（单位材料量检验试验费×材料消耗量）

**3. 施工机械使用费**

施工机械使用费是指施工机械作业所发生的机械使用费以及机械安拆费和场外运输费。其内容包括：折旧费、大修理费、经常修理费、安拆费和场外运输费、机上人工费、燃料动力费、车船使用税。

施工机械使用费＝∑（施工机械台班消耗量×机械台班单价）

机械台班单价＝台班折旧费＋台班大修理费＋台班经常修理费＋
台班安拆费和场外运输费＋台班机上人工费＋
台班燃料动力费＋台班车船使用税

（1）折旧费：是指施工机械在规定的使用年限内，陆续收回其原值及购置资金的时间价值。

台班折旧费＋机械预算价值×（1－残值率）×时间价值系数/耐用总台班

（2）大修理费：是指施工机械按规定的大修理间隔台班进行必要的大修理，以恢复其正常功能所需要的费用。

台班大修理费＝一次大修理费×寿命期内大修理次数/耐用总台班

（3）经常修理费：是指施工机械除大修理以外的各级保养和临时故障排除所需的费用。包括为保障机械正常运转所需替换设备与随机配备工具附具的摊销和维护费用，机械运转中日常保养所需润滑与擦拭的材料费用及机械停滞期间的维护和保养费用等。

台班经常修理费＝[∑（各级保养一次费用×寿命期内各级保养次数）＋
临时故障排除费]/耐用总台班＋替换设备台班摊销费＋
工具附具台班摊销费＋例保辅料费

（4）安拆费及场外运输费：安拆费是指施工机械在现场进行安装与拆卸所需的人工、材料、机械和试运转费用以及机械辅助设施的折旧、搭设、拆除等费用；场外运输费是指施工机械整体或分体自停放地点运至施工现场或由一施工地点运至另一施工地点的运输、装卸、辅助材料及架线等费用。

$$\frac{\text{台班安拆费及}}{\text{场外运输费}}=\frac{\text{一次安拆费及}}{\text{场外运输费}}\times\frac{\text{年平均安拆次数/}}{\text{年工作台班}}$$

（5）机上人工费：是指机上司机（司炉）和其他操作人员的工作日人工费及上述人员在施工机械规定的年工作台班以外的人工费。

台班机上人工费＝年工作台班机上人工消耗数量×人工单价×
[1＋（法定工作日－年工作台班）/年工作台班]

(6) 燃料动力费：是指施工机械在运转作业中所消耗的固体燃料（煤、木柴）、液体燃料（汽油、柴油）及水、电等费用。

台班燃料动力费＝∑(台班燃料动力消耗数量×相应燃料动力单价)

(7) 车船使用税：是指施工机械按照国家规定和有关部门规定应缴纳的车船使用税、保险费及年检费等费用。

台班车船使用税＝(车船使用税＋年保险费＋年检费用)/年工作台班

**(二) 措施费**

措施费是指为完成工程项目施工，发生于该工程前和施工过程中非工程实体项目的措施费用。

**1. 夜间施工费**

夜间施工费是指夜间施工所发生的夜班补助费、夜间施工降效、夜间施工照明设备摊销及照明用电等费用。

夜间施工增加费＝(1－合同工期/定额工期)×(直接工程费中的人工费合计/平均日工资单价)×每工日夜间施工费开支

**2. 二次搬运费**

二次搬运费是指因施工场地狭小等特殊情况而发生的二次搬运费用。

二次搬运费＝直接工程费(或其中人工费)×二次搬运费费率

二次搬运费费率＝年平均二次搬运费开支额/[全年建安产值×直接工程费(或其中人工费)占总造价的比例]

**3. 大型机械设备进出场及安拆费**

它是指机械整体或分体自停放场地运至施工现场或由一个施工地点运至另一个施工地点，所发生的机械进出场运输转移费用及机械在施工现场进行安装、拆卸所需的人工费、材料费、机械费、试运转费和安装所需的辅助设施的费用。

大型机械设备进出场及安拆费＝一次进出场及安拆费×年平均安拆次数/年工作台班

**4. 已完工程及设备保护费**

它是指竣工验收前，对已完工程及设备进行保护所需的费用。

已完工程及设备保护＝成品保护所需机械费＋材料费＋人工费

**5. 施工排水、降水费**

它是指为确保工程在正常条件下施工，采取各种排水、降水措施降低地下水位所发生的各种费用。

排水降水费＝∑排水降水机械台班费×排水降水周期＋排水降水使用材料费、人工费

**6. 冬、雨季施工增加费**

它是指在冬、雨季施工期间，为保证工程质量而采取保温、防护措施所增加的费用，以及因工效和机械作业效率降低所增加的费用。

(1) 冬季施工增加费＝拟建工程合同工期内冬季施工采取保温措施所需的人工费＋材料费＋人工降效费＋施工机械降效费＋施工规范规定的技术措施费

(2) 雨季施工增加费＝拟建工程合同工期内雨季施工采取防护及排水措施所需的人工费＋材料费＋人工降效费＋施工机械降效费

冬、雨季施工增加费＝冬季施工增加费＋雨季施工增加费

或　冬、雨季施工增加费＝直接工程费（或其中人工费）×冬、雨季施工增加费费率

冬、雨季施工增加费费率＝本项费用年度平均支出/［全年建安产值×直接工程费（或其中人工费）占总造价比例］

**7. 混凝土、钢筋混凝土模板及支架费**

它是指混凝土施工过程中需要的各种钢模板、木模板、支架等的支、拆、运输费用及模板、支架的摊销（或租赁）费用。

（1）模板及支架费＝模板摊销量×模板价格＋支、拆、运输费

摊销量＝一次使用量×(1＋施工损耗)×[1＋(周转次数－1)×补损率－(1－补损率)×50％]/周转次数

（2）租赁费＝模板使用量×使用日期×租赁价格＋支、拆、运输费

**8. 脚手架费**

它是指施工需要的各种脚手架搭、拆、运输费用及脚手架的摊销（或租赁）费用。

（1）脚手架搭拆费＝脚手架摊销量×脚手架价格＋搭、拆、运输费

脚手架摊销量＝[单位一次使用量×(1－残值率)/耐用期]×一次使用期

（2）租赁费＝脚手架每日租金×搭设周期＋搭、拆、运输费

**9. 垂直运输机械费**

它是指工程施工需要的垂直运输机械使用费用。

垂直运输机械费 ＝ 机械消耗数量 × 机械台班单价

**10. 构件吊装机械费**

它是指混凝土、金属构件、门窗等自堆放地或构件加工厂运至施工吊装点的运输费用，以及混凝土、金属构件的吊装费用。

（1）构件运输费＝构件装卸费＋构件运输材料费＋运输机械消耗数量×机械台班单价

（2）构件安装费＝构件人工安装费＋构件安装材料费＋构件安装机械消耗数量×机械台班单价＋构件制作费（或成品构件）＋构件灌缝费

**11. 总承包服务费**

它是指总承包人为配合、协调发包人进行的工程分包、自行采购的设备、材料等进行管理、服务以及施工现场管理、竣工资料汇总整理等服务所需的费用。

总承包服务费按相应规定计取。

## 二、间接费

间接费是指建筑安装企业组织施工生产和经营管理的费用以及政府和有关权力部门规定必须缴纳费用的总称。间接费由企业管理费和规费组成。

### （一）企业管理费

企业管理费是指建筑安装企业组织施工生产和经营管理所需费用。其包括以下内容：

**1. 管理人员工资**

它是指管理人员的基本工资、工资性补贴、职工福利费、劳动保护费等。

**2. 办公费**

它是指企业办公用的文具、纸张、账表、印刷、邮电、书报、会议、水电、烧水和集体取暖（包括现场临时宿舍取暖）用煤等费用。

**3. 差旅交通费**

它是指职工因公出差、调动工作的差旅费、住勤补助费，市内交通费和午餐补助费，职工探亲路费，劳动力招募费，职工离退休、退职一次性路费，工伤人员就医路费，工地转移费用，管理部门使用的交通工具油料、燃料、养路费及牌照费等。

**4. 固定资产使用费**

它是指管理和试验部门及附属生产单位使用的属于固定资产的房屋、设备仪器等的折旧、大修、维修或租赁费用。

**5. 工具用具使用费**

它是指管理部门使用的不属于固定资产的工具、器具、家具、交通工具和检验、试验、测绘、消防用具等的购置、维修和摊销费用。

**6. 劳动保险费**

它是指由企业支付离退休职工的易地安家补助费、职工退职金、6个月以上的病假人员工资、职工死亡丧葬补助费、抚恤费、按规定支付给离休干部的各项经费。

**7. 工会经费**

它是指企业按职工工资总额计提的工会经费。

**8. 职工教育经费**

它是指企业为职工学习先进技术和提高文化水平，按职工工资总额计提的费用。

**9. 财产保险费**

它是指施工管理用财产、车辆保险。

**10. 财务费**

它是指企业为筹集资金而发生的各种费用。

**11. 税金**

它是指企业按规定缴纳的房产税、车船使用税、土地使用税、印花税等。

**12. 其他**

它包括技术转让费、技术开发费、业务招待费、绿化费、广告费、公证费、法律顾问费、审计费、咨询费等。

企业管理费=(直接工程费+措施费)×企业管理费费率

企业管理费费率计算公式如下。

(1) 以直接费为计算基础：企业管理费费率=[生产工人年平均管理费/(年有效施工天数×人工单价)]×人工费占直接费比例。

(2) 以人工费和机械费合计为计算基础：企业管理费费率=生产工人年平均管理费/[年有效施工天数×(人工单价+每一日机械使用费)]。

(3) 以人工费为计算基础：企业管理费费率=生产工人年平均管理费/(年有效施工天数×人工单价)。

**(二) 规费**

规费是指根据国家、省级有关行政主管部门规定必须计取或缴纳的，应计入工程造价的费用。内容包括以下几点。

**1. 安全文明施工费**

(1) 安全施工费：是指按《建设工程安全生产管理条例》规定，为保证施工现场安全施工所必需的各项费用。

安全施工费 = 直接工程费(或其中人工费)×安全施工费费率

安全施工费费率=本项费用年度平均支出/［全年建安产值×直接工程费（或其中人工费）占总造价比例］

（2）环境保护费：是指施工现场为达到环保部门要求所需要的各项费用。

环境保护费 = 直接工程费(或其中人工费)×环境保护费费率

环境保护费费率=本项费用年度平均支出/［全年建安产值×直接工程费（或其中人工费）占总造价比例］

（3）文明施工费：是指施工现场文明施工所需要的各项费用。

文明施工费 = 直接工程费(或其中人工费)×文明施工费费率

文明施工费费率=本项费用年度平均支出/［全年建安产值×直接工程费（或其中人工费）占总造价比例］

（4）临时设施费：是指施工企业为进行建筑工程施工所必须搭设的生活和生产用的临时建筑物、构筑物和其他临时设施的费用。

临时设施包括：临时宿舍，文化福利及公用事业房屋与构筑物、仓库、办公室、加工厂以及规定范围内道路、水、电、管线等临时设施和小型临时设施。

临时设施费用包括：临时宿舍设施的搭设、维修、拆除费或摊销费。

临时设施费由以下三部分组成。

第一部分，周转使用临时建筑物（如：活动房屋）。

第二部分，一次性使用临时建筑物（如：简易建筑）。

第三部分，其他临时设施（如：临时管线）。

临时设施费 =（周转使用临建费＋一次性使用临建费）×（1＋其他临时设施所占比例）

其中：

1）周转使用临建费=Σ［临建面积×每平方米造价/（使用年限×365×利用率）×工期（天）］＋一次性拆除费。

2）一次性使用临建费=Σ临建面积×每平方米造价×（1－残值率）＋一次性拆除费。

3）其他临时设施所占比例=其他临时设施费/（周转使用临建费＋一次性使用临建费），

或　　临时设施费 = 直接工程费(或其中人工费)×临时设施费费率

临时设施费费率=本项费用年度平均支出/［全年建安产值×直接工程费（或其中人工费）占总造价比例］

**2. 工程排污费**

它是指施工现场按规定缴纳的工程排污费。

**3. 社会保障费**

（1）养老保险费：在山东省是指企业按山东省财政厅、山东省建设厅鲁财综［2003］25号文件的规定标准为职工缴纳的养老保险金。

（2）失业保险费：是指企业按照国家规定标准为职工缴纳的失业保险费。

（3）医疗保险费：是指企业按照规定标准为职工缴纳的基本医疗保险费。

**4. 住房公积金**

它是指企业按规定标准为职工缴纳的住房公积金。

**5. 危险作业意外伤害保险**

它是指按照建筑法规定，企业为从事危险作业的建筑安装施工人员支付的意外伤害保险费。

## 三、利润

利润是指施工企业完成所承包工程获得的盈利。费用定额规定的利润率是按拟建单位工程类别确定的，即按其建筑性质、规模大小、施工难易程度等因素实施差别利率。建筑业企业可依据本企业经营管理水平和建筑市场供求情况，自行确定本企业的利润水平。

利润＝(直接工程费＋措施费)×利润率

利润率＝典型工程利润/(典型工程直接工程费＋措施费)

## 四、税金

税金是指国家税法规定的应计入建筑工程造价内的营业税、城市维护建设税及教育费附加（两税一费）等。国家为了集中必要的资金，保证重点建设，加强基本建设管理，控制固定资产投资规模，对各施工企业承包工程的收入征收营业税，对承建工程单位征收城市维护建设税和教育费附加。该费用由工程承包人代收，并按规定及时足额交纳给工程所在地的税务部门。

# 第二节 工程类别划分标准及费率

## 一、工程类别划分标准

工程类别划分标准，是根据不同的单位工程，按其施工难易程度，结合各省建筑市场的实际情况确定的。工程类别划分标准是确定工程施工难易程度、计取有关费用的依据；同时也是企业编制投标报价的参考。建筑工程的工程类别按工业建筑工程、民用建筑工程、构筑物工程、单独土石方工程、桩基础工程分列，并分若干类别。

### （一）类别划分

(1) 工业建筑工程：指从事物质生产和直接为物质生产服务的建筑工程。一般包括生产（加工、储运）车间、实验车间、仓库、民用锅炉房和其他生产用建筑物。

(2) 民用建筑工程：指直接用于满足人们物质和文化生活需要的非生产性建筑物。一般包括住宅及各类公用建筑工程。

科研单位独立的实验室、化验室按民用建筑工程确定工程类别。如某大学实验楼属民用建筑工程。

(3) 构筑物工程：指同工业与民用建筑配套，且独立于工业与民用建筑工程的构筑物，或独立具有其功能的构筑物。一般包括独立烟囱、水塔、仓类、池类等。

(4) 桩基础工程：指天然地基上的浅基础不能满足建筑物和构筑物的稳定要求，而采用的一种深基础。主要包括各种现浇和预制混凝土桩及其他桩基。

(5) 单独土石方工程：指建筑物、构筑物、市政设施等基础土石方以外的，且单独编制概预算的土石方工程。包括土石方的挖、填、运等。

（6）装饰工程：指建筑物主体结构完成后，在主体结构表面进行抹灰、镶贴、铺挂面层等，以达到建筑设计效果的装饰工程。

**（二）建筑工程有关说明**

（1）工程类别的确定，以单位工程为划分对象。

（2）与建筑物配套使用的零星项目，如化粪池、检查井等，按其相应建筑物的类别确定工程类别。其他附属项目，如围墙、院内挡土墙、庭院道路、室外管沟架，按建筑工程Ⅲ类标准确定类别。

（3）建筑物、构筑物高度，自设计室外地坪算起，至屋面檐口高度。高出屋面的电梯间、水箱间、塔楼等不计算高度。建筑物的面积，按建筑面积计算规则的规定计算。建筑物的跨度，按设计图示尺寸标注的轴线跨度计算。

（4）非工业建筑的钢结构工程，参照工业建筑工程的钢结构工程确定工程类别。

（5）居住建筑的附墙轻型框架结构，按砖混结构的工程类别套用；但设计层数大于18层，或建筑面积大于12000m$^2$时，按居住建筑其他结构的Ⅰ类工程套用。

（6）工业建筑的设备基础，单体混凝土体积大于1000m$^3$，按构筑物Ⅰ类工程计算；单体混凝土体积大于600m$^3$，按构筑物Ⅱ类工程计算；单体混凝土体积小于600m$^3$且大于50m$^3$，按构筑物Ⅲ类工程计算；小于等于50m$^3$的设备基础，按相应建筑物或构筑物的工程类别确定。

（7）同一建筑物结构形式不同时，按建筑面积大的结构形式确定工程类别。

（8）强夯工程，均按单独土石方工程Ⅱ类执行。

**（三）装饰工程有关说明**

（1）民用建筑中的特殊建筑，包括影剧院、体育馆、展览馆、高级会堂等建筑的装饰工程类别，均按Ⅰ类工程确定。

（2）民用建筑中的公用建筑，包括综合楼、办公楼、教学楼、图书馆等建筑的装饰工程类别，均按Ⅱ类工程确定。

（3）一般居住类建筑的装饰均按Ⅲ类工程确定。

（4）单独招牌、灯箱、美术字等工程，均按Ⅲ类工程确定。

（5）单独外墙装饰，包括幕墙工程、各种外墙干挂。

**（四）建筑工程类别划分标准**

（1）建筑工程类别划分标准见表3-1。

**表3-1　建筑工程类别划分标准表**

<table>
<tr><th colspan="4" rowspan="2">工程名称</th><th rowspan="2">单位</th><th colspan="3">工程类别</th></tr>
<tr><th>Ⅰ</th><th>Ⅱ</th><th>Ⅲ</th></tr>
<tr><td rowspan="6">工业建筑工程</td><td colspan="2" rowspan="2">钢结构</td><td>跨度</td><td>m</td><td>>30</td><td>>18</td><td>≤18</td></tr>
<tr><td>建筑面积</td><td>m$^2$</td><td>>16000</td><td>>10000</td><td>≤10000</td></tr>
<tr><td rowspan="4">其他结构</td><td rowspan="2">单层</td><td>跨度</td><td>m</td><td>>24</td><td>>18</td><td>≤18</td></tr>
<tr><td>建筑面积</td><td>m$^2$</td><td>>10000</td><td>>6000</td><td>≤6000</td></tr>
<tr><td rowspan="2">多层</td><td>檐高</td><td>m</td><td>>50</td><td>>30</td><td>≤30</td></tr>
<tr><td>建筑面积</td><td>m$^2$</td><td>>10000</td><td>>6000</td><td>≤6000</td></tr>
</table>

（续）

| 工程名称 | | | | 单位 | 工程类别 | | |
|---|---|---|---|---|---|---|---|
| | | | | | Ⅰ | Ⅱ | Ⅲ |
| 民用建筑工程 | 公用建筑 | 砖混结构 | 檐高 | m | — | 30＜檐高＜50 | ≤30 |
| | | | 建筑面积 | $m^2$ | — | 6000＜面积＜10000 | ≤6000 |
| | | 其他结构 | 檐高 | m | ＞60 | ＞30 | ≤30 |
| | | | 建筑面积 | $m^2$ | ＞12000 | ＞8000 | ≤8000 |
| | 居住建筑 | 砖混结构 | 层数 | 层 | — | 8＜层数＜12 | ≤8 |
| | | | 建筑面积 | $m^2$ | — | 8000＜面积＜12000 | ≤8000 |
| | | 其他结构 | 层数 | 层 | ＞18 | ＞8 | ≤8 |
| | | | 建筑面积 | $m^2$ | ＞12000 | ＞8000 | ≤8000 |
| 构筑物工程 | 烟囱 | 混凝土结构高度 | | m | ＞100 | ＞60 | ≤60 |
| | | 砖结构高度 | | m | ＞60 | ＞40 | ≤40 |
| | 水塔 | 高度 | | m | ＞60 | ＞40 | ≤40 |
| | | 容积 | | $m^3$ | ＞100 | ＞60 | ≤60 |
| | 筒仓 | 高度 | | m | ＞35 | ＞20 | ≤20 |
| | | 容积（单体） | | $m^3$ | ＞2500 | ＞1500 | ≤1500 |
| | 贮池 | 容积（单体） | | $m^3$ | ＞3000 | ＞1500 | ≤1500 |
| 单独土石方工程 | | 单独挖、填土石方 | | $m^3$ | ＞15000 | ＞10000 | 5000＜体积≤10000 |
| 桩基础工程 | | 桩长 | | m | ＞30 | ＞12 | ≤12 |

（2）装饰工程类别划分标准见表3-2。

**表3-2　装饰工程类别划分标准表**

| 工程名称 | 工程类别 | | |
|---|---|---|---|
| | Ⅰ | Ⅱ | Ⅲ |
| 工业与民用建筑 | 四星级宾馆以上 | 三星级宾馆 | 二星级宾馆以下 |
| 单独外墙装饰 | 幕墙高度50m以上 | 幕墙高度30m以上 | 幕墙高度30m以下（含30m） |

## 二、建筑工程费率

### 1. 建筑工程措施费费率见表3-3。

**表3-3　建筑工程措施费费率表**　（%）

| 专业名称＼费用名称 | | 夜间施工费 | 二次搬运费 | 冬、雨季施工增加费 | 已完工程及设备保护费 | 总承包服务费 |
|---|---|---|---|---|---|---|
| 建筑工程 | 建筑工程 | 0.7 | 0.6 | 0.8 | 0.15 | 3 |
| | 装饰工程 | 4.0 | 3.6 | 4.5 | 0.15 | |

注：1. 建筑工程、装饰工程措施费中的人工费含量：夜间施工费，二次搬运费及冬、雨季施工增加费为20%，已完工程及设备保护费为10%。

2. 装饰工程已完工程及设备保护费计费基础为省价直接工程费。

**2. 企业管理费、利润见表 3-4。**

表 3-4　企业管理费、利润表　（%）

| 费用名称及工程类别 / 专业名称 | | 企业管理费 | | | 利　润 | | |
|---|---|---|---|---|---|---|---|
| | | Ⅰ | Ⅱ | Ⅲ | Ⅰ | Ⅱ | Ⅲ |
| 建筑工程 | 工业、民用建筑工程 | 8.7 | 6.9 | 5.0 | 7.4 | 4.2 | 3.1 |
| | 构建物工程 | 6.9 | 6.2 | 4.0 | 6.2 | 5.0 | 2.4 |
| | 单独土石方工程 | 5.7 | 4.0 | 2.4 | 4.6 | 3.3 | 1.4 |
| | 桩基工程 | 4.5 | 3.4 | 2.4 | 3.5 | 2.7 | 1.0 |
| 装饰工程 | | 102 | 81 | 49 | 34 | 22 | 16 |

**3. 建筑工程规费费率见表 3-5。**

表 3-5　建筑工程规费费率表　（%）

| 专业名称 / 费用名称 | 建 筑 工 程 | |
|---|---|---|
| | 建筑工程 | 装饰工程 |
| 安全文明施工费 | 3.12 | 3.84 |
| 其中：（1）安全施工费 | 2.0 | 2.0 |
| （2）环境保护费 | 0.11 | 0.12 |
| （3）文明施工费 | 0.29 | 0.10 |
| （4）临时设施费 | 0.72 | 1.62 |
| 工程排污费 | 按工程所在地设区市相关规定计算 | |
| 社会保障费 | 2.6 | |
| 住房公积金 | 按工程所在地设区市相关规定计算 | |
| 危险作业意外伤害保险 | 按工程所在地设区市相关规定计算 | |

**4. 税金见表 3-6。**

表 3-6　税金表　（%）

| 工程所在地 | 费　率 |
|---|---|
| 市区 | 3.48 |
| 县城、镇 | 3.41 |
| 市区及县城、镇以外 | 3.28 |

## 第三节　建筑工程费用计算程序

### 一、建筑工程费用计算程序

（1）按工程性质（工业与民用建筑工程、装饰工程、构筑物工程、桩基础工程、单独土石方工程）分别计算出各分项工程量后，分别套用定额和单价（或定额乘单价再乘工程量），求出各分部分项工程的人工费、材料费和机械费，将 3 项费用合计为直接工程费项目数据，即直接工程费合计。

(2) 计算措施费、管理费和利润的计费基础及其计算方法见表 3-7。

**表 3-7 计费基础及其计算方法表**

| 专业名称 | 计费基础 | | 计 算 方 法 |
|---|---|---|---|
| 建筑工程 | 计费基础 $JF_1$ | 直接工程费 | Σ（工程量×省基价） |
| 装饰工程 | | 人工费 | Σ［工程量×（定额工日消耗量×省价人工单价） |
| 建筑工程 | 计费基础 $JF_2$ | 措施费 | 按照省价人、材、机单价计算的措施费与按照省发布费率及规定计取的措施费之和 |
| 装饰工程 | | 人工费 | 按照省价人工单价计算的措施费中人工费和按照省发布费率及规定计算的措施费中人工费之和 |

(3) 措施费包括四部分。

1) 参照定额规定计取的措施费，用工程量乘价目表中措施项目单价的累计额，即得定额措施项目费用，即第一部分费用。

2) 参照省发布费率计取的措施费，用计费基础 $JF_1$ 乘以相应的费率，即得措施项目费用的第二部分。计算时，建筑工程费用的四项措施费（夜间施工费，二次搬运费，冬、雨季施工增加费，已完工程及设备保护费）均以计费基础 $JF_1$ 为基数计算，装饰工程费用除已完工程及设备保护费计费基础为省价直接工程费外，其余三项以措施费计费基础 $JF_1$ 为基数计算。

3) 按施工组织设计（方案）计取的措施项目费用为第三部分。

4) 总承包服务费，专业分包工程费（不包括设备费）乘以相应的费率，即得措施项目费用的第四部分。

(4) 企业管理费、利润以计费基础 $JF_1$ 和计费基础 $JF_2$ 之和为基数乘以相应费率计算。

(5) 规费包括五部分：

其中安全文明施工费、社会保障费以直接费、企业管理费和利润之和为基数乘以相应费率计算。

工程排污费、住房公积金和危险作业意外伤害保险按工程所在地设区市相关规定计算。

(6) 税金按不同的纳税地（工程所在地），以税前造价为基础乘税率计算。

以上各项费用总和，即构成建筑工程费用合计。建筑工程费用除以建筑面积，即可得出每平方米造价（单方造价）。

建筑工程定额计价计算程序见表 3-8。各项费用如需调整，另见山东省的相关文件公布。

(7) 有关措施费的说明：

1) 参照定额规定计取的措施费是指建筑工程消耗量定额中列有相应子目或规定有计算方法的措施项目费用。例如混凝土、钢筋混凝土模板及支架、脚手架费、垂直运输机械及超高增加费、构件运输及安装费等。（注：本类中的措施费有些要结合施工组织设计或技术方案计算。）

2) 参照省发布费率计取的措施费是指按省建设行政主管部门根据建筑市场状况和多数企业经营管理情况、技术水平等测算发布了参考费率的措施项目费用。包括夜间施工费，冬、雨季施工增加费，二次搬运费以及已完工程及设备保护费等。

3）按施工组织设计（方案）计取的措施费是指按施工组织设计（技术方案）计算的措施项目费用。例如：大型机械进出场及安拆费；施工排水、降水费及按拟建工程实际需要采取的其他措施性项目费用等。

4）措施费中的总承包服务费不计入计费基础 $JF_2$，并且不计取企业管理费和利润。

5）计算程序中，直接工程费中的“工程量”，不包括消耗量定额第二章“地基处理与防护”中排水与降水及第十章“施工技术措施项目”（见附录C）。

**表 3-8　建筑工程定额计价计算程序表**

| 序号 | 费用名称 | 计 算 方 法 |
|---|---|---|
| 一 | 直接费 | （一）＋（二） |
|  | （一）直接工程费 | Σ{工程量×Σ［（定额工日消耗数量×人工单价）＋（定额材料消耗数量×材料单价）＋（定额机械台班消耗量×机械台班单价）］} |
|  | 计费基础 $JF_1$ | 按表 3-7 中“计费基础及其计算方法”计算 |
|  | （二）措施费 | 1.1＋1.2＋1.3＋1.4 |
|  | 1.1 参照定额规定计取的措施费 | 按定额规定计算 |
|  | 1.2 参照省发布费率计取的措施费 | 计费基础 $JF_1$×相应费率 |
|  | 1.3 按施工组织设计（方案）计取的措施费 | 按施工组织设计（方案）计取 |
|  | 1.4 总承包服务费 | 专业分包工程费（不包括设备费）×费率 |
|  | 计费基础 $JF_2$ | 按表 3-7 中“计费基础及其计算方法”计算 |
| 二 | 企业管理费 | （$JF_1$＋$JF_2$）×管理费费率 |
| 三 | 利润 | （$JF_1$＋$JF_2$）×利润率 |
| 四 | 规费 | 4.1＋4.2＋4.3＋4.4＋4.5 |
|  | 4.1 安全文明施工费 | （一＋二＋三）×费率 |
|  | 4.2 工程排污费 | 按工程所在地设区市相关规定计算 |
|  | 4.3 社会保障费 | （一＋二＋三）×费率 |
|  | 4.4 住房公积金 | 按工程所在地设区市相关规定计算 |
|  | 4.5 危险作业意外伤害保险 | 按工程所在地设区市相关规定计算 |
| 五 | 税金 | （一＋二＋三＋四）×税率 |
| 六 | 建筑工程费用合计 | 一＋二＋三＋四＋五 |

## 二、建筑工程费用计算程序案例

**［例 3-1］** 淄博市区内某小区中一幢住宅楼，框架剪力墙结构，21 层，建筑面积 16380.72m$^2$。其中，按市定额计算的直接工程费合计为 13250651.68 元，按省价计算的直接工程费（$JF_1$）合计为 11390014.84 元，按市定额计取的措施费合计为 5712342.15 元，按省定额计取的措施费合计为 5608324.85 元，施工组织设计（方案）计取的措施费为 180922.68 元，专业分包工程费为 230000.00 元，工程排污费 30787.28 元，住房公积金 19656.86 元，危险作业意外伤害保险 102623.78 元。

计算该高层住宅楼的建筑工程费用。

**解：**（1）由建筑工程类别划分标准表3-1得知，该高层住宅工程属于民用居住建筑工程，其他结构，层数大于21层>18层，建筑面积16380.72$m^2$>12000$m^2$，两个指标均满足Ⅰ类工程要求，属Ⅰ类工程。

查表3-3可知，措施费中夜间施工费费率为0.7%，二次搬运费费率为0.6%，冬、雨季施工增加费费率为0.8%，已完工程及设备保护费费率为0.15%，总承包服务费费率为3%；查表3-4可知，企业管理费率为8.7%，利润率为7.4%；查表3-5可知，安全文明施工费费率为3.12%；查表3-6，市区税率为3.48%。

（2）该高层住宅楼的费用计算，见表3-9。

**表3-9 建筑工程定额计价计算程序表**

| 序号 | 费用名称 | 计算方法 | 费用金额 |
|---|---|---|---|
| 一 | 直接费 | （一）＋（二） | 19407091.84 |
| | （一）直接工程费 | Σ{工程量×Σ[（定额工日消耗数量×人工单价）＋（定额材料消耗数量×材料单价）＋（定额机械台班消耗量×机械台班单价）]} | 13250651.68 |
| | 计费基础$JF_1$ | Σ（工程量×省基价） | 11390014.84 |
| | （二）措施费 | 1.1＋1.2＋1.3＋1.4 | 6156440.16 |
| | 1.1参照定额规定计取的措施费 | 按定额规定计算 | 5712342.15 |
| | 1.2参照省发布费率计取的措施费 | 计费基础$JF_1$×（0.7%＋0.6%＋0.8%＋0.15%） | 256275.33 |
| | 1.3按施工组织设计（方案）计取的措施费 | 按施工组织设计（方案）计取 | 180922.68 |
| | 1.4总承包服务费 | 专业分包工程费（不包括设备费）×3% | 6900.00 |
| | 计费基础$JF_2$ | 按表3-7中“计费基础及其计算方法”计算 | 6045522.86① |
| 二 | 企业管理费 | （$JF_1$＋$JF_2$）×8.7% | 1516891.78 |
| 三 | 利润 | （$JF_1$＋$JF_2$）×7.4% | 1290229.79 |
| 四 | 规费 | 4.1＋4.2＋4.3＋4.4＋4.5 | 1512577.78 |
| | 4.1安全文明施工费 | （一＋二＋三）×3.12% | 693083.46 |
| | 4.2工程排污费 | 按工程所在地设区市相关规定计算 | 30787.28 |
| | 4.3社会保障费 | （一＋二＋三）×3% | 666426.40 |
| | 4.4住房公积金 | 按工程所在地设区市相关规定计算 | 19656.86 |
| | 4.5危险作业意外伤害保险 | 按工程所在地设区市相关规定计算 | 102623.78 |
| 五 | 税金 | （一＋二＋三＋四）×税率 | 825692.33 |
| 六 | 建筑工程费用合计 | 一＋二＋三＋四＋五 | 24552483.52 |

① 6045522.86元＝（5608324.85＋256275.33＋180922.68）元

## 三、装饰工程费用计算程序案例

**[例3-2]** 某县城内一幢5层宿舍楼，计划重新装修，按市定额计算的直接工程费合计为666059.44元，省直接工程费为664920.00元，按省价计算的人工费（$JF_1$）合计为196236.88元，参照定额规定计取的措施费中省人工费合计为3431.63元，按市定额计取的措施费合计为13324.65元，不计取施工组织设计（方案）计取的措施费和总承包服务费，

工程排污费 1643.01 元，住房公积金 3943.23 元，危险作业意外伤害保险 821.51 元。

计算该办公楼的装饰工程费用。

**解：**（1）该工程为一般居住类建筑的装饰，故按Ⅲ类工程确定。

查表 3-3 可知，措施费中夜间施工费 4.0%，二次搬运费 3.6%，冬、雨季施工增加费 4.5%，已完工程及设备保护费 0.15%，总承包服务费 3%；查表 3-4 可知，企业管理费率为 8.7%，利润率为 7.4%；查表 3-5 可知，安全文明施工费为 3.12%；查表 3-6，市区税率为 3.48%。

（2）该高层住宅楼的费用计算，见表 3-10。

**表 3-10　装饰工程定额计价计算程序表**

| 序号 | 费用名称 | 计 算 方 法 | 费用金额 |
|---|---|---|---|
| 一 | 直接费 | (一)+(二) | 704126.14 |
| | （一）直接工程费 | ∑工程量×∑[(定额工日消耗量×人工单价)+(定额材料消耗量×材料单价)+(定额机械台班消耗量×机械台班单价)] | 666059.44 |
| | 计费基础 $JF_1$ | ∑[工程量×(定额工日消耗量×省价人工单价)] | 196236.88 |
| | （二）措施费 | 1.1+1.2+1.3+1.4 | 38066.7 |
| | 1.1 参照定额规定计取的措施费 | 按定额规定计算 | 13324.65 |
| | 1.1.1 参照定额规定计取的措施费中省人工费 | 按定额规定计算 | 3431.63 |
| | 1.2 参照费率计取的措施费 | (1)+(2)+(3)+(4) | 24742.05 |
| | （1）夜间施工费 | 计费基础 $JF_1$×4% | 7849.48 |
| | （2）二次搬运费 | 计费基础 $JF_1$×3.6% | 7064.53 |
| | （3）冬、雨季施工增加费 | 计费基础 $JF_1$×4.5% | 8830.66 |
| | （4）已完工程及设备保护费 | 省直接工程费×0.15% | 997.38 |
| | 1.2.1 其中：人工费 | (7849.48+7064.53+8830.66)×20%+997.38×10% | 4848.67 |
| | 1.3 按施工组织设计（方案）计取的措施费 | 按施工组织设计（方案）计取 | 0 |
| | 1.4 总承包服务费 | 专业分包工程费（不包括设备费）×3% | 0 |
| | 计费基础 $JF_2$ | ∑措施费中 1.1、1.2、1.3 中省价措施费 | 8280.30 |
| 二 | 企业管理费 | ($JF_1$+$JF_2$)×49% | 100213.42 |
| 三 | 利润 | ($JF_1$+$JF_2$)×16% | 22124.82 |
| 四 | 规费 | 4.1+4.2+4.3+4.4+4.5 | 59441.7038 |
| | 4.1 安全文明施工费 | (1)+(2)+(3)+(4) | 31545.88 |
| | （1）安全施工费 | (一+二+三)×2% | 16430.14 |
| | （2）环境保护费 | (一+二+三)×0.12% | 985.81 |
| | （3）文明施工费 | (一+二+三)×0.1% | 821.51 |
| | （4）临时设施费 | (一+二+三)×1.62% | 13308.42 |
| | 4.2 工程排污费 | 按相关部门规定计算 | 1643.01 |
| | 4.3 社会保障费 | (一+二+三)×2.6% | 21488.0738 |
| | 4.4 住房公积金 | 按相关部门规定计算 | 3943.23 |
| | 4.5 危险作业意外伤害保险 | 按相关部门规定计算 | 821.51 |
| 五 | 税金 | (一+二+三+四)×税率 | 30209.40 |
| 六 | 装饰工程造价 | 一+二+三+四+五 | 916115.48 |

## 想一想，算一算

1. 简述建筑工程费用项目由哪几部分构成？

2. 新建建筑工程中的装饰工程，如何确定其工程类别？

3. 计算题：某县城内建一幢6层商住楼，砖混结构，建筑面积5321.00m²，按市定额计算的直接工程费合计为1522321.65元，按省价计算的直接工程费（$JF_1$）合计为1512695.52元，按市定额计取的措施费合计为234846.6元，按省定额计取的措施费合计为215267.46元，不计取施工组织设计（方案）计取的措施费和总承包服务费，工程排污费3867.85元，住房公积金9282.84元，危险作业意外伤害保险70233.42元。

计算该商住楼的建筑工程费用。

# 第四章　建筑面积及主要基数的计算

学习目标

➢ 了解各个建筑专业的术语。
➢ 熟悉建筑面积计算规范。
➢ 学会建筑面积和基数的计算。

## 第一节　建筑面积计算规范

### 一、建筑面积的概念

建筑面积也称建筑展开面积，它是指建筑物外墙外围线测定的各层平面面积之和。它是表示一个建筑物建筑规模大小的经济指标。

建筑面积包括使用面积、辅助面积和结构面积三部分。

**1. 使用面积**

使用面积指建筑各层平面中直接为生产或生活使用的净面积的总和。在居住建筑中的使用面积被称为居住面积。例如，客厅、办公室、卧室等的面积。

**2. 辅助面积**

辅助面积指建筑物各层平面中为辅助生产或生活所占净面积的总和。例如，楼梯、走道、厕所、厨房等的面积。

**3. 结构面积**

结构面积指建筑物各层平面中的墙、柱等结构所占面积的总和。

### 二、建筑面积的作用

(1) 建筑面积是基本建设投资、建设项目可行性研究、建设项目评估、建设项目勘察设计、建筑工程施工、竣工验收和建筑工程造价管理等一系列工作的重要指标。

(2) 建筑面积是计算单位面积造价、人工单方消耗指标、材料单方消耗指标、工程单方消耗指标的重要依据。

(3) 建筑面积是计算分项工程的依据。例如：场地平整、垂直运输机械等。

总之，建筑面积是一项重要的技术经济指标，对全面控制建设工程造价具有重要意义，并在整个基本建设工作中起着重要的作用。

### 三、《建筑工程建筑面积计算规范》(GB/T 50353—2005)

中华人民共和国国家标准 GB/T 50353—2005《建筑工程建筑面积计算规范》以下简称

“本规范”。

**(一) 总则**

(1) 为规范工业与民用建筑工程的面积计算，统一计算方法，制定本规范。

(2) 本规范适用于新建、扩建、改建的工业与民用建筑工程的面积计算。

(3) 建筑面积计算应遵循科学、合理的原则。

(4) 建筑面积计算除应遵循本规范外，尚应符合国家现行的有关标准规范的规定。

**(二) 术语**

(1) 层高：上下两层楼面或楼面与地面之间的垂直距离。

(2) 自然层：按楼板、地板结构分层的楼层。

(3) 架空层：建筑物深基础或坡地建筑吊脚架空部位不回填土石方形成的建筑空间。

(4) 走廊：建筑物的水平交通空间。

(5) 挑廊：挑出建筑物外墙的水平交通空间。

(6) 檐廊：设置在建筑物底层出檐下的水平交通空间。

(7) 回廊：在建筑物门厅、大厅内设置在二层或二层以上的回形走廊。

(8) 门斗：在建筑物出入口设置的起分隔、挡风、御寒等作用的建筑过渡空间。

(9) 建筑物通道：为道路穿过建筑物而设置的建筑空间。

(10) 架空走廊：建筑物与建筑物之间，在二层或二层以上专门为水平交通设置的走廊。

(11) 勒脚：建筑物的外墙与室外地面或散水接触部位墙体的加厚部分。

(12) 围护结构：围合建筑空间四周的墙体、门、窗等。

(13) 围护性幕墙：直接作为外墙起围护作用的幕墙。

(14) 装饰性幕墙：设置在建筑物墙体外起装饰作用的幕墙。

(15) 落地橱窗：突出外墙面根基落地的橱窗。

(16) 阳台：供使用者进行活动和晾晒衣物的建筑空间。

(17) 眺望间：设置在建筑物顶层或挑出房间的供人们远眺或观察周围情况的建筑空间。

(18) 雨篷：设置在建筑物进出口上部的遮雨、遮阳篷。

(19) 地下室：房间地平面低于室外地平面的高度超过该房间净高的 1/2 者为地下室。

(20) 半地下室：房间地平面低于室外地平面的高度超过该房间净高的 1/3，且不超过 1/2 者为半地下室。

(21) 变形缝：伸缩缝（温度缝）、沉降缝和抗震缝的总称。

(22) 永久性顶盖：经规划批准设计的永久使用的顶盖。

(23) 飘窗：为房间采光和美化造型而设置的突出外墙的窗。

(24) 骑楼：楼层部分跨在人行道上的临街楼房。

(25) 过街楼：有道路穿过建筑空间的楼房。

**(三) 计算建筑面积的规定**

(1) 单层建筑物的建筑面积，应按其外墙勒脚以上结构外围水平面积计算，并应符合下列规定：

1) 单层建筑物高度在 2.20m 及以上者应计算全面积；高度不足 2.20m 者应计算 1/2 面积。

2) 利用坡屋顶内空间时净高超过 2.10m 的部位应计算全面积；净高 1.20～2.10m 的部位应计算 1/2 面积；净高不足 1.20m 的部位不应计算面积。

(2) 单层建筑物内设有局部楼层者，局部楼层的二层及以上楼层，有围护结构的应按其围护结构外围水平面积计算，无围护结构的应按其结构底板水平面积计算。层高在 2.20m 及以上者应计算全面积；层高不足 2.20m 者应计算 1/2 面积。

(3) 多层建筑物首层应按其外墙勒脚以上结构外围水平面积计算；二层及以上楼层应按其外墙结构外围水平面积计算。层高在 2.20m 及以上者应计算全面积；层高不足 2.20m 者应计算 1/2 面积。

(4) 多层建筑坡屋顶内和场馆看台下，当设计加以利用时净高超过 2.10m 的部位应计算全面积；净高在 1.20～2.10m 的部位应计算 1/2 面积；当设计不利用或室内净高不足 1.20m 时不应计算面积。

(5) 地下室、半地下室（车间、商店、车站、车库、仓库等），包括相应的有永久性顶盖的出入口，应按其外墙上口（不包括采光井、外墙防潮层及其保护墙）外边线所围水平面积计算。层高在 2.20m 及以上者应计算全面积；层高不足 2.20m 者应计算 1/2 面积。

(6) 坡地的建筑物吊脚架空层、深基础架空层，设计加以利用并有围护结构的，层高在 2.20m 及以上的部位应计算全面积；层高不足 2.20m 的部位应计算 1/2 面积。设计加以利用、无围护结构的建筑吊脚架空层，应按其利用部位水平面积的 1/2 计算；设计不利用的深基础架空层、坡地吊脚架空层、多层建筑坡屋顶内、场馆看台下的空间不应计算面积。

(7) 建筑物的门厅、大厅按一层计算建筑面积。门厅、大厅内设有回廊时，应按其结构底板水平面积计算。层高在 2.20m 及以上者应计算全面积；层高不足 2.20m 者应计算 1/2 面积。

(8) 建筑物间有围护结构的架空走廊，应按其围护结构外围水平面积计算。层高在 2.20m 及以上者应计算全面积；层高不足 2.20m 者应计算 1/2 面积。有永久性顶盖无围护结构的应按其结构底板水平面积的 1/2 计算。

(9) 立体书库、立体仓库、立体车库，无结构层的应按一层计算，有结构层的应按其结构层面积分别计算。层高在 2.20m 及以上者应计算全面积；层高不足 2.20m 者应计算 1/2 面积。

(10) 有围护结构的舞台灯光控制室，应按其围护结构外围水平面积计算。层高在 2.20m 及以上者应计算全面积；层高不足 2.20m 者应计算 1/2 面积。

(11) 建筑物外有围护结构的落地橱窗、门斗、挑廊、走廊、檐廊，应按其围护结构外围水平面积计算。层高在 2.20m 及以上者应计算全面积；层高不足 2.20m 者应计算 1/2 面积。有永久性顶盖无围护结构的应按其结构底板水平面积的 1/2 计算。

(12) 有永久性顶盖无围护结构的场馆看台应按其顶盖水平投影面积的 1/2 计算。

(13) 建筑物顶部有围护结构的楼梯间、水箱间、电梯机房等，层高在 2.20m 及以上者应计算全面积；层高不足 2.20m 者应计算 1/2 面积。

(14) 设有围护结构不垂直于水平面而超出底板外沿的建筑物，应按其底板面的外围水平面积计算。层高在 2.20m 及以上者应计算全面积；层高不足 2.20m 者应计算 1/2 面积。

(15) 建筑物内的室内楼梯间、电梯井、观光电梯井、提物井、管道井、通风排气竖井、垃圾道、附墙烟囱应按建筑物的自然层计算。

(16) 雨篷结构的外边线至外墙结构外边线的宽度超过 2.10m 者，应按雨篷结构板的水平投影面积的 1/2 计算。

(17) 有永久性顶盖的室外楼梯，应按建筑物自然层的水平投影面积的 1/2 计算。

(18) 建筑物的阳台均应按其水平投影面积的 1/2 计算。

(19) 有永久性顶盖无围护结构的车棚、货棚、站台、加油站、收费站等，应按其顶盖水平投影面积的1/2计算。

(20) 高低联跨的建筑物，应以高跨结构外边线为界分别计算建筑面积；其高低跨内部连通时，其变形缝应计算在低跨面积内。

(21) 以幕墙作为围护结构的建筑物，应按幕墙外边线计算建筑面积。

(22) 建筑物外墙外侧有保温隔热层的，应按保温隔热层外边线计算建筑面积。

(23) 建筑物内的变形缝，应按其自然层合并在建筑物面积内计算。

(24) 下列项目不应计算面积：

1) 建筑物通道（骑楼、过街楼的底层)。

2) 建筑物内的设备管道夹层。

3) 建筑物内分隔的单层房间，舞台及后台悬挂幕布、布景的天桥、挑台等。

4) 屋顶水箱、花架、凉棚、露台、露天游泳池。

5) 建筑物内的操作平台、上料平台、安装箱和罐体的平台。

6) 勒脚、附墙柱、垛、台阶、墙面抹灰、装饰面、镶贴块料面层、装饰性幕墙、空调机外机搁板（箱)、飘窗、构件、配件，宽度在2.10m及以内的雨篷以及与建筑物内不相连通的装饰性阳台、挑廊。

7) 无永久性顶盖的架空走廊、室外楼梯和用于检修、消防等的室外钢楼梯、爬梯。

8) 自动扶梯、自动人行道。

9) 独立烟囱、烟道、地沟、油（水）罐、气柜、水塔、贮油（水）池、贮仓、栈桥、地下人防通道、地铁隧道。

**(四) 本规范用词说明**

(1) 为便于在执行本规范条文时区别对待，对要求严格程度不同的用词说明如下：

1) 表示很严格，非这样做不可的用词：正面词采用“必须”，反面词采用“严禁”。

2) 表示严格，在正常情况下均应这样做的用词：正面词采用“应”，反面词采用“不应”或“不得”。

3) 表示允许稍有选择，在条件许可时首先应这样做的用词：正面词采用“宜”，反面词采用“不宜”。

表示有选择，在一定条件下可以这样做的用词，采用“可”。

(2) 本规范中指明应按其他有关标准、规范执行的写法为“应符合……的规定”或“应按……执行”。

## 第二节　建筑面积计算应用

**[例4-1]**　计算图4-1所示单层建筑物的建筑面积。

**解：**　$S_{建}=(3.0\times3+0.24)\text{m}\times(5.4+0.24)\text{m}=52.11\text{m}^2$

**[例4-2]**　某住宅楼共五层，其上部设计为坡屋顶并加以利用（如图4-2所示），试计算阁楼的建筑面积。

**分析：** 该建筑物阁楼（坡屋顶）净高超过2.10m的部位计算全面积；净高在1.20～2.10m的部位应计算1/2面积，计算时关键是找出室内净高1.20m与2.10m的分界线。

**解**：阁楼房间内部净高为 2.1m 处距轴线的距离为：

$$(2.1-1.6)\times 2/1\text{m}+0.12\text{m}=1.12\text{m}$$

$$S_{建}=[(2.7+4.2)\times 4+0.24]\text{m}\times(1.12+0.12)\text{m}\times 1/2+[(2.7+4.2)\times 4+0.24]\text{m}\times(6.6+2.4+3.6-1.12+0.12)\text{m}=340.20\text{m}^2$$

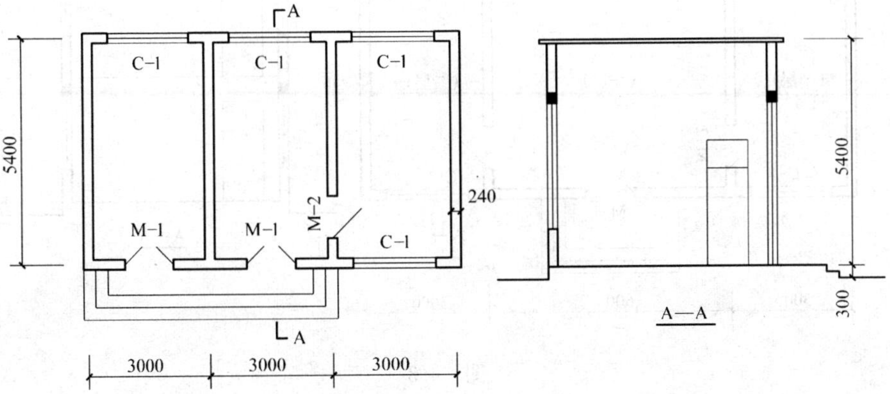


图　4-1

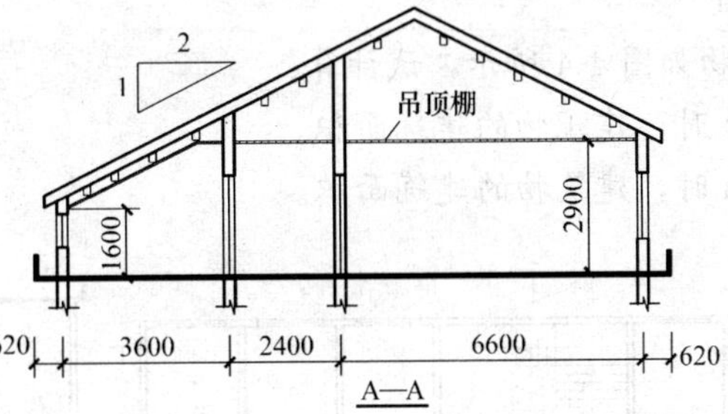


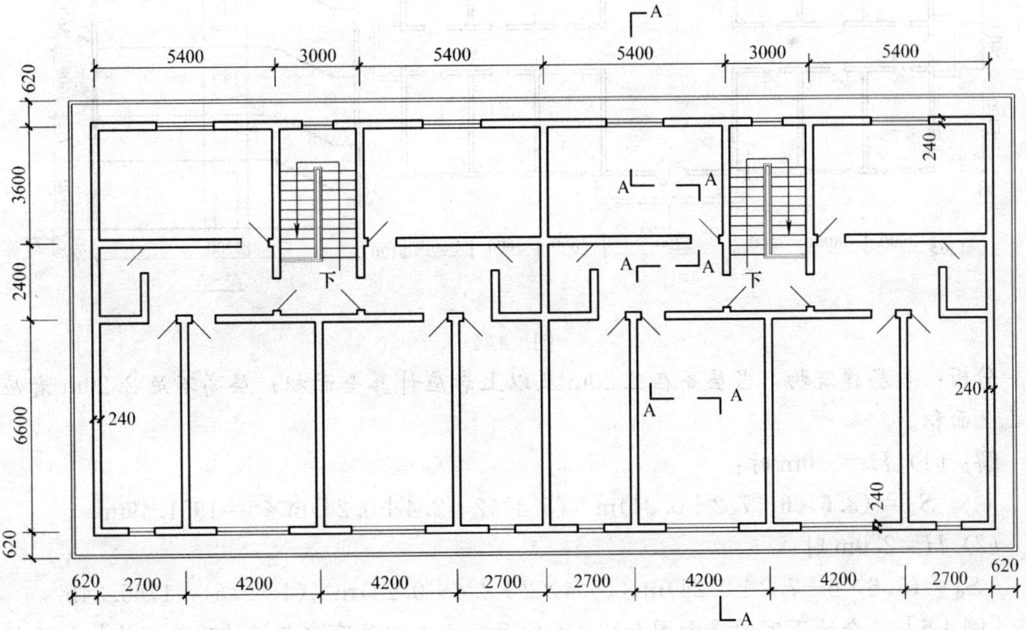


图　4-2

［例 4-3］　建筑物如图 4-3 所示，计算其建筑面积。

**分析：** 该建筑物局部为二层，故二层部分的建筑面积按其外围结构水平面积计算。

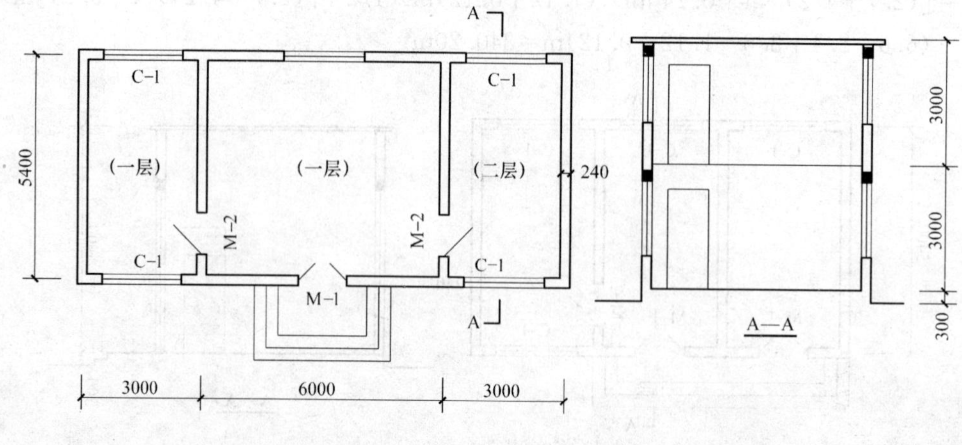


图　4-3

**解：** $S_{建}=(3.0\times2+6.0+0.24)\text{m}\times(5.4+0.24)\text{m}+(3.0+0.24)\text{m}\times(5.4+0.24)\text{m}$
$=87.31\text{m}^2$

［例 4-4］　建筑物如图 4-4 所示，试计算：

(1) 当 $H=3.0$m 时，建筑物的建筑面积。

(2) 当 $H=2.0$m 时，建筑物的建筑面积。

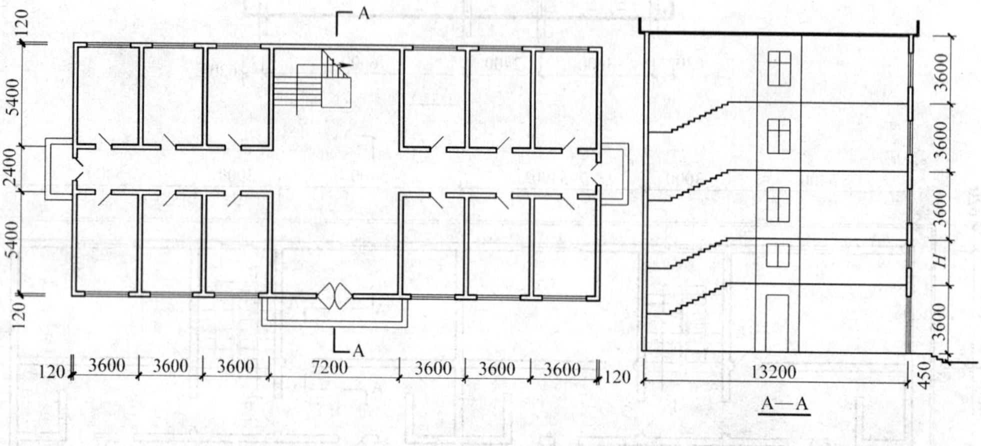


图　4-4

**分析：** 多层建筑物，当层高在 2.20m 及以上者应计算全面积；层高不足 2.20m 者应计算 1/2 面积。

**解：** (1) $H=3.0$m 时：

$S_{建}=(3.6\times6+7.2+0.24)\text{m}\times(5.4\times2+2.4+0.24)\text{m}\times5=1951.49\text{m}^2$

(2) $H=2.0$m 时：

$S_{建}=(3.6\times6+7.2+0.24)\text{m}\times(5.4\times2+2.4+0.24)\text{m}\times(4+0.5)=1756.34\text{m}^2$

［例 4-5］　全地下室的平面图如图 4-5 所示，出入口处有永久性的顶盖，计算其建筑面积。

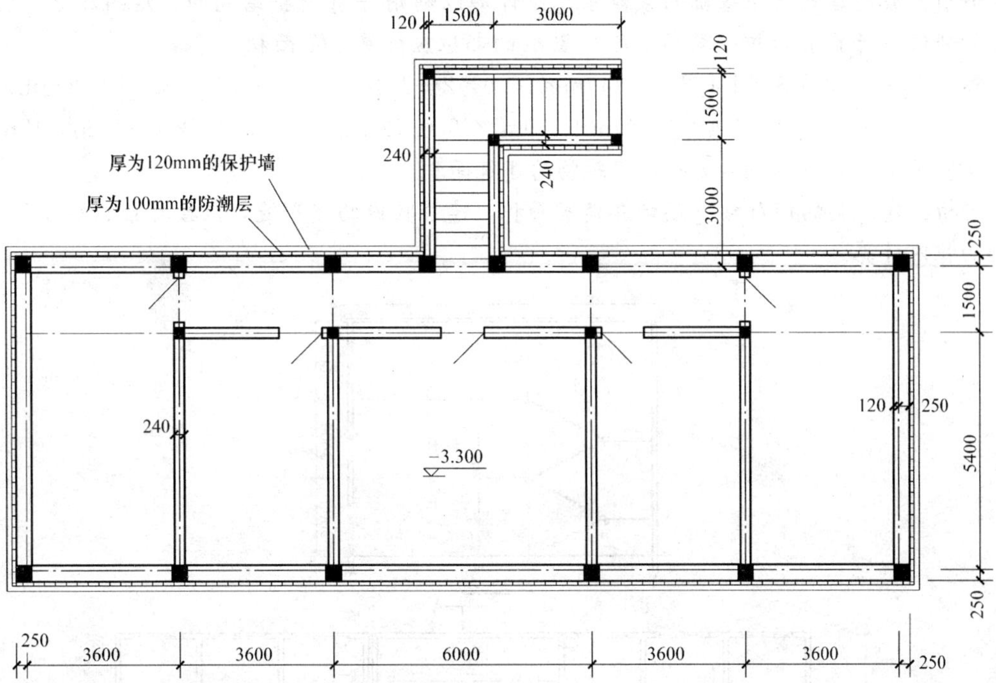


图　4-5

**解：** $S_{建}=(3.6\times4+6.0+0.25\times2)m\times(5.4+1.5+0.5)m+(1.5+0.12\times2)m\times(3.0-0.25+1.5+0.12)m+(3-0.12)m\times(1.5+0.12\times2)m=167.28m^2$

［例 4-6］　某建筑物座落在坡地上，设计为深基础，部分加以利用（如图 4-6 所示），计算其建筑面积。

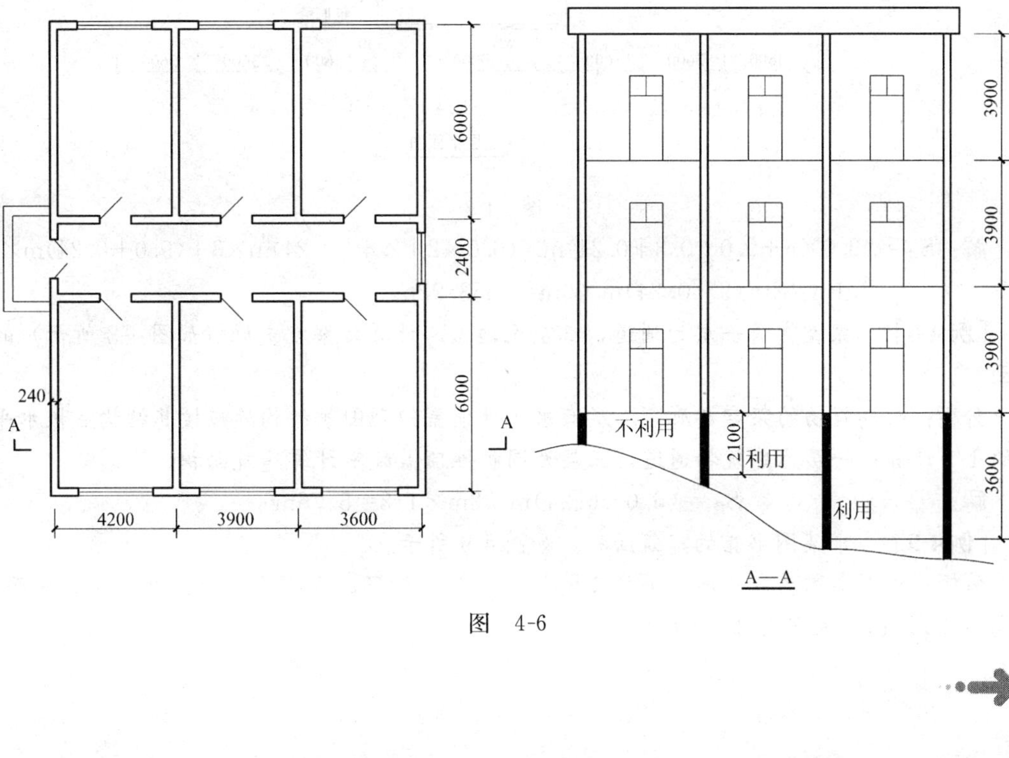


图　4-6

**分析**：坡地建筑物深基础的架空层，设计加以利用并有围护结构的，层高在 2.20m 及以上的部位应计算全面积；层高不足 2.20m 的部位应计算 1/2 面积。

**解**：$S_{建}=(3.9+3.6+4.2+0.24)\text{m}\times(6.0\times2+2.4+0.24)\text{m}\times3+(3.6+0.24)\text{m}\times(6.0\times2+2.4+0.24)\text{m}+3.9\text{m}\times(6.0\times2+2.4+0.24)\text{m}\times1/2=609.17\text{m}^2$

**[例 4-7]** 计算如图 4-7 所示建筑物的建筑面积。

**分析**：建筑物的门厅按一层计算建筑面积，建筑物内的变形缝，应按其自然层合并在建筑物面积内计算。

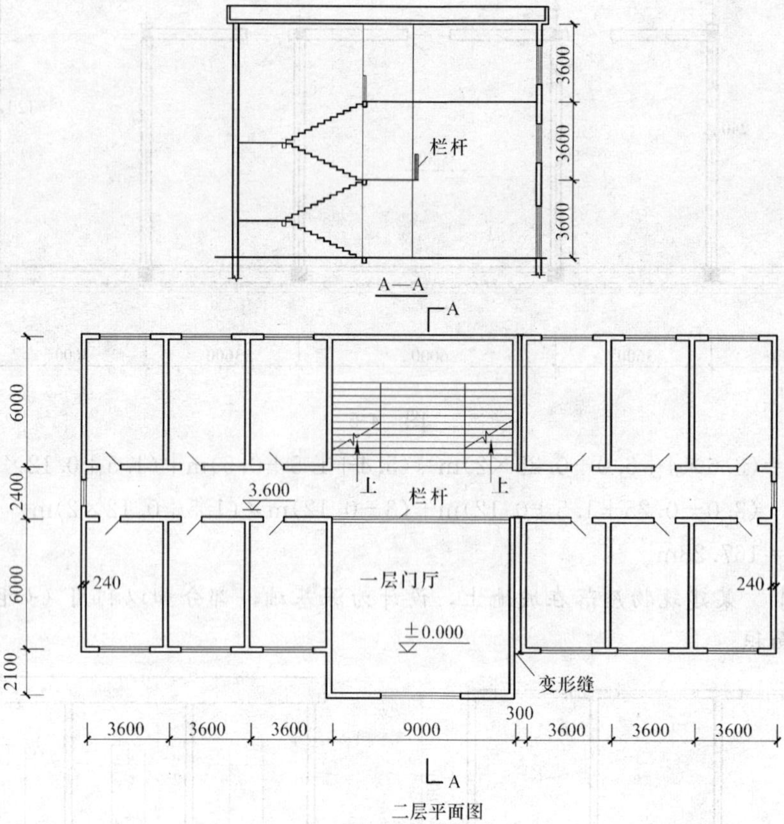


图 4-7

**解**：$S_{建}=(3.6\times6+9.0+0.3+0.24)\text{m}\times(6.0\times2+2.4+0.24)\text{m}\times3+(9.0+0.24)\text{m}\times2.1\text{m}\times2-(9-0.24)\text{m}\times6\text{m}=1353.92\text{m}^2$

**[例 4-8]** 架空走廊一层为通道，三层无顶盖，计算该架空走廊（如图 4-8 所示）的建筑面积。

**分析**：此建筑物的架空走廊，二层有永久性顶盖但无围护结构故应按其结构底板水平面积的 1/2 计算；一层为建筑物通道，三层无围护性顶盖故不计算建筑面积。

**解**：
$$S_{建}=(6.0-0.24)\text{m}\times2\text{m}\times1/2=5.76\text{m}^2$$

**[例 4-9]** 求某图书馆的建筑面积，如图 4-9 所示。

**分析**：该图书馆共分三层，每层又增加了一个结构层，层高在 2.2m 以上计算全面积，层高不足 2.2m 的应计算 1/2 面积。

**解：** $S_{建}=(30.00+0.24)m\times(15+0.24)m\times3+(6+0.24)m\times(30+0.24)m\times4+(6+0.24)m\times(30+0.24)m\times2m\times0.5=2326.06m^2$

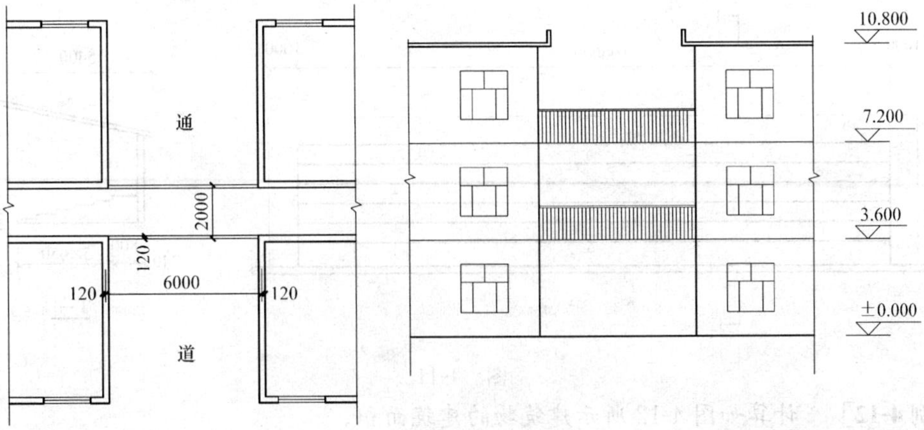


图　4-8

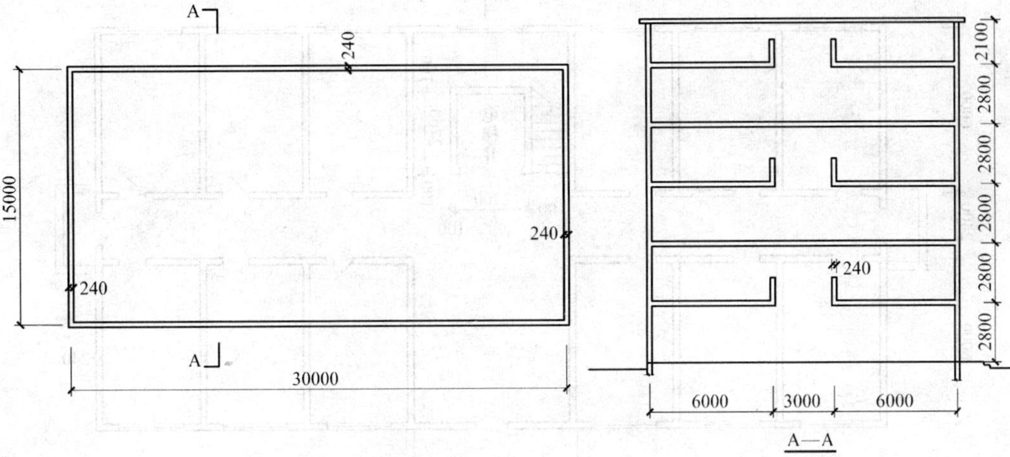


图　4-9

**［例 4-10］**　计算如图 4-10 所示建筑物门斗的建筑面积。

**解：**　$S_{建}=(3.6+0.24)m\times4m=15.36m^2$

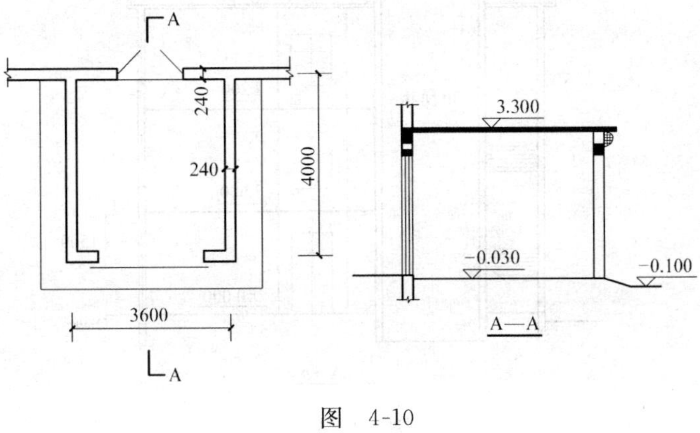


图　4-10

[**例 4-11**] 计算体育馆看台的建筑面积，如图 4-11 所示。

**解**： $S_{建}=5.400\text{m}\times(100.00+1.0\times2)\text{m}\times1/2=275.4\text{m}^2$

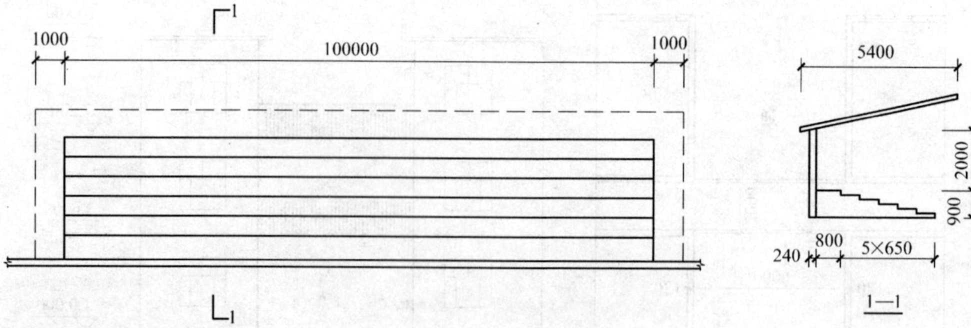


图 4-11

[**例 4-12**] 计算如图 4-12 所示建筑物的建筑面积。

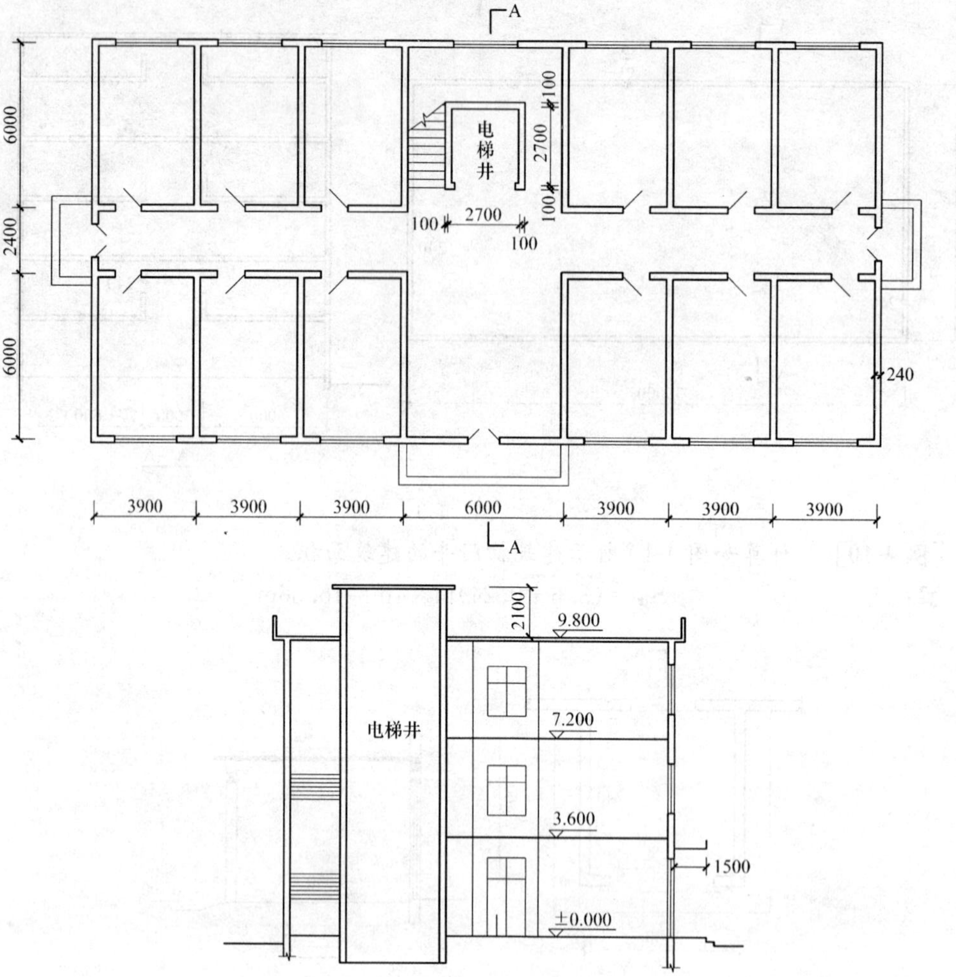


图 4-12

**分析**：(1) 建筑物顶部电梯机房层高不足2.20m，应计算1/2面积；(2) 该建筑物雨篷宽度结构的外边线至外墙结构外边线的宽度小于2.10m，故不计算建筑面积。

**解**：$S_{建}=(3.9\times6+6.0+0.24)\text{m}\times(6.0\times2+2.4+0.24)\text{m}\times3+(2.7+0.20)\text{m}\times(2.7+0.20)\text{m}\times1/2=1305.99\text{m}^2$

**[例4-13]**　计算图4-13中建筑物入口处雨棚的建筑面积。

**解**：$S_{建}=2.3\text{m}\times4\text{m}\times1/2=4.6\text{m}^2$

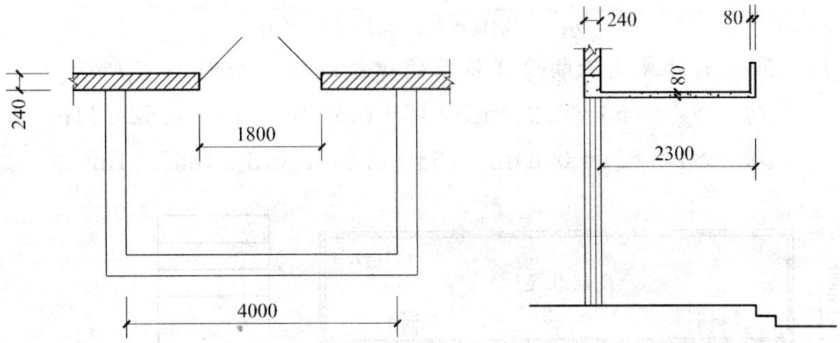


图　4-13

**[例4-14]**　计算如图4-14所示建筑物阳台的建筑面积。

**解**：$S_{建}=[(3.3-0.24)\times1.5\times1/2+1.2\times(3.6+0.24)\times1/2]\text{m}^2=4.60\text{m}^2$

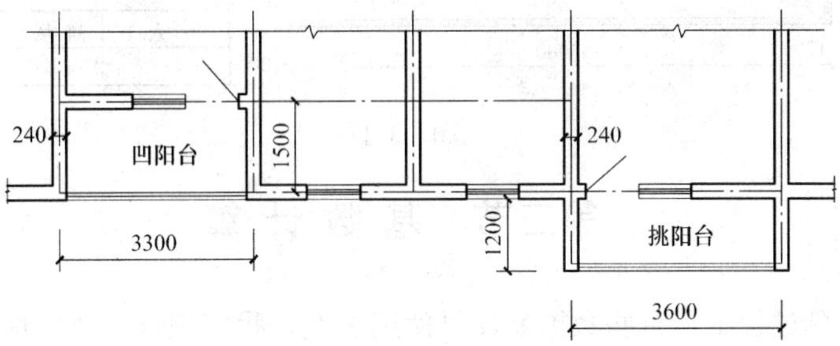


图　4-14

**[例4-15]**　计算自行车车棚的建筑面积，如图4-15所示。

**解**：$S_{建}=(6.0\times3+0.4+0.5\times2)\text{m}\times(6.6+0.4+0.5\times2)\text{m}\times1/2=77.60\text{m}^2$

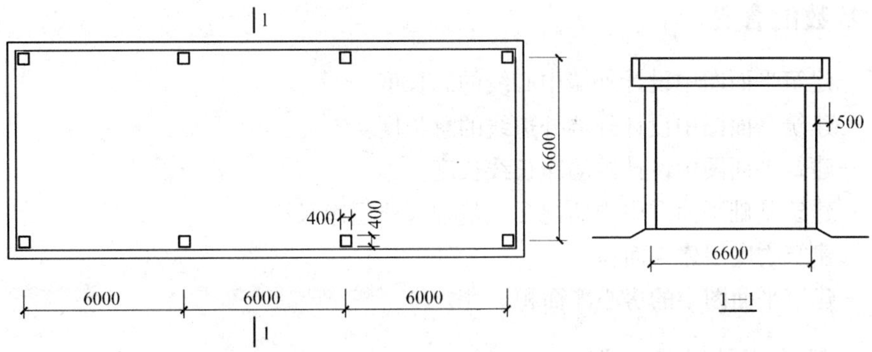


图　4-15

**[例4-16]**　计算如图4-16所示火车站单排柱站台的建筑面积。

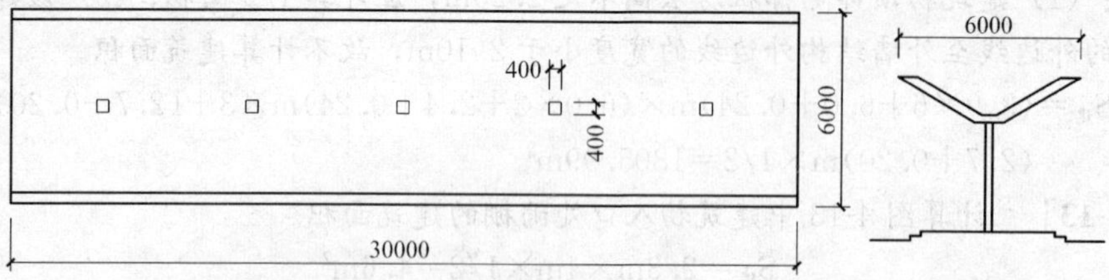


图 4-16

**解：** $S_{建}=30m\times6m\times1/2=90m^2$

［例 4-17］ 试分别计算高低联跨建筑物的建筑面积，如图 4-17 所示。

**解：** 高跨：$S_{建}=(63+0.24)m\times(15+0.24)m\times13=12529.11m^2$

低跨：$S_{建}=(24+0.6)m\times(63+0.24)m\times3=4667.11m^2$

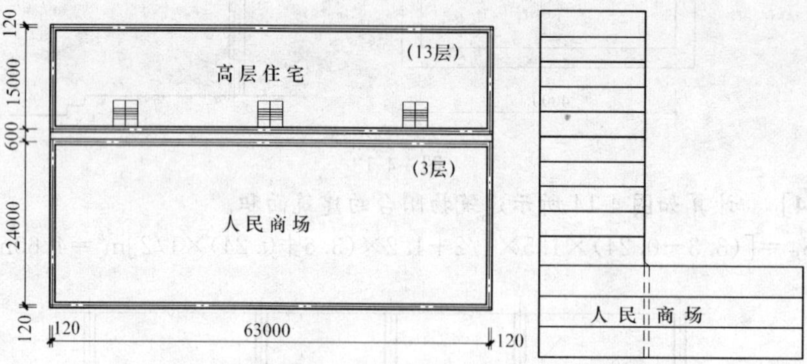


图 4-17

## 第三节 基数计算

在工程量计算过程中，有些数据要反复使用多次，我们把这些数据称为基数。如外墙中心线（$L_{中}$），在计算基础、墙体、圈梁等部位工程量时要用多次；又如房心净面积（$S_{房}$），在计算楼地面工程量和顶棚工程量时要用多次。基数计算准确与否直接关系到编制预算的质量和速度，因此计算基数时要尽量通过多种方法计算，以保证基数的准确性。

### 一、基数的含义

$L_{中}$——建筑平面图中设计外墙中心线的总长度。

$L_{外}$——建筑平面图中设计外墙外边线的总长度。

$L_{内}$——建筑平面图中设计内墙净长线长度。

$L_{净}$——建筑基础平面图中内墙混凝土基础或垫层净长度。

$S_{底}$——建筑物底层建筑面积。

$S_{房}$——建筑平面图中的房心净面积。

### 二、一般线面基数的计算

［例 4-18］ 单层建筑物平面图如图 4-18 所示，计算它的各种基数。

**解：** $L_{外}=(3.6\times3+0.24+6.0+0.24)\text{m}\times2=34.56\text{m}$

$L_{中}=(3.6\times3+6.0)\text{m}\times2=33.60\text{m}$

或 $L_{中}=L_{外}-4\times墙厚=34.56\text{m}-4\times0.24\text{m}=33.60\text{m}$

$L_{内}=6.0\text{m}-0.24\text{m}=5.76\text{m}$

$L_{净}=6.0\text{m}-0.80\text{m}=5.20\text{m}$

$S_{底}=(3.6\times3+0.24)\text{m}\times(6.0+0.24)\text{m}=68.89\text{m}^2$

$S_{房}=(3.6\times3-0.24\times2)\text{m}\times(6.0-0.24)\text{m}=59.44\text{m}^2$

或 $S_{房}=S_{底}-(L_{中}+L_{内})\times墙厚=68.89\text{m}^2-(33.60+5.76)\text{m}\times0.24\text{m}=59.44\text{m}^2$

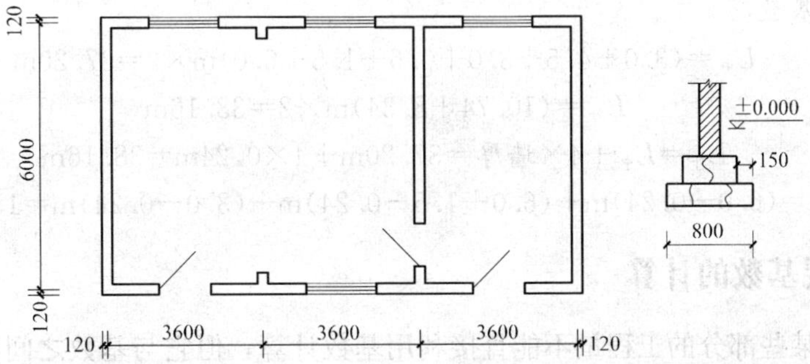


图 4-18

［例 4-19］　计算二层别墅（如图 4-19 所示）的建筑面积和 $L_{中}$、$L_{外}$、$L_{内}$ 等基数。

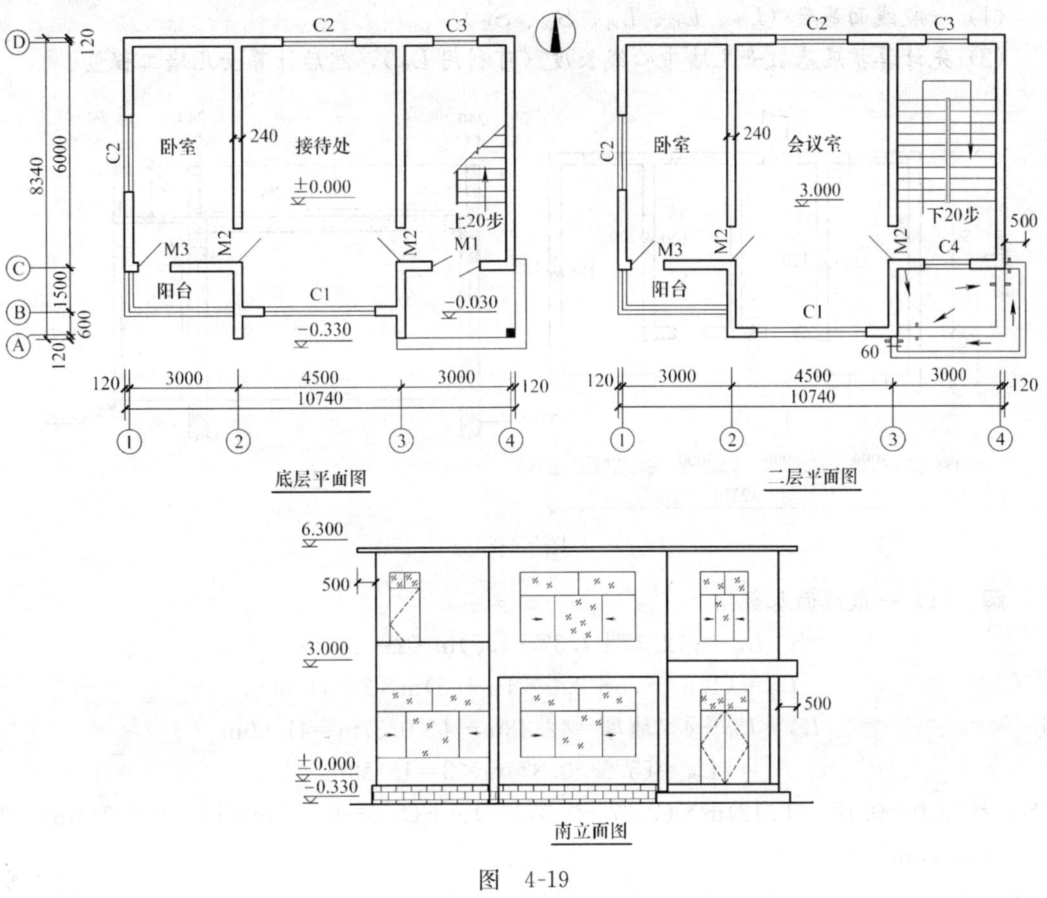


图　4-19

**解**：(1) 计算建筑面积：

底层建筑面积：(6.0＋0.24)m×10.74m＋(4.5＋0.24)m×1.5m＋3.0m×1.5m×1/2＝76.38m²

二层建筑面积：(6.0＋0.24)m×10.74m＋(4.5＋0.24)m×(1.5＋0.6)m＋3.0m×1.5m×1/2＝79.22m²

雨篷建筑面积：(3.0＋0.5)m×(1.5＋0.6＋0.5)m×1/2＋(0.5×0.06)m×2m×1/2＝4.58m²

二层别墅建筑面积合计：76.38m²＋79.22m²＋4.58m²＝160.18m²

(2) 计算基数：

$$L_{中}=(3.0+4.5+3.0+0.6+1.5+6.0)\text{m}\times 2=37.20\text{m}$$

$$L_{外}=(10.74+8.34)\text{m}\times 2=38.16\text{m}$$

或

$$L_{外}=L_{中}+4\times 墙厚=37.20\text{m}+4\times 0.24\text{m}=38.16\text{m}$$

$$L_{内}=(6.0-0.24)\text{m}+(6.0+1.5-0.24)\text{m}+(3.0-0.24)\text{m}=15.78\text{m}$$

## 三、扩展基数的计算

建筑物的某些部分的工程量不能直接利用基数计算，但它与基数之间存在着必然联系，可以利用扩展基数计算。

**[例4-20]** 单层建筑物如图4-20所示，计算：

(1) 一般线面基数（$L_{中}$、$L_{外}$、$L_{内}$、$S_{底}$、$S_{房}$）

(2) 先计算扩展基数女儿墙中心线长度（可利用 $L_{外}$），然后计算女儿墙工程量。

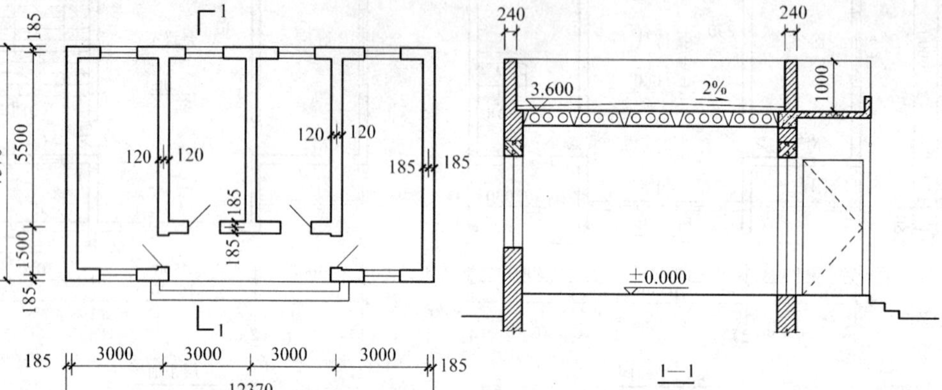


图 4-20

**解**：(1) 一般线面基数：

$$L_{外}=(12.37+7.37+1.5)\text{m}\times 2=42.48\text{m}$$

$$L_{中}=(1.5+5.5+3.0\times 4+1.5)\text{m}\times 2=41.00\text{m}$$

或

$$L_{中}=L_{外}-4\times 墙厚=42.48\text{m}-4\times 0.37\text{m}=41.00\text{m}$$

$$L_{内}=(5.5-0.37)\text{m}\times 3=15.39\text{m}$$

$$S_{房}=[(3.0-0.185-0.12)\text{m}\times(7.37-0.37\times 2)\text{m}+(5.5-0.37)\text{m}\times(3.0-0.24)\text{m}]\times 2=64.05\text{m}^2$$

$$S_{底}=12.37m\times7.37m-(3.0\times2-0.37)m\times1.5m\times1/2=86.94m^2$$

说明：建筑面积计算规定，有永久性顶盖无围护结构的檐廊，应按其结构底部水平面积的一半计算建筑面积。

(2) 扩展基数：

$$女儿墙中心线长度=L_{外}-4\times墙厚=42.48m-4\times0.24m=41.52m$$

$$女儿墙的工程量=41.52m\times0.24m\times1.00m=9.96m^3$$

说明：砌筑工程计算规则规定，女儿墙砌筑工程量按图示尺寸以立方米计算。

## 想一想，算一算

1. 单层建筑物和多层建筑的建筑面积如何计算？

2. 建筑物平面图见图4-21，计算 $L_{中}$、$L_{外}$、$L_{内}$、$S_{底}$、$S_{房}$ 等基数。

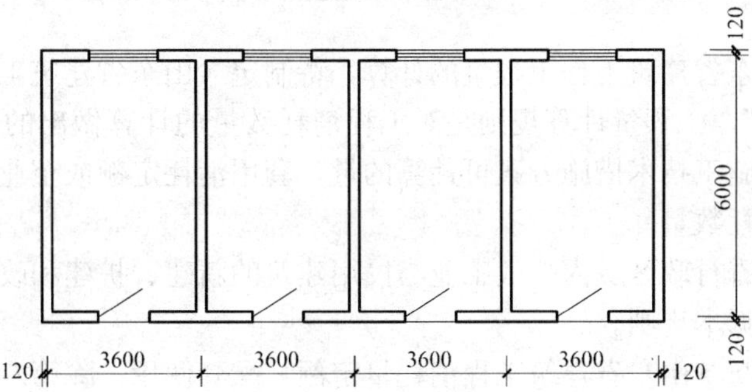


图　4-21

3. 阅读教材后面的附图，某单位职工宿舍楼，并计算：

(1) 标准层外墙中心线 ($L_{中}$) 长度。

(2) 标准层内墙净长度 ($L_{内}$)。

(3) 底层建筑面积。

(4) 标准层建筑面积。

# 第五章　山东省建筑工程预算定额总则及总说明

学习目标

- ➢ 了解建筑工程费用及计算规则总说明。
- ➢ 初步认识建筑工程消耗量定额。
- ➢ 熟悉工程量计算规则总则。

## 第一节　建筑工程量计算规则总则

（1）为统一山东省建筑工程工程量的计算，特制定《山东省建筑工程工程量计算规则》，以下简称“本规则”。工程量计算规则是对工程消耗数量的计算做出的有关规定。即设计文件中的可读数量和施工技术措施方案可计算的量，套用消耗定额或企业定额，就可计算出人工、材料、机械消耗数量。

（2）凡在山东省行政区域内一般工业与民用建筑的新建、扩建和改建工程计价活动中的工程量计算，应依据本规则。

（3）本规则可与《山东省建筑工程消耗量定额》配套使用。除第八章有综合项外，全部定额项目都为单项。

（4）工程量计算除依据本规则及《山东省建筑工程消耗量定额》有关规定外，尚应依据以下文件：

1）经审定的施工设计图及其说明。

2）经审定的施工组织设计或施工技术措施方案。

3）经审定的其他有关技术经济文件。

（5）本规则的计算尺寸，以设计图表示的尺寸或设计图能读出的尺寸为准。除另有规定外，工程量的计量单位应按以下规定计算：

1）以体积计算的为立方米（$m^3$）。

2）以面积计算的为平方米（$m^2$）。

3）以长度计算的为米（m）。

4）以质量计算的为吨或千克（t 或 kg）。

5）以件（个或组）计算的为件（个或组）。

（6）汇总工程量时，其准确度取值：立方米、平方米、米取小数点后两位；吨取小数点后三位；千克、件取整数。

## 第二节　建筑工程消耗量定额总说明

（1）《山东省建筑工程消耗量定额》（以下简称“本定额”）是在《全国统一建筑工程基

础定额》的基础上，依据国家现行有关工程建设标准，结合山东省的实际情况编制的。本定额共分十章，包括：土石方工程；地基处理与防护工程；砌筑工程；钢筋及混凝土工程；门窗及木结构工程；屋面防水、保温及防腐工程；金属结构制作工程；构筑物及其他工程；装饰工程；施工技术措施项目。

（2）本定额适用于山东省行政区域内的一般工业与民用建筑的新建、扩建和改建工程及新建装饰工程。二次装修工程、300m² 以内的零星添建工程仍执行修缮定额。

（3）本定额是完成规定计量单位分部分项工程所需人工、材料、机械台班消耗量的标准；是编制招标标底的依据；是编制施工图预算，确定工程造价以及编制概算定额、估算指标的基础。

（4）本定额是按照正常的施工条件，合理的施工工期、施工组织设计编制的，反映社会平均消耗水平。并将设计文件内容和施工技术措施内容分开，以便市场竞争和成本控制。

（5）本定额中人工工日消耗量以 1985 年《全国建筑安装工程统一劳动定额》为基础计算，内容包括：基本用工、辅助用工、超运距用工及人工幅度差。人工工日不分工种、技术等级，以综合工日表示。

（6）本定额中材料消耗：

1）本定额材料（成品、半成品、配件等）按符合质量标准和设计要求的合格产品确定。

2）本定额包括主要材料、辅助材料及其他材料。其他材料以占材料费百分比表示。施工用周转材料已在相应定额中列出一次性摊销数量。

3）本定额中包括材料施工损耗、材料（成品、半成品、配件等）从工地仓库至加工地点或操作地点的运输损耗等。其损耗率一般控制在 2%以内。

（7）本定额中机械消耗：

1）本定额机械台班消耗量包括机械台班消耗量和机械幅度差。以不同种类的机械分别表示。

2）本定额中其他机械（超高机械增加中的其他机械降效除外）以占机械费百分比表示。

3）大型机械安拆及场外运输，按《山东省建筑工程费用项目组成及计算规则》中的有关规定计算。

（8）本定额的工作内容仅对其主要施工工序进行了说明，次要工序虽未说明，但均已包括在定额中。

（9）本定额中凡注有“×××以内”或“×××以下”者，均包括“×××”本身；凡以注有“×××以外”或“×××以上”者，则不包括“×××”本身。

（10）定额编号是按章节项三级标题编制的。定额单位除金属项目以吨为单位外，其他均以扩大单位（扩大系数为 10）表示。

## 第三节　建筑工程价目表说明

（1）《山东省建筑工程价目表》（以下简称“本价目表”）是依据《山东省建筑工程消耗量定额》中的人工、材料、机械台班消耗数量，计入现行人工、材料、机械台班单价计算而成。

（2）本价目表中的项目名称、编号与《山东省建筑工程消耗量定额》相对应，使用时与

《山东省建筑工程消耗量定额》、《山东省建筑工程量计算规则》、《山东省建筑工程费用项目组成及计算规则》配套使用。

（3）本价目表是编制建筑工程招标标底的依据，是发承包双方确定合同价、编制工程预算时的参考。价目表对建筑市场价格形成具有一定的指导意义。

（4）本价目表是实行政府对工程造价的宏观控制和提供市场价格信息服务的一种表现形式，作为企业管理费和利润的计算基础，也为不能上网查询市场信息价格和不具备计算机的用户提供文本价格服务。编制工程结算时，就以当时当地市场价格为准。

（5）本价目表中的人工工日单价按53元计入。

（6）本价目表中的材料单价，是以山东省现行价格为基础取定的。

（7）本价目表中的施工机械台班单价，是根据山东省现行的机械设备、动力燃料单价及有关规定，按照《山东省统一机械台班费用编制规则》计算而成。大型机械安拆及场外运费，按《山东省建筑工程消耗量定额》综合解释和《山东省统一机械台班费用编制规则》的规定计算。

（8）本价目表中的材料单价及机械台班单价取定表见价目表附录。

## 第四节　建筑工程费用及计算规则总说明

（1）根据建设部、财政部《关于印发建筑安装工程费用项目组成的通知（建标［2003］206号）》和山东省建设厅、财政厅《关于印发山东省建筑安装工程费用项目组成的通知（鲁建标字［2004］3号）》，为统一我省建筑工程费用计算程序并发布我省建筑工程费率，制定本规则。

（2）本规则适用于山东省行政区域内一般工业与民用建筑、装饰装修工程的新建、扩建和改建工程的计价活动，与《山东省建筑工程消耗量定额》以及2006年版《山东省建筑工程价目表》配套使用。

（3）建筑工程计价活动包括编制施工图预算、招标标底，投标报价和签订施工合同价以及确定工程竣工结算等内容。

（4）工程量清单计价可参照本规则公布的相应费率。

（5）规费中的社会保障费，按山东省政府鲁政发［1995］101号和山东省政府办公厅鲁政办发［1995］77号文件规定（社会保障费按建安工程费的2.6%计取），在工程开工前由建设单位向建筑企业劳保机构交纳。企业在投标报价时，不包括该项费用。在编制工程预（结）算时，仅将其作为计税基础。

（6）规费中的安全施工费，在工程发包时，按规定计算出费额，在工程造价中列为暂定金额；工程施工时，由工程发包单位、市建筑安全监督机构、工程造价管理机构对施工现场设置的安全设施内容进行确认，并由市工程造价管理机构核定其费用，作为工程结算的依据。

（7）企业管理费率、利润率和部分措施费按不同的工程类别确定。

（8）本规则中工程费用计算程序是建筑、装饰装修工程计价活动的依据，其中：

1）实行定额计价方式，执行计算程序（一）；

2）实行工程量清单计价方式，执行计算程序（二）。

工程费用计算程序中的各种费率（规费、税金除外）是计价活动的参考。

## 想一想

1. 工程量的计量单位有何规定？工程量汇总的小数点如何保留？
2. 消耗量定额分哪十章？
3. 建筑工程价目表人工工日单价按多少元计入？

# 第六章　分部分项工程计量与计价

**学习目标**

➢ 熟悉各分部分项工程定额说明。
➢ 掌握各分部分项工程计算规则。
➢ 学会计算各分部分项工程的工程量及费用。

## 第一节　土石方工程

### 一、人工土石方

(1) 人工土石方定额是按干土（天然含水率）编制的。干湿土的划分，以地质勘测资料的地下常水位为界，以上为干土，以下为湿土。采用降水措施后，地下常水位以下的挖土，套用挖干土相应定额，人工乘以系数 1.10。

(2) 土石方的开挖、运输，均按开挖前的天然密实体积，以立方米计算。土方回填，按回填后竣工体积，以立方米计算。不同状态的土方体积，按表 6-1 换算。

**表 6-1　土方体积换算系数表**　　（单位：$m^3$）

| 虚方 | 松填 | 天然密实 | 夯填 |
|---|---|---|---|
| 1.00 | 0.83 | 0.77 | 0.67 |
| 1.20 | 1.00 | 0.92 | 0.80 |
| 1.30 | 1.08 | 1.00 | 0.87 |
| 1.50 | 1.25 | 1.15 | 1.00 |

(3) 基础土石方、沟槽、地坑的划分。

1) 沟槽：槽底宽度（设计图示的基础或垫层的宽度，下同）3m 以内，且槽长大于 3 倍槽宽的为沟槽。如宽 1m、长 5m 为沟槽。

2) 地坑：坑底面积 $20m^2$ 以内，且底长边小于 3 倍短边的为地坑。如长 4m、宽 3m 为坑。

3) 土石方：不属于沟槽、地坑或场地平整的为土石方。如宽 4m、长 6m 为土石方。

(4) 基础施工所需的工作面，按表 6-2 计算。

1) 基础开挖需要放坡时，单边工作面宽度是指该部分基础底边外边线至放坡后同标高的土方边坡之间的水平宽度（如图 6-1 中所示 $c$、$c_1$ 和 $c_2$）。

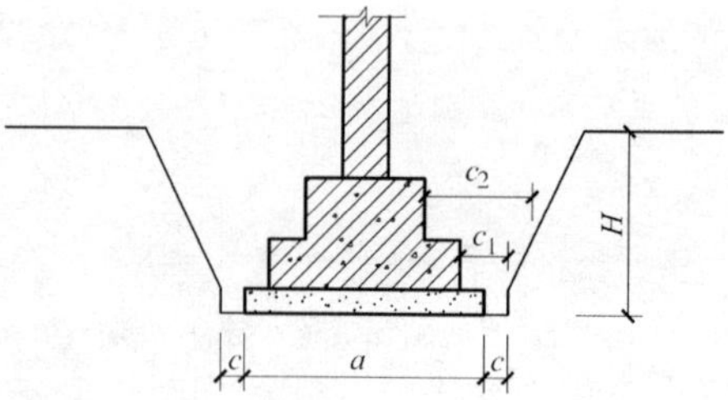


图　6-1

表 6-2　基础工作面宽度表

| 基础材料 | 单边工作面宽度/m | 基础材料 | 单边工作面宽度/m |
|---|---|---|---|
| 砖基础 | 0.20 | 基础垂直面防水层 | （自防水层面）0.80 |
| 毛石基础 | 0.15 | 支挡土板 | 0.10 |
| 混凝土基础 | 0.30 | 混凝土垫层 | 0.10 |

2）基础由几种不同材料组成时，各部分应全部满足工作面要求，若垫层工作面宽度超出了上部基础要求工作面外边线，则以垫层顶面其工作面的外边线开始放坡（如图 6-1 所示）。

3）混凝土垫层厚度大于 200mm 时，其工作面宽度按混凝土基础的工作面计算。

（5）基础土石方开挖深度，自设计室外地坪计算至基础底面，有垫层时计算至垫层底面（如遇爆破岩石，其深度应包括岩石的允许超挖深度）。如图 6-1 所示，$H$ 为开挖深度。

（6）土方开挖的放坡深度。

1）土类为单一土质时，普通土开挖（放坡）深度大于 1.2m，坚土开挖（放坡）深度大于 1.7m，允许放坡。

2）土类为混合土质时，开挖深度大于 1.5m，允许放坡。放坡坡度按不同土类厚度加权平均计算综合放坡系数（如图 6-2 所示）。

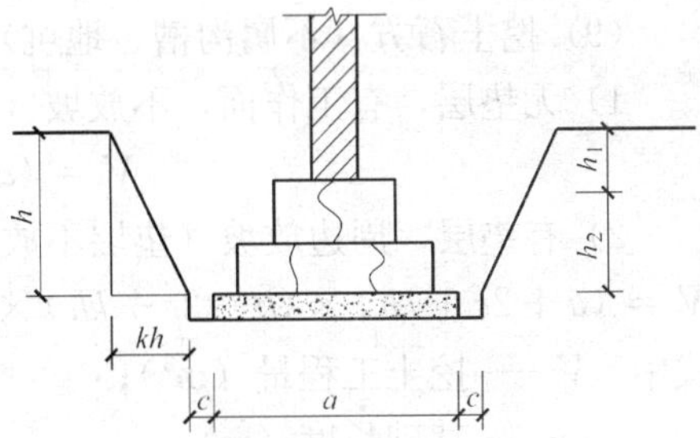


图　6-2

综合放坡系数计算公式为

$$k=(k_1h_1+k_2h_2)/h$$

式中　$k$——综合放坡系数；

$k_1$，$k_2$——不同土类放坡系数；

$h_1$，$h_2$——不同土类厚度；

$h$——放坡总深度。

3）计算土方放坡深度时，垫层厚度小于 200mm，不应计算基础垫层的厚度，即从垫层上面开始放坡。垫层厚度大于 200mm 时，放坡深度应计算基础垫层厚度，即从垫层下面开始放坡。

4）放坡与支挡土板，相互不得重复计算。

5）计算放坡时，放坡交叉处的重复工程量，不予扣除。

（7）土方开挖的放坡系数，按设计规定计算。设计无规定时，按表 6-3 计算。

表 6-3　土方放坡系数表

| 土类 | 放坡系数 | | |
|---|---|---|---|
| | 人工挖土 | 机械挖土 | |
| | | 坑内作业 | 坑上作业 |
| 普通土 | 1∶0.50 | 1∶0.33 | 1∶0.65 |
| 坚土 | 1∶0.30 | 1∶0.20 | 1∶0.50 |

（8）挖沟槽：沟槽开挖土方体积，按沟槽开挖后断面面积乘以其长度，以立方米计算。

$$沟槽土方工程量=沟槽断面面积\ S_{断}\times 长度\ L$$

1）$L$：外墙按外墙中心线（$L_中$）计算；内墙按图示基础（含垫层）底面之间净长度

($L_{净}$) 计算；内、外墙凸出部分的沟槽体积，按凸出部分的中心线长度并入相应工程量内计算。

2) $S_{断}$：沟槽断面面积。

① 无垫层，不放坡，有工作面，不带挡土板：$S_{断}=(a+2c)\times H$，见图 6-3a。

② 有垫层（无工作面），基础有工作面，不放坡，不带挡土板：$S_{断}=b\times h+(a+2c)\times(H-h)$，见图 6-3b。

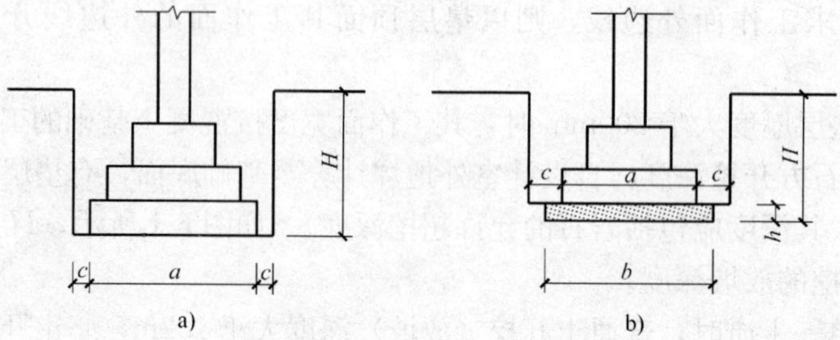


图 6-3

(9) 挖土石方（不属沟槽、地坑）、基坑。

1) 无垫层，有工作面，不放坡（见图 6-4a）：

$$V=(a+2c)\times(b+2c)\times H$$

2) 有垫层，周边放坡（垫层不放坡，见图 6-4b）：

$$V=(a+2c+kh)\times(b+2c+kh)\times h+1/3\times k^2h^3+(a_1+2c_1)\times(b_1+2c_1)\times(H-h)$$

式中 $V$——挖土工程量（$m^3$）；

$a$——基础长度（m）；

$b$——基础宽度（m）；

$c$——基础工作面（m）；

$k$——综合放坡系数；

$h$——垫层上表面至室外地坪的高度（m）；

$H$——挖土深度（m）；

$a_1$——垫层长度（m）；

$b_1$——垫层宽度（m）；

$c_1$——垫层工作面（m）。

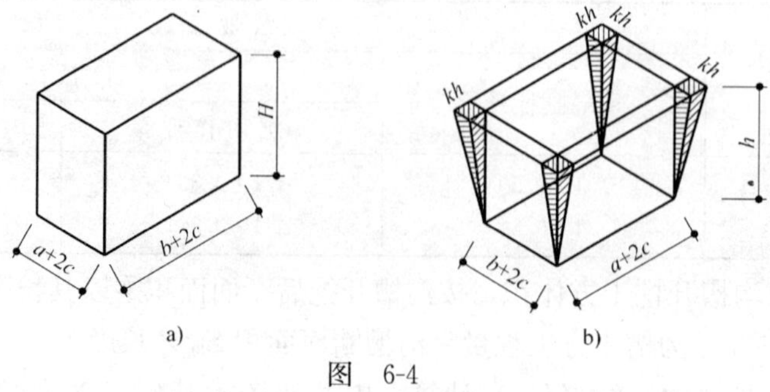


图 6-4

［例 6-1］　某工程见图 6-5，地下常水位为－2.5m，土质为坚土。试计算人工挖土工程量及费用。

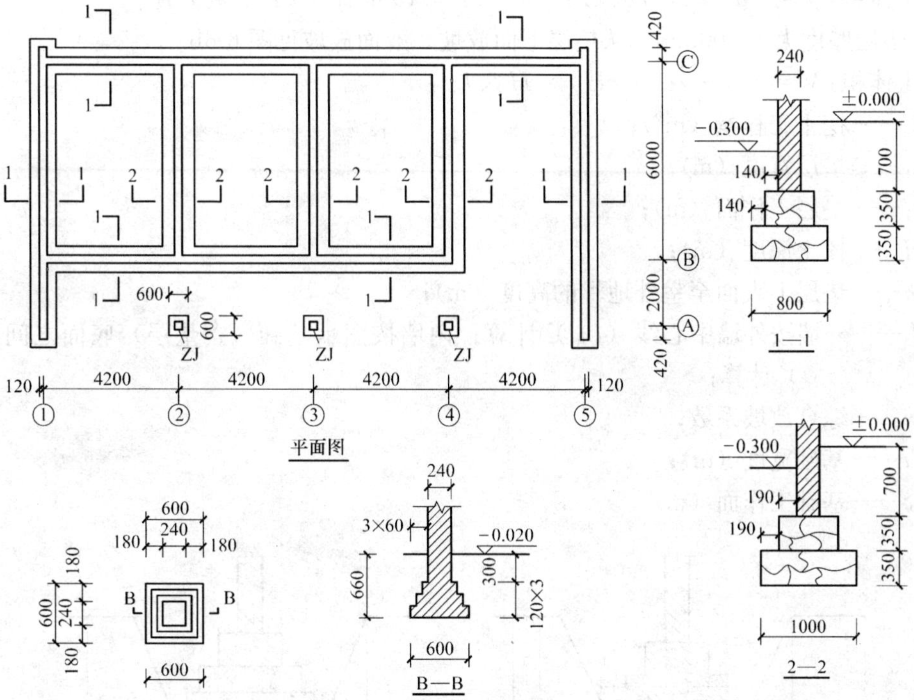


图　6-5

**解**[1]：(1) 计算基数：

$$L_{中}=4.2\text{m}\times4+(6.0+2.0+0.42)\text{m}\times2+4.2\text{m}\times3=46.24\text{m}$$

$$L_{净}=(6-0.8)\text{m}\times3=15.6\text{m}$$

(2) 条基挖土（毛石）：

挖土深度 $H=0.7\text{m}+0.35\text{m}\times2-0.3\text{m}=1.1\text{m}<1.7\text{m}$，不放坡。

查表 6-2 知毛石基础工作面宽度为 0.15m。

$$V_{条}=V_{1-1条}+V_{2-2条}=[46.24+(0.42-0.12)\times2]\text{m}\times(0.8+0.15\times2)\text{m}\times1.1\text{m}+15.6\text{m}\times(1+0.15\times2)\text{m}\times1.1\text{m}=78.98\text{m}^3$$

人工挖沟槽坚土　套 1-2-12　基价 337.04 元/$10\text{m}^3$。

直接工程费：$(337.04\times78.98\div10)$元$=2661.94$元

(3) 柱基挖土（砖基）：

挖土深度 $H=(0.66+0.02-0.30)\text{m}=0.38\text{m}<1.7\text{m}$，不放坡。

查表 6-2 知砖基础工作面宽度为 0.20m。

$$V_{柱}=(0.6+0.2\times2)^2\times(0.66+0.02-0.30)\times3\text{m}^3=1.14\text{m}^3$$

人工挖地坑（2m 以内）　套 1-2-18　基价 379.84 元/$10\text{m}^3$

直接工程费：$379.84\times1.14\div10$ 元$=43.30$ 元

[1] 说明：本书所套价目表均采用 2011 年《山东省建筑工程价目表》。

(10) 沟槽开挖放坡时，工程量按放坡后的土方体积计算。

1) 垫层厚度小于 200mm，从垫层上面放坡，双面放坡见图 6-6a。

挖土体积：$V=(a_1+2c_1)\times(H-h)\times L+(a+2c+kh)\times h\times L$

2) 垫层厚度大于 200mm，从垫层下面放坡，双面放坡见图 6-6b。

挖土体积：$V=(a_1+2c_1+kH)\times H\times L$

式中 $V$——挖土工程量（$m^3$）；

$a_1$——垫层宽度（m）；

$c_1$——垫层工作面（m）；

$H$——挖土深度（m）；

$h$——垫层上表面至室外地坪的高度（m）；

$L$——外墙按外墙中心线（$L_{中}$）计算；内墙按图示基础（含垫层）底面之间净长度（$L_{净}$）计算；

$k$——综合放坡系数；

$a$——基础宽度（m）；

$c$——基础工作面（m）。

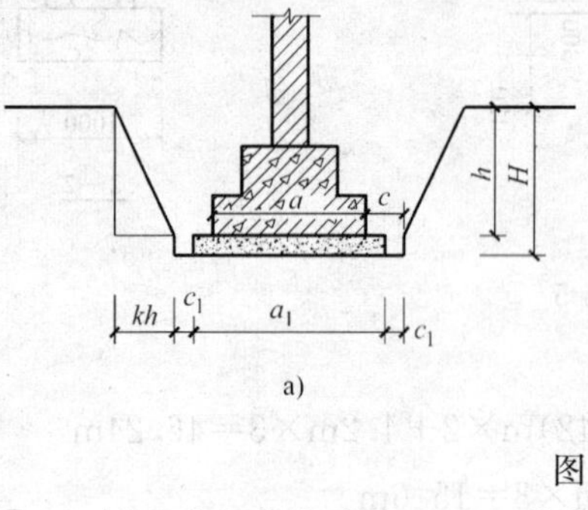


图 6-6

[例 6-2] 在下列两种土质情况下，计算图 6-7 所示建筑物人工挖沟槽的工程量及费用：

(1) 土质为普通土；

(2) 土质为坚土。

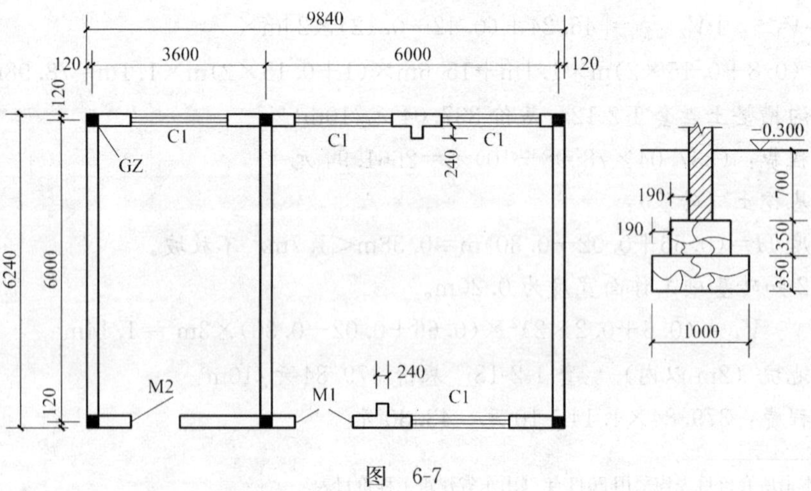


图 6-7

**解**：(1) 土质为普通土：

挖土深度 $H=0.35\times2\text{m}+0.7\text{m}=1.4\text{m}>1.2\text{m}$，放坡。

查表 6-3 得：放坡系数 $k$ 取 0.5。查表 6-2 得：毛石基础工作面取 0.15m。

$$基数\ L_{中}=(9.84+6.24-0.24\times2)\text{m}\times2=31.20\text{m}$$

$$L_{净}=6\text{m}-1\text{m}=5.0\text{m}$$

挖土工程量 $V=(31.2+5.0+0.24\times2)\text{m}\times(1+0.15\times2+1.4\times0.5)\text{m}\times(0.35\times2+0.7)\text{m}=102.70\text{m}^3$

人工挖沟槽普通土（2m 以内）　套 1-2-10　基价 171.15 元/$10\text{m}^3$

直接工程费：$(171.15\times102.70\div10)$元$=1757.71$元

(2) 土质为坚土：

挖土深度 $H=1.4\text{m}<1.7\text{m}$，不放坡。

挖土工程量 $V=(31.2+5+0.24\times2)\text{m}\times(1+0.15\times2)\text{m}\times(0.35\times2+0.7)\text{m}=66.76\text{m}^3$

人工挖沟槽（2m 以内）坚土　套 1-2-12　基价 337.04 元/$10\text{m}^3$

直接工程费：$(337.04\times66.76\div10)$元$=2250.08$元

**[例 6-3]**　某基础工程人工开挖普通土，尺寸如图 6-8 所示。计算挖土工程量及确定定

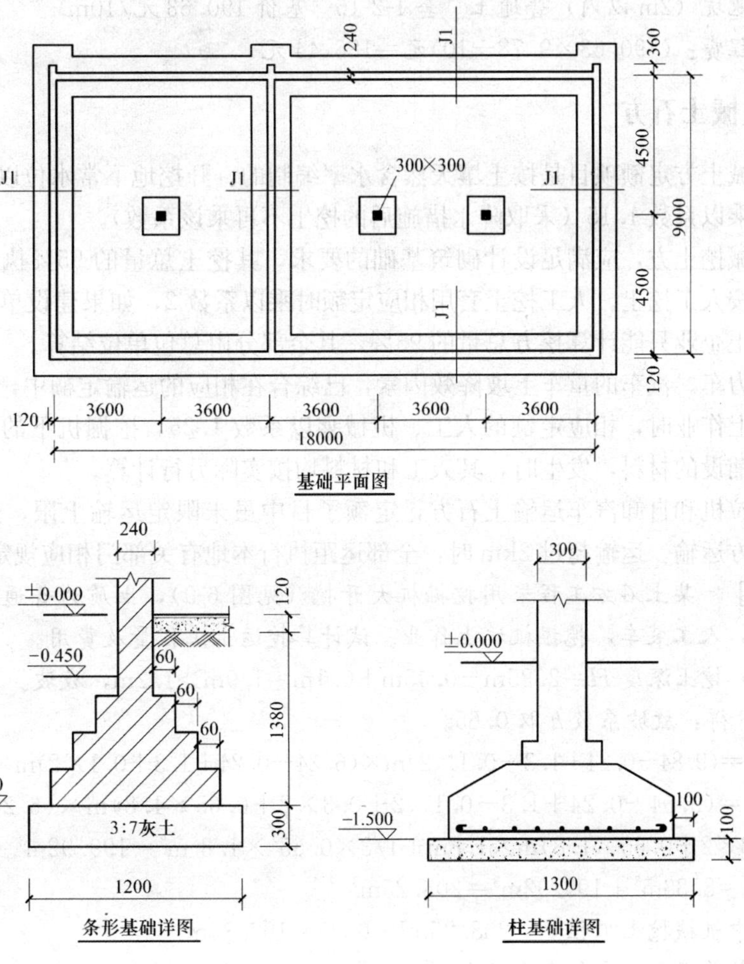


图　6-8

额项目。

**解**：(1) 基数：

$$L_{中}=(18+9)\text{m}\times 2=54\text{m}$$

$$L_{净}=9\text{m}-1.2\text{m}=7.8\text{m}$$

(2) 条形基础：

挖土深度 $H=1.5\text{m}-0.45\text{m}+0.3\text{m}=1.35\text{m}>1.2\text{m}$，放坡。

查表6-3得：放坡系数 $k$ 取0.5。

砖基础工作面 $=(1.2-0.24-0.06\times 6)\text{m}\div 2=0.3\text{m}>0.2\text{m}$，满足要求

$$V_{条基}=\{(1.2\times 0.3+[1.2+(1.5-0.45)\times 0.5]\times(1.5-0.45)\}\text{m}^2\times(54+0.24\times 3+7.8)\text{m}=135.75\text{m}^3$$

人工挖沟槽（2m以内）普通土　套1-2-10　基价171.15元/10m$^3$

直接工程费：(135.75×171.15÷10)元＝2323.36元

(3) 柱基础：

挖土深度 $H=1.5\text{m}-0.45\text{m}+0.1\text{m}=1.15\text{m}<1.2\text{m}$，不放坡。

$$V_{柱}=[(1.3+0.1\times 2)^2\times 0.1+(1.3-0.1\times 2+0.3\times 2)^2\times(1.5-0.45)]\text{m}^3\times 3=9.78\text{m}^3$$

人工挖地坑（2m以内）普通土　套1-2-16　基价190.63元/10m$^3$

直接工程费：(190.63×9.78÷10)元＝186.44元

## 二、机械土石方

(1) 机械土方定额项目是按土壤天然含水率编制的。开挖地下常水位以下土方时，定额人工、机械乘以系数1.15（采取降水措施后的挖土不再乘该系数）。

(2) 机械挖土方，应满足设计砌筑基础的要求，其挖土总量的95%执行机械土方相应定额；其余按人工挖土。人工挖土套用相应定额时乘以系数2，如果建设单位单独发包机械挖土方，挖土企业只能计算挖方总量的95%，其余部分由总包单位结算。

(3) 人力车、汽车的重车上坡降效因素，已综合在相应的运输定额中，不另行计算。挖掘机在垫板上作业时，相应定额的人工、机械乘以系数1.25。挖掘机下的垫板、汽车运输道路上需要铺设的材料，发生时，其人工和材料均按实际另行计算。

(4) 拖拉机和自卸汽车运输土石方，定额子目中虽未限定运输上限，但仅适用于2km以内的土石方运输。运输超过2km时，全部运距执行本地有关部门相应规定。

**[例6-4]**　某土石方工程采用挖掘机大开挖（见图6-9），土质为普通土，计划自卸汽车运土2km，人工装车，挖掘机坑上作业。试计算挖运土工程量及费用。

**解**：(1) 挖土深度 $H=2.25\text{m}-0.45\text{m}+0.1\text{m}=1.9\text{m}>1.2\text{m}$，放坡。

查表6-3得：放坡系数 $k$ 取0.65。

(2) $V_{垫}=(9.84-0.24+1.3+0.1\times 2)\text{m}\times(6.24-0.24+1.3+0.1\times 2)\text{m}\times 0.1\text{m}=8.33\text{m}^3$

(3) $V_{基}=(9.84-0.24+1.3-0.1\times 2+0.3\times 2+0.65\times 1.8)\text{m}\times(6.24-0.24+1.3-0.1\times 2+0.3\times 2+0.65\times 1.8)\text{m}\times 1.8\text{m}+1/3\times 0.65^2\times 1.8^3\text{m}^3=199.92\text{m}^3$

(4) $V_{总}=8.33\text{m}^3+199.92\text{m}^3=208.25\text{m}^3$

(5) 其中机械挖土工程量：208.25m$^3$×0.95＝197.84m$^3$

挖掘机挖普通土，自卸汽车运土1km以内　套1-3-14

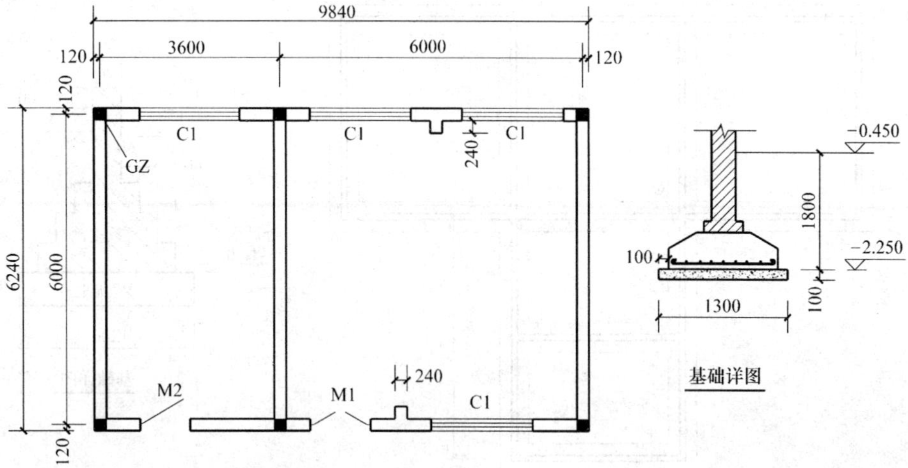

图 6-9

自卸汽车运土方，每增运 1km 套 1-3-58

定额价格 118.87 元/$10m^3$＋11.94 元/$10m^3$＝130.81 元/$10m^3$

直接工程费：(197.84×130.81÷10)元＝2587.95 元

(6) 其中人工挖土工程量：208.25$m^3$×0.05＝10.41$m^3$

人工挖普通土（2m 以内） 套 1-2-1（换）

120.84×2 元/$10m^3$＝241.68 元/$10m^3$

直接工程费：(10.41×241.68÷10)元＝251.76 元

(7) 人工装车工程量＝10.41$m^3$

人工装车（土方） 套 1-2-56 基价 82.68 元/$10m^3$

直接工程费：(10.41×82.68÷10)元＝86.07 元

(8) 自卸汽车运土方 2km 工程量＝10.41$m^3$

套 1-3-57 和 1-3-58 定额基价 68.41 元/$10m^3$＋11.94 元/$10m^3$＝80.35 元/$10m^3$

直接工程费：10.41×80.35÷10 元＝83.64 元

**[例 6-5]** 某工程如图 6-10 所示，挖掘机挖沟槽普通土，将土弃于槽边 1m 以外，经基槽回填和房心回填后再外运，挖掘机坑上挖土。试计算挖土工程量及费用。

**解**：(1) 挖土深度：$H$＝1.5m－0.15m＋0.3m＝1.65m＞1.2m，放坡取 $k$＝0.65。

(2) 工作面：(1.2－0.24－0.06×6)m/2＝0.30m＞0.2m，满足砖基工作面的要求。

(3) 基数：$L_{中}$＝(21.4＋17.8)m×2＝78.40m

$L_{净}$＝(8－1.2)m×2＋(7－1.2)m×2＝25.20m

(4) 挖土工程量：1.2m×0.3m×(78.4＋25.20)m＋[1.2＋(1.5－0.15)×0.65]m×(1.5－0.15)m×(78.4＋25.20)m＝327.86$m^3$

(5) 其中机械挖土工程量：327.86$m^3$×0.95＝311.47$m^3$

挖掘机挖沟槽地坑普通土 套 1-3-12 定额基价＝27.72 元/$10m^3$

直接工程费：(311.47×27.72÷10)元＝863.39 元

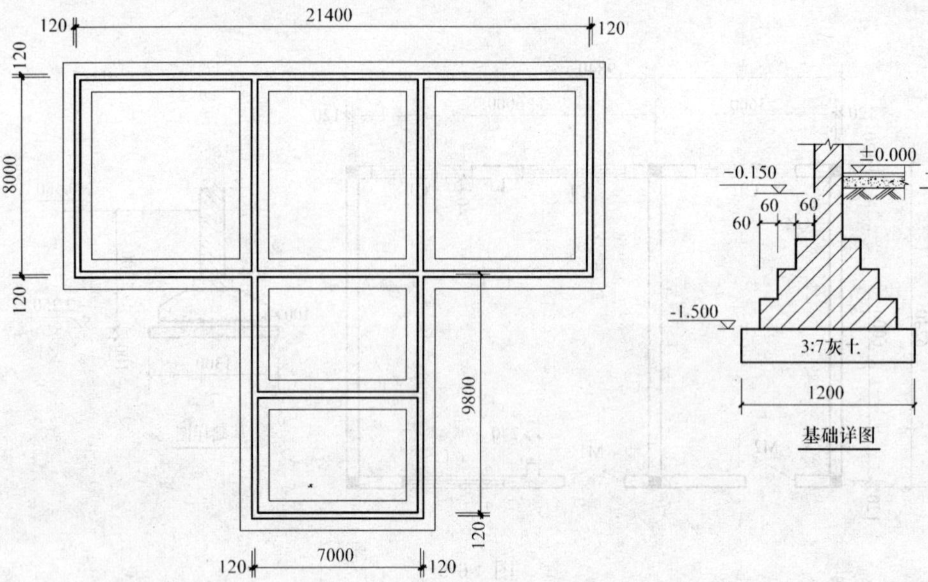


图　6-10

(6) 其中人工挖沟槽工程量：327.86m³×0.05＝16.39m³

人工挖沟槽 2m 以内普通土　套 1-2-10　定额基价（换）

171.15×2 元/10m³＝342.30 元

直接工程费：(16.39×342.30÷10)元＝561.03 元

**说明：基价换算依据山东省建设工程量定额相应规则执行，本书后面相同。**

[例 6-6]　某工程（见图 6-11）采用挖掘机大体积开挖坚土，将土弃于槽边。计算挖土工程量及费用。

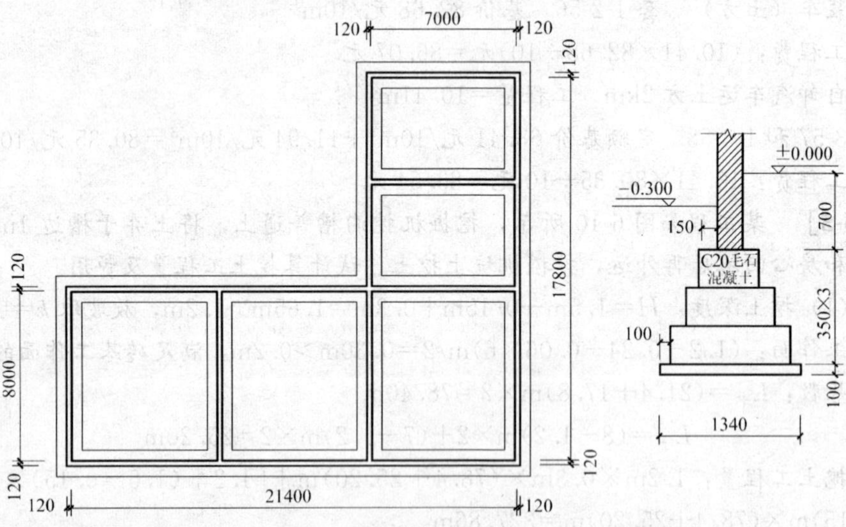


图　6-11

**解**：(1) 挖土深度：

$$H=0.7\text{m}+3\times0.35\text{m}+0.1\text{m}-0.3\text{m}=1.55\text{m}<1.7\text{m}，不放坡。$$

(2) 挖土工程量：

$$V_{垫}=[(17.8+1.34+0.1\times2)\text{m}\times(21.4+1.34+0.1\times2)\text{m}-(21.4-7)\text{m}\times(17.8-8)\text{m}]\times0.1\text{m}=30.25\text{m}^3$$

$$V_{基}=[(21.4+1.34-0.1\times2+0.3\times2)\text{m}\times(17.8+1.34-0.1\times2+0.3\times2)\text{m}-(21.4-7)\text{m}\times(17.8-8)\text{m}]\times(0.35\times3+0.7-0.3)\text{m}=451.00\text{m}^3$$

合计：$30.25\text{m}^3+451.00\text{m}^3=481.25\text{m}^3$

(3) 其中机械挖土工程量：$481.25\text{m}^3\times0.95=457.19\text{m}^3$

挖掘机挖坚土　套 1-3-10　基价＝31.31 元/$10\text{m}^3$

直接工程费：(457.19×31.31÷10)元＝1431.46 元

(4) 其中人工挖坚土工程量：$481.25\text{m}^3\times0.05=24.06\text{m}^3$

套 1-2-3　基价（换）　230.55 元/$10\text{m}^3$×2＝461.10 元/$10\text{m}^3$

直接工程费：(24.06×461.10÷10)元＝1109.41 元

## 三、其他

(1) 场地平整，系指建筑物所在现场厚度在 0.3m 以内的就地挖、填及平整。局部挖填厚度超过 0.3m，挖填土方工程量按相应规定计算，该部位仍计算场地平整。

(2) 场地平整按下列规定以平方米计算：

1) 建筑物（构筑物）按首层结构外边线，每边各加 2m 计算。

首层结构外边线围成矩形（或矩形组合形）时，场地平整工程量为

$$场地平整工程量=底层建筑面积+外墙外边线长度\times2+16\text{m}^2$$

2) 无柱檐廊、挑阳台、独立柱雨篷等，按其水平投影面积计算。

3) 封闭或半封闭的曲折形平面，其场地平整的区域，不得重复计算。

4) 道路、停车场、绿化地、围墙、地下管线等不能形成封闭空间的构筑物等，不得计算。

5) 带全地下室、半地下室的建筑物的场地平整，应按地下室、半地下室的结构外边线，每边各加 2m 计算工程量。

(3) 竣工清理包括建筑物内及建筑物外围四周 2m 以内的建筑垃圾清理，及场内运输和指定地点的集中堆放，不包括建筑垃圾的装车和场外运输。

竣工清理按下列规定以立方米计算：

1) 建筑物勒脚以上外墙外围水平面积乘以檐口高度，有山墙者以山尖 1/2 高度计算。

2) 地下室（包括半地下室）的建筑面积，按地下室上口外围水平面积（不包括地下室采光及铺贴外部防潮层的保护砌体所占面积）乘以地下室地坪至建筑物第一层地坪间的高度。地下室出入口的建筑体积并入地下室建筑体积内计算。

(4) 基底钎探和钎探灌砂工程量以眼计算。

(5) 槽坑回填灰土执行相应回填土定额，每定额单位增加人工 3.12 工日，3∶7 灰土 $10.1\text{m}^3$。灰土配合比不同，可以换算，其他不变。

(6) 回填土按下列规定以立方米计算：

1) 槽坑回填体积，按挖方体积减去设计室外地坪以下的地下建筑物（构筑物）或基础（含垫层）的体积计算。

槽坑回填体积=挖方体积-设计室外地坪以下埋设的建（构）筑物或基础（含垫层）体积

2）房心回填体积，以主墙间净面积乘以回填土设计厚度计算。

房心回填体积=房心面积×回填土设计厚度

(7) 填土子目中均已包括碎土，但不包括筛土。

若设计要求筛土，夯填土、填土碾压、回填碾压子目，每定额单位增加筛土用工1.73工日。松填土子目，每定额单位筛土用工1.38工日。

回填灰土子目，已包括筛土用工。回填灰土就地取土时，应扣除灰土配合比中的黏土。

(8) 运土按下式，以立方米计算（天然密实体积）：

运土体积=挖土总体积-回填土(天然密实)总体积

式中的计算结果为正值时，余土外运；为负值时取土内运。

**[例6-7]** 某工程平面图和基础详图见图6-12，试计算：

(1) 人工场地平整工程量。

第一种方法：利用 $S=S_{底}+L_{外}\times2+16m^2$ 计算。

第二种方法：结构外边加4m直接计算。

(2) 计算基底钎探（探眼1眼/$m^2$）和灌砂工程量。

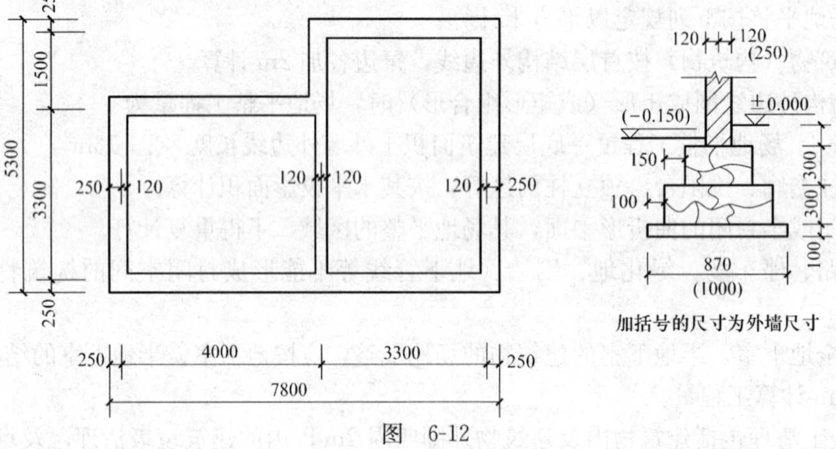


图 6-12

**解**：(1) 人工场地平整工程量：

第一种方法

$$L_{外}=(7.8+5.3)m\times2=26.20m$$

$$S_{底}=7.8m\times5.3m-4m\times1.5m=35.34m^2$$

场地平整工程量：$S=35.34m^2+26.20m^2\times2+16m^2=103.74m^2$

第二种方法

场地平整工程量：$S=(7.8+4)m\times(5.3+4)m-4m\times1.5m=103.74m^2$

人工场地平整　套1-4-1　基价=33.39元/$10m^2$

直接工程费：(103.74×33.39÷10)元=346.39元

(2) 钎探和灌砂工程量：

钎探工程量=[(26.20−0.37×4)×1.0+(3.3+0.25×2−0.37−1)×0.87]$m^2$÷1眼/$m^2$
=27眼(收尾)

基底钎探　套 1-4-4　基价=60.42 元/10 眼

直接工程费：(27×60.42÷10)元=163.13 元

灌砂工程量=27 眼

钎探灌砂　套 1-4-17（补充定额）　基价=2.19 元/10 眼

直接工程费：(27×2.19÷10)元=5.913 元

**[例 6-8]**　计算如图 6-13 所示建筑物的机械场地平整工程量。

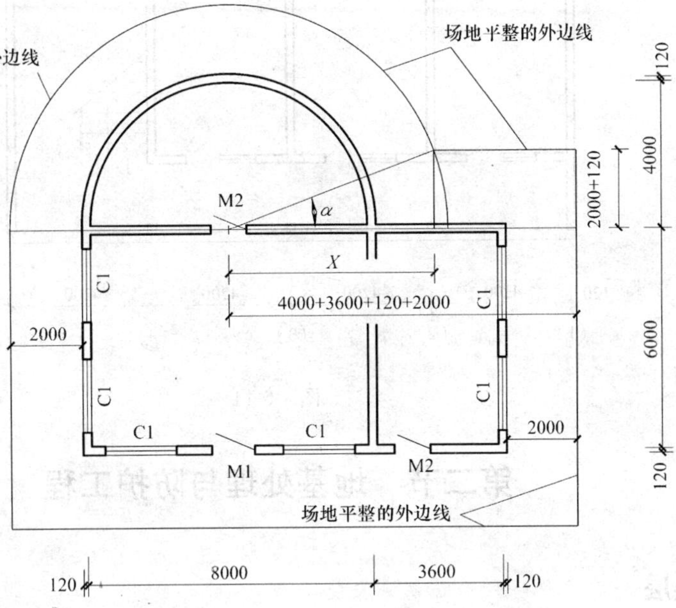


图　6-13

**解**：$\alpha=\arcsin[2.12\div(4+0.12+2)]=20.27°$

$X=\sqrt{(4+2+0.12)^2-(2+0.12)^2}\text{m}=5.74\text{m}$ 或 $X=\dfrac{2+0.12}{\tan 20.27°}\text{m}=5.74\text{m}$

场地平整工程量：$S=(6+0.12+2)\text{m}\times(8+3.6+0.24+4)\text{m}+1/2\times\pi(4+0.12+2)^2\text{m}^2+(4+3.6+0.12+2-5.74/2)\text{m}\times2.12\text{m}-20.27/360\times\pi\times(4+0.12+2)^2\text{m}^2=195.35\text{m}^2$

机械场地平整　套 1-4-2　基价 5.34 元/10$\text{m}^2$

直接工程费：(5.34×195.35÷10)元=104.32 元

**[例 6-9]**　建筑物的平面图如图 6-14 所示，檐口标高为 10.80m，计算机械平整场地和竣工清理的工程量及费用。

**解**：(1) 场地平整：

工程量=$(4.2\times4+0.12\times2+4)\text{m}\times(6+2+0.12\times2+4)\text{m}=257.53\text{m}^2$

机械场地平整　套 1-4-2　基价 5.34 元/10$\text{m}^2$

直接工程费：(257.53×5.34÷10)元=137.52 元

(2) 竣工清理：

工程量=$(4.2\times4+0.12\times2)\text{m}\times(6+2+0.12\times2)\text{m}\times10.80\text{m}=1516.42\text{m}^3$

竣工清理 套1-4-3 基价8.48元/10m³

直接工程费：(1516.42×8.48÷10)元=1285.92元

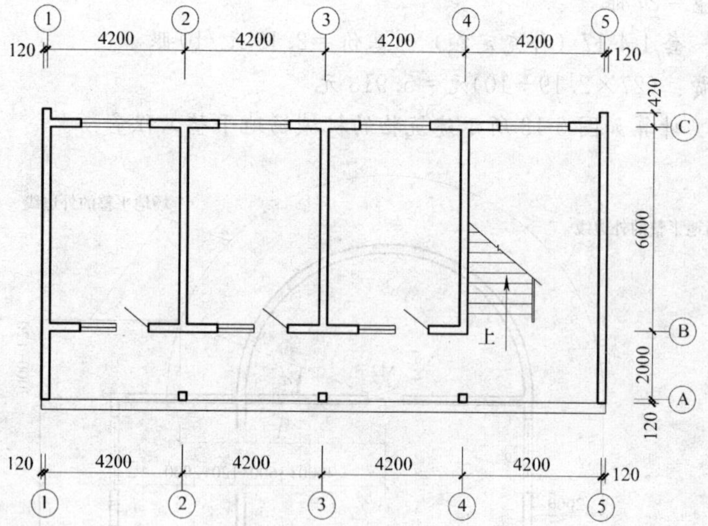


图 6-14

## 第二节 地基处理与防护工程

### 一、垫层

(1) 垫层定额按地面垫层编制。若为基础垫层，人工、机械分别乘以下列系数：条形基础1.05；独立基础1.10；满堂基础1.00。

(2) 灰土垫层就地取土时，应扣除灰土配合比中的黏土。如：垫层就地取土，每立方米3∶7灰土扣除黏土1.15m³。

(3) 地面垫层按室内主墙间净面积乘以设计厚度，以立方米计算。计算时应扣除凸出地面的构筑物，设备基础，室内铁道，地沟以及单个面积在0.3m²以上的孔洞，独立柱等所占体积；不扣除间壁墙，附墙烟囱，墙垛以及单个面积在0.3m²以内的孔洞等所占体积，门洞空圈、暖气壁龛等开口部分也不增加。

$$地面垫层工程量=[S_{房}-孔洞、独立柱面积(大于0.3m^2)-\Sigma(构筑物设备基础、地沟等面积)]\times垫层厚$$

$$S_{房}=S_{底}-\Sigma L_{中}\times外墙厚-\Sigma L_{内}\times内墙厚$$

(4) 基础垫层按下列规定，以立方米计算：

1) 条形基础垫层，外墙按外墙中心线长度，内墙按其设计净长度乘以垫层平均断面面积计算。柱间条形基础垫层，按柱基础（含垫层）之间的设计净长度计算。

$$条形基础垫层工程量=(\Sigma L_{中}+\Sigma L_{净})\times垫层断面积$$

2) 独立柱基础垫层和满堂基础垫层，按设计图示尺寸乘以平均厚度计算。

$$独立柱、满堂基础垫层工程量=设计长度\times设计宽度\times平均厚度$$

(5) 垫层的强度等级，设计与定额不同时可换算，消耗量不变。

(6) 本节所有混凝土项目，均未包括混凝土搅拌，如：垫层、填料加固、喷射混凝土护坡等，实际发生时，按定额第四章（本书第六章第四节规则 3）的相应规定，另行计算。

**[例 6-10]** 建筑物如图 6-15 所示，若房心垫层采用碎石灌浆厚为 200mm，C20 素混凝土垫层厚 40mm，1∶2 水泥砂浆抹面厚 20mm。计算条形基础垫层和房心垫层的直接工程费。

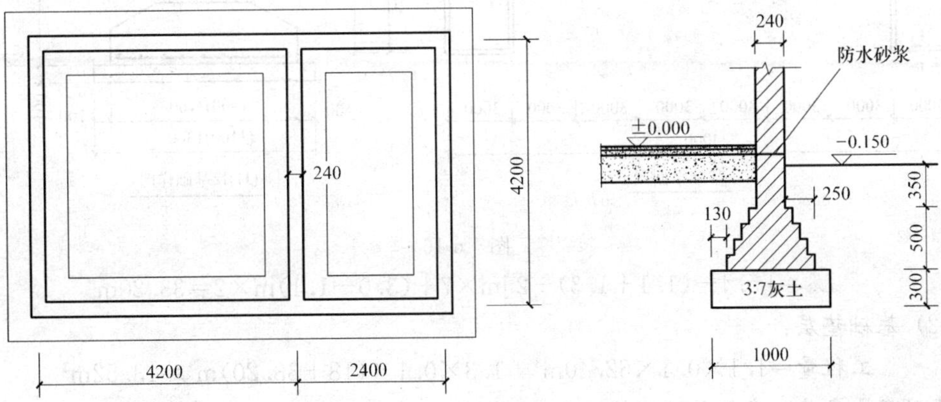


图 6-15

**解**：(1) 条基垫层：

$$L_{中}=(4.2+2.4+4.2)\text{m}\times 2=21.6\text{m}$$

$$L_{净}=4.2\text{m}-1\text{m}=3.2\text{m}$$

$$工程量=1.0\text{m}\times 0.3\text{m}\times(21.6+3.2)\text{m}=7.44\text{m}^3$$

3∶7 灰土（垫层）条基　套 2-1-1　基价（换）

$$1268.41 元/10\text{m}^3+(443.61+12.05)\times 0.05 元/10\text{m}^3=1291.19 元/10\text{m}^3$$

直接工程费：$(7.44\times 1291.19\div 10)$元$=960.65$元

(2) 房心垫层：

$$碎石灌浆工程量=(4.2+2.4-0.24\times 2)\text{m}\times(4.2-0.24)\text{m}\times 0.2\text{m}=4.85\text{m}^3$$

碎石灌浆垫层　套 2-1-6　基价 1818.80 元/$10\text{m}^3$

直接工程费：$1818.80\times 4.85\div 10$ 元$=882.12$元

$$C20 素混凝土垫层工程量=(4.2+2.4-0.24\times 2)\text{m}\times(4.2-0.24)\text{m}\times 0.04\text{m}=0.97\text{m}^3$$

C20 现浇无筋混凝土　套 2-1-13　基价（换）

$$2405.26 元/10\text{m}^3-10.1\times(181.34-199.93)元/10\text{m}^3=2593.02 元/10\text{m}^3$$

直接工程费：$(0.97\times 2593.02\div 10)$元$=251.52$元

**[例 6-11]** 某工程基础平面图及详图如图 6-16 所示，所有墙厚均为 240mm，房心垫层采用 3∶7 灰土，厚度为 300mm。试计算：

(1) 基础垫层工程量及费用。

(2) 房心垫层工程量及费用，分为非就地取土和就地取土两种情况。

**解**：(1) 基数：

J1：$L_{中}=24.00\text{m}+(10.80+3.0+5.4)\text{m}\times 2=62.40\text{m}$

J2：$L_{中}=3.0\text{m}\times 6=18.00\text{m}$

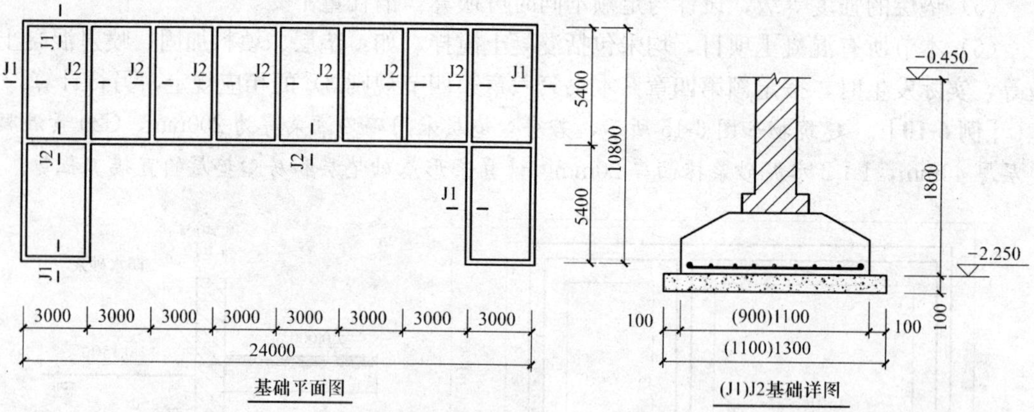


图 6-16

$$L_{净}=[5.4-(1.1+1.3)\div2]\text{m}\times7+(3.0-1.1)\text{m}\times2=33.20\text{m}$$

(2) 基础垫层：

$$工程量=1.1\times0.1\times62.40\text{m}^3+1.3\times0.1\times(18+33.20)\text{m}^3=13.52\text{m}^3$$

素混凝土条基　套 2-1-13（换）

$$2405.26\ 元/10\text{m}^3+(541.13+10.60)\times0.05\ 元/10\text{m}^3=2432.85\ 元/10\text{m}^3$$

直接工程费：(13.52×2432.85÷10)元=3289.21 元

(3) 房心 3∶7 灰土垫层：

$$工程量=(3.0-0.24)\times(5.4-0.24)\times10\times0.3\text{m}^3=42.72\text{m}^3$$

① 非就地取土：

3∶7 灰土垫层　套 2-1-1　基价 1268.41 元/10m³

直接工程费：(42.72×1268.41÷10)元=5418.65 元

② 就地取土：扣除灰土中的黏土费用。

第一种方法　查山东省定额附表可得：1m³ 灰土中含 1.15m³ 黏土，黏土价格 28.00 元/m³。

3∶7 灰土垫层　套 2-1-1　基价（换）。

$$1268.41\ 元/10\text{m}^3-(10.1\times1.15\times28.00)元/10\text{m}^3=943.19\ 元/10\text{m}^3$$

第二种方法　查价目表附表得：3∶7 灰土就地取土时，灰土单价为 48.27 元/m³；非就地取土时，灰土单价为 80.47 元/m³。

3∶7 灰土垫层　套 2-1-1　基价（换）

$$1268.41\ 元/10\text{m}^3-10.1\times(80.47-48.27)元/10\text{m}^3=943.19\ 元/10\text{m}^3$$

直接工程费：(943.19×42.72÷10)元=4029.31 元

**[例 6-12]**　建筑物基础平面图及详图如图 6-17 所示，若地面铺设 150mm 厚的素混凝土（C20）垫层。

(1) 计算基数 $L_{中}$、$L_{净}$、$L_{内}$、$S_{建}$、$S_{房}$。

(2) 计算基础垫层的工程量及费用。

(3) 计算地面垫层的工程量及费用。

**解**：(1) 基数：

$$L_{中}=(7.2+14.4+5.4+13.7)\text{m}\times2=81.40\text{m}$$

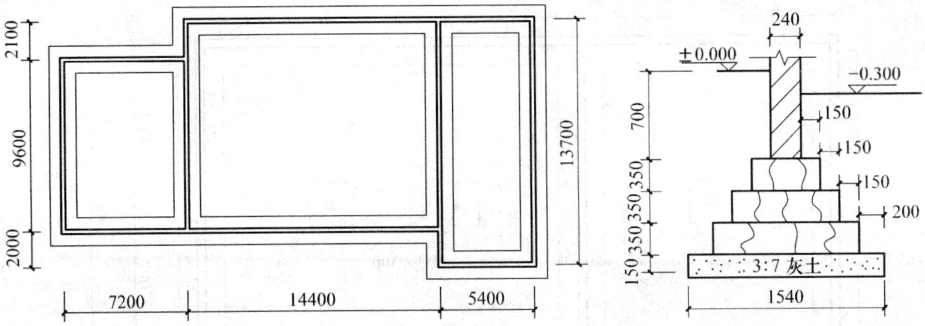


图　6-17

$$L_{净}=9.6\text{m}-1.54\text{m}+9.6\text{m}+2.1\text{m}-1.54\text{m}=18.22\text{m}$$

$$L_{内}=9.6\text{m}\times2+2.1\text{m}-0.24\text{m}\times2=20.82\text{m}$$

$S_{建}=(13.7+0.24)\text{m}\times(7.2+14.4+5.4+0.24)\text{m}-2.1\text{m}\times7.2\text{m}-2\text{m}\times(7.2+14.4)\text{m}=321.41\text{m}^2$

$$S_{房}=321.41\text{m}^2-(81.4+20.82)\text{m}\times0.24\text{m}=296.88\text{m}^2$$

(2) 条基垫层：

工程量$=(81.4+18.22)\text{m}\times1.54\text{m}\times0.15\text{m}=23.01\text{m}^3$

3∶7 灰土　套 2-1-1　基价（换）

1268.41 元/10m$^3$+(443.61+12.05)×0.05 元/10m$^3$=1291.19 元/10m$^3$

直接工程费：(1291.19×23.01÷10)元=2971.03 元

(3) 房心 C20 素混凝土垫层：

工程量$=296.88\text{m}^2\times0.15\text{m}=44.53\text{m}^3$

或　$[(7.2-0.24)\times(9.6-0.24)+(14.4-0.24)\times(9.6+2.1-0.24)+(5.4-0.24)\times(13.7-0.24)]\times0.15\text{m}^3=44.53\text{m}^3$

C20 素混凝土垫层　套 2-1-13　基价（换）

2405.26 元/10m$^3$−10.1×(181.34−199.93)元/10m$^3$=2593.02 元/10m$^3$

直接工程费：(2593.02×44.53÷10)元=11546.72 元

**[例 6-13]**　某工程基础平面图及详图如图 6-18 所示。

(1) 已知：

① 地面做法：20 厚 1∶2.5 水泥砂浆；100 厚 C15 素混凝土；素土夯实。

② 基础为 M5 水泥砂浆砌筑标准黏土砖。

③ 施工组织设计：反铲挖掘机挖坚土，挖土弃于槽边或坑边 1m 以外，待回填土施工完毕后再考虑运土，自卸汽车运土，运距为 2km。

(2) 计算：

① 基槽坑挖土工程量及费用。

② 条形基础垫层、独立基础垫层和地面垫层工程量及费用。

③ 假设设计室外地坪以下埋设的条形基础和独立基础的总体积（垫层除外）为 32.19m$^3$，计算槽坑边回填土及房心回填土工程量（机械夯实）及费用。

④ 确定外运土（或内运土），计算装载机装车和自卸汽车运土的工程量及费用。

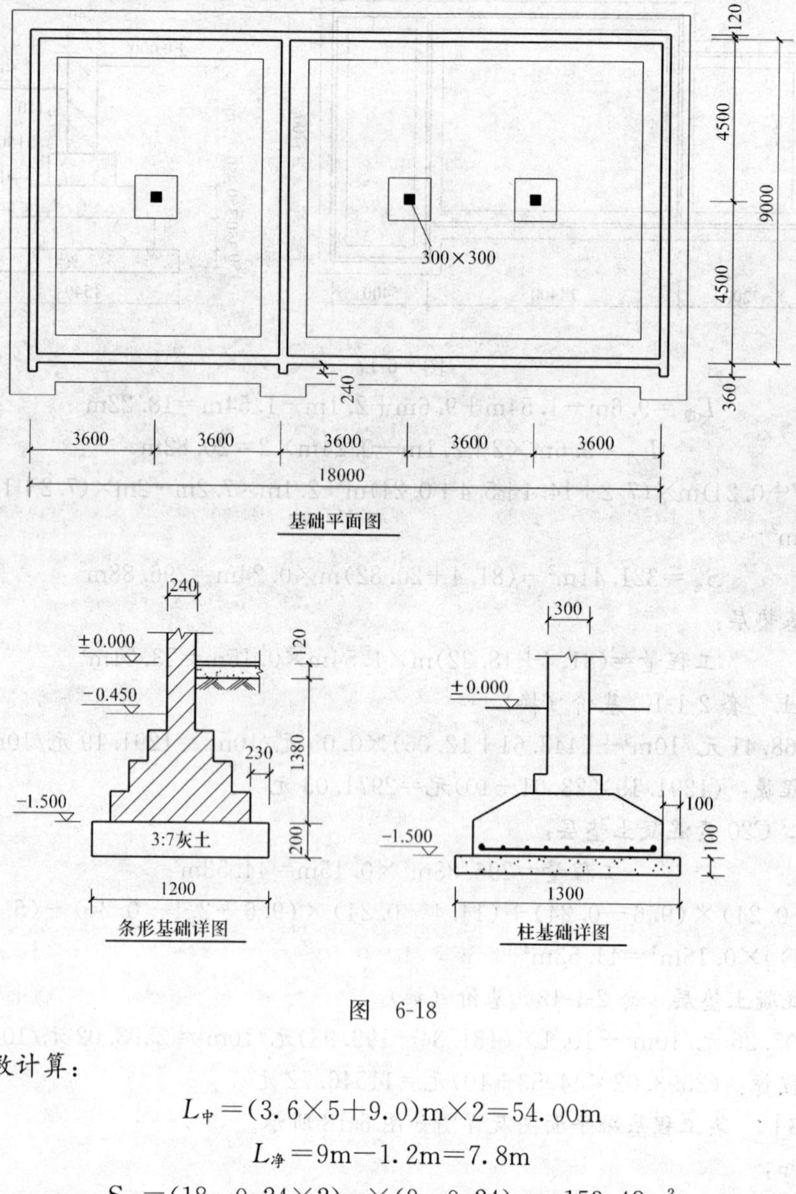


图 6-18

**解**：基数计算：

$$L_{中}=(3.6\times5+9.0)\text{m}\times2=54.00\text{m}$$

$$L_{净}=9\text{m}-1.2\text{m}=7.8\text{m}$$

$$S_{房}=(18-0.24\times2)\text{m}\times(9-0.24)\text{m}=153.48\text{m}^2$$

(1) 基槽坑挖土：

挖土深度 $H=1.5\text{m}-0.45\text{m}+0.2\text{m}=1.25\text{m}<1.7\text{m}$，不放坡。

$$V_{挖槽}=1.2\text{m}\times(1.5-0.45+0.2)\text{m}\times(54+0.24\times3+7.8)\text{m}=93.78\text{m}^3$$

$$V_{挖坑}=(1.3+0.1\times2)^2\times0.1\times3\text{m}^3+(1.3-0.1\times2+0.3\times2)^2\times(1.5-0.45)\times3\text{m}^3=9.78\text{m}^3$$

$$V_{挖总}=93.78\text{m}^3+9.78\text{m}^3=103.56\text{m}^3$$

机械挖土工程量 $=103.56\times0.95\text{m}^3=98.38\text{m}^3$

反铲挖掘机挖坚土　套 1-3-13　基价 29.83 元/10m$^3$

直接工程费：(98.38×29.83÷10)元＝293.47 元

人工挖沟槽工程量 $93.78\text{m}^3\times0.05=4.69\text{m}^3$

人工挖沟槽（槽深）2m以内坚土　套1-2-12　基价（换）

$$337.04\times2\text{元}/10\text{m}^3=674.08\text{元}/10\text{m}^3$$

直接工程费：$(4.69\times674.08\div10)$元$=316.14$元

人工挖基坑工程量 $9.78\text{m}^3\times0.05=0.49\text{m}^3$

人工挖地坑（坑深）2m以内坚土　套1-2-18基价（换）

$$379.84\times2\text{元}/10\text{m}^3=759.68\text{元}/10\text{m}^3$$

直接工程费：$(0.49\times759.68\div10)$元$=37.22$元

(2) 条基垫层工程量：$1.2\text{m}\times0.2\text{m}\times(54+7.8+0.24\times3)\text{m}=15.00\text{m}^3$

3∶7灰土　套2-1-1　基价（换）

$$1268.41\text{元}/10\text{m}^3+(443.61+12.05)\times0.05\text{元}/10\text{m}^3=1291.19\text{元}/10\text{m}^3$$

条基垫层直接工程费：$(15\times1291.19\div10)$元$=1936.79$元

独立基础垫层工程量：$(1.3^2\times0.1\times3)\text{m}^3=0.51\text{m}^3$

素混凝土垫层　套2-1-13　基价（换）

$$2405.26\text{元}+(541.13+10.61)\times0.1\text{元}=2460.43\text{元}$$

独立基础垫层直接工程费：$(0.51\times2460.43\div10)$元$=125.48$元

地面垫层工程量 $S_{房}\times$厚度$=153.48\times0.1\text{m}^3=15.35\text{m}^3$

地面混凝土垫层　套2-1-13　基价2405.26元/10m³

直接工程费：$(2405.26\times15.35\div10)$元$=3692.07$元

(3) 槽边回填工程量 $103.56\text{m}^3-(15+0.51+32.19)\text{m}^3=55.86\text{m}^3$

机械夯填沟槽地坑　套1-4-13　基价58.96元/10m³

直接工程费：$(55.86\times58.96\div10)$元$=329.35$元

房心回填工程量：$153.48\times(0.45-0.12)\text{m}^3=50.65\text{m}^3$

房心地坪机械夯填　套1-4-11　基价44.91元/10m³

直接工程费：$(50.65\times44.91\div10)$元$=227.47$元

(4) 取（运）土工程量：

$$[103.56-(55.86+50.65)\times1.15]\text{m}^3=-18.93\text{m}^3\text{（取土内运）}$$

装载机装土方　套1-3-45　基价20.13元/10m³

直接工程费：$(18.93\times20.13\div10)$元$=38.11$元

自卸汽车运土工程量$=18.93\text{m}^3$

自卸汽车运土2km　套1-3-57和1-3-58　基价（换）

$$68.41\text{元}/10\text{m}^3+11.94\times1\text{元}/10\text{m}^3=80.35\text{元}/10\text{m}^3$$

直接工程费：$(18.93\times80.35\div10)$元$=152.10$元

## 二、桩基

(1) 单位工程桩基础工程量在表6-4数量以内时，相应定额人工、机械乘系数1.05。

(2) 打桩工程按陆地打垂直桩编制。设计要求打斜桩时，斜度小于1∶6时，相应定额人工、机械乘系数1.25；斜度大于1∶6时，相应定额人工、机械乘以系数1.43。斜度是指在竖直方向上，每单位长度所偏离竖直方向的水平距离。

(3) 桩间补桩或在强夯后的地基上打桩时，相应定额人工、机械乘以系数1.15。

(4) 预制钢筋混凝土桩按设计桩长（包括桩尖）乘以桩断面面积，以立方米计算。管桩的空心体积应扣除，如按设计要求加注填充料，填充部分量按相应规定计算。

预制钢筋混凝土桩工程量＝设计桩总长度×桩断面面积

**表 6-4 小型桩基工程**

| 项 目 | 单位工程的工程量 |
|---|---|
| 预制钢筋混凝土桩 | $100m^3$ |
| 灌注桩 | $60m^3$ |
| 钢工具桩 | 50t |

**[例 6-14]** 某基础工程采用打桩机打钻管桩，23 根，尺寸如图 6-19 所示，计算打管桩工程量及费用。

图 6-19

**解**：工程量＝$[\pi/4\times0.6^2\times(18+0.8)-\pi\times0.15^2\times18]\times23m^3=92.99m^3<100m^3$

打预制钢筋混凝土管桩（桩长）18.8m 套 2-3-10 基价（换）

8028.85 元/$10m^3$＋(242.48＋1641.20)元/$10m^3$×0.05＝8123.03 元/$10m^3$

直接工程费：(8123.03×92.99÷10)元＝75536.06 元

(5) 灌注桩已考虑了桩体充盈部分的消耗量，其中灌注砂、石桩还包括级配密实的消耗量。充盈部分消耗量是指在灌注混凝土时实际混凝土体积比设计桩身直径计算体积大的盈余部分的体积。

(6) 灌注桩定额未考虑混凝土搅拌、钢筋制作、钻孔桩和挖孔桩或回旋钻机泥浆的运输、预制桩尖、凿桩头及钢筋整理等项目，但活辨桩尖和截桩不另计算。灌注混凝土桩凿桩头，按实际凿桩头体积计算。

(7) 打孔灌注混凝土桩、钻孔灌注混凝土桩，按设计桩长（包括桩尖，设计要求入岩时，包括入岩深度）另加 0.5m，乘以设计桩外径（钢管箍外径）截面积，以立方米计算。

$$灌注桩混凝土工程量=\frac{\pi}{4}D^2(L+0.5)$$

式中 $L$——桩长（含桩尖）；

$D$——桩外直径。

(8) 灌注混凝土桩混凝土搅拌、钢筋及其连接铁件等，执行本章第四节及其相应项目。

**[例 6-15]** 某钻孔灌注混凝土桩共 16 根，采用螺旋钻机钻孔，桩长 14m，直径 600mm，采用 C25 混凝土浇筑。计算工程量及费用。

**解**：桩工程量＝$\pi/4\times0.6\times0.6\times(14+0.5)\times16m^3=65.60m^3>60m^3$

钻孔 套 2-3-24 基价 1772.82 元/$10m^3$

钻孔直接工程费：(1772.82×65.60÷10)元＝11629.70 元

灌注混凝土 套 2-3-25 基价（换）

$$2902.21\text{元}/10m^3-12.18\times(205.16-219.42)\text{元}/10m^3=3075.90\text{元}/10m^3$$

直接工程费：(3075.90×65.60÷10)元=20177.90 元

(9) 打试验桩时，相应定额人工、机械乘系数 2.0。

(10) 打送桩时，相应定额人工、机械依据送桩深度乘以表 6-5 的系数。

**表 6-5 送桩深度系数表**

| 送桩深度 | 系数 |
| --- | --- |
| 2m 以内 | 1.12 |
| 4m 以内 | 1.25 |
| 4m 以外 | 1.50 |

送桩是指打桩时因打桩架底盘离地面有一段距离，因而不能继续将桩打入地面以下设计位置，这时可在尚未打入土中的桩顶上放一送桩器，让桩锤将送桩器冲入土中，将桩送入地下设计深度。预制混凝土桩的送桩器深度，按设计送桩深度另加 0.50m 计算。

(11) 截桩：预制钢筋混凝土桩截桩工程量按根计算套用相应定额。截桩长度≤1m 时，不扣减打桩工程量；长度>1m 时，其超过部分按实扣减打桩工程量，但不应扣减桩体及场内运输工程量。

(12) 凿桩头按桩头高 $40d$（$d$ 为桩主筋直径，主筋直径不同时取大者）乘桩断面面积以立方米计算。

(13) 钢筋整理按所整理的桩的根数计算。

(14) 本章预制钢筋混凝土方桩定额子目只包括桩身吊装就位、打桩、校正等费用，现场预制钢筋混凝土桩（包括桩体混凝土，混凝土搅拌、模板、钢筋及其连接，铁件等）执行第四章及相应项目。

(15) 预制钢筋混凝土桩半径 15m 范围内的移动，起吊就位包括在打桩项目内，超过 15m 时的场内运输，执行本章第十二节构件运输 1km 项目。

**[例 6-16]** 某建筑物基础需打桩 60 根（尺寸见图 6-20），其中 2 根为试验桩，有 3 根因遇到坚硬土层还有 2m 未打入就已满足设计要求，需截桩。

试计算：打桩、截桩、凿桩头、钢筋整理及桩身混凝土（C30）的费用。

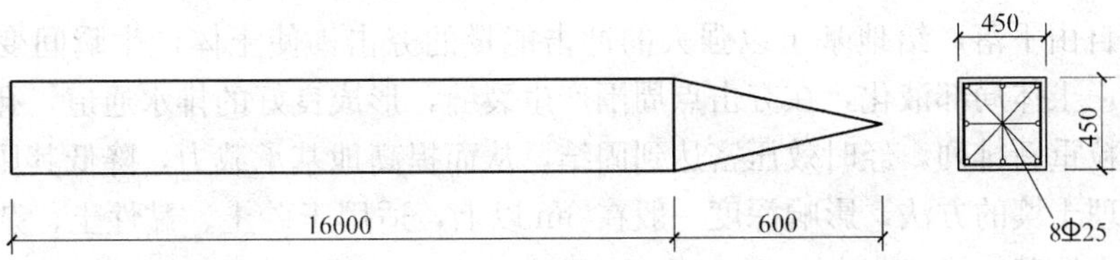


图 6-20

**解：**(1) 打桩：

单根桩工程量：$(16+0.6)m\times0.45m\times0.45m=3.36m^3$

$3.36m^3\times60=201.60m^3>100m^3$，不是小型工程。

① 试验桩工程量$=3.36m^3\times2=6.72m^3$

套 2-3-2 基价（换）

$$1959.46\text{元}+(283.02+1618.88)\times1\text{元}=3861.36\text{元}$$

直接工程费：6.72×3861.36÷10 元＝2594.83 元

② 截桩工程量：(16＋0.6－1)×0.45$^2$×3m$^3$＝9.48m$^3$

普通桩工程量：3.36m$^3$×(60－3－2)＝184.80m$^3$

合计：9.48m$^3$＋184.8m$^3$＝194.28m$^3$

打桩　套 2-3-2　基价 1959.46 元/10m$^3$

直接工程费：(1959.46×194.28÷10)元＝38068.39 元

(2) 截桩：

工程量：3 根

套 2-3-64　基价 1318.53 元/10 根

直接工程费：(1318.53×3÷10)元＝395.56 元

(3) 凿桩头：

工程量：$40d\times S_{断}$×根数＝40×0.025×0.45$^2$×60m$^3$＝12.15m$^3$

凿桩头　套 2-3-66　基价 2577.61 元/10m$^3$

直接工程费：(12.15×2577.61÷10)元＝3131.80 元

(4) 钢筋整理：

工程量＝60 根

桩头钢筋整理　套 2-3-68　基价 45.58 元/10 根

直接工程费：(45.58×60÷10)元＝273.48 元

(5) 桩身：

工程量：3.36×60m$^3$＝201.60m$^3$

说明：预制桩按桩全长（包括桩尖）乘以桩断面面积以立方米计算（不扣除桩尖虚体积）。

预制混凝土方桩（C30）　套 4-3-1　基价 2802.55 元/10m$^3$

直接工程费：(2802.55×201.60÷10)元＝56499.41 元

## 三、强夯

(1) 强夯定额中每平方米夯点数，指设计文件规定单位面积内的夯点数量。

强夯法又称动力固结法，是用起重机械将大吨位重锤（一般为 10～40t）起吊到 6～40m 高度后自由下落，给地基土以强大的冲击能量的夯击，使土体产生瞬间变形，迫使土层孔隙压缩，土体局部液化，在夯击点周围产生裂缝，形成良好的排水通道，孔隙水和气体逸出，使土粒重新排列，经时效压密达到固结，从而提高地基承载力，降低其压缩性。它是一种深层处理土壤的方法，影响深度一般在 6m 以上，适用于砂土、黏性土、杂填土、湿陷性黄土等软土地基。

(2) 强夯工程根据不同夯击能量和夯点密度，按设计图示夯击范围，以平方米计算；设计无规定时，按建筑物基础外围轴线每边各加 4m，以平方米计算。

$$地基强夯工程量＝设计图示面积$$

或　$地基强夯工程量=S_{外轴包}+L_{外轴}\times4+4\times16m^2=S_{外轴包}+L_{外轴}\times4+64m^2$

(3) 强夯定额执行，按下列步骤进行：

1) 确定夯击能量。夯击能量(t . m)＝重锤质量(t)×重锤落差(m)

2) 确定夯击密度。

夯击密度(夯点/100m²)＝设计夯击范围内的夯点个数÷夯击范围×100

3）确定夯击击数。夯击击数系指强夯机械就位后，夯锤在同一夯点上下夯击的次数（落锤高度需满足设计夯击能量的要求，否则按低锤满拍计算）。

4）低锤满拍工程量＝设计夯击范围。

**[例 6-17]** 某框架结构建筑物共 3 层，柱子分布如图 6-21 所示，地基为湿陷性黄土，厚度为 6～7m，经研究决定用强夯处理效果最好，具体处理方法如下：

第一遍：每个柱基处设计击数 8 击，夯击能 400t·m。

第二遍：间隔夯击，间隔夯点，不大于 6.5m，夯击能 300t·m，设计击数 5 击。

第三遍：低锤满拍 300t·m。

试计算强夯工程量及费用。

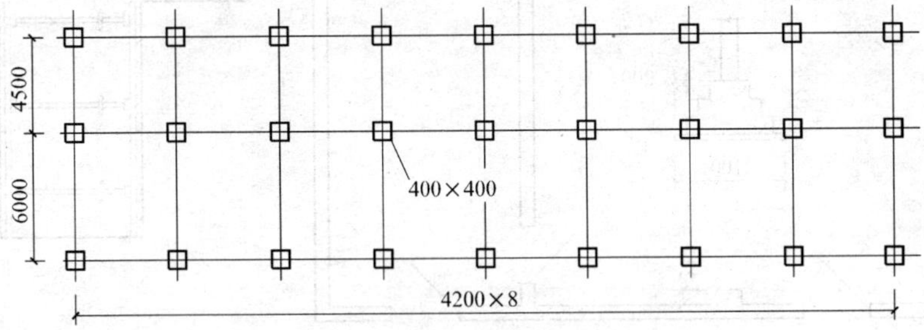


图 6-21

**解**：夯击工程量：(4.2×8＋2×4)m×(6＋4.5＋2×4)m＝769.60m²

第一遍：夯击密度＝(3×9÷769.60×100)夯点/100m²＝4(3.5)夯点/100m²（收尾）

夯击能 400t·m，夯击点 4 点以内，8 击。

套 2-4-84，2-4-85 基价（换）

1124.39 元/100m²＋(189.41×4)元/100m²＝1882.03 元/100m²

直接工程费：(1882.03×769.60÷100)元＝14484.10 元

第二遍：夯击密度＝{[(4.2×8＋2×4)÷6.5]×[(6＋4.5＋2×4)÷6.5]÷769.6×100}夯点/100m²＝(6.4×2.8÷769.6×100)夯点/100m²＝(7×3÷769.6×100)夯点/100m²＝3(2.73)夯点/100m²

夯击能 300t·m 夯击点 10 点以内，5 击 套 2-4-79 和 2-4-80 基价（换）

670.80 元/100m²＋80.89 元/100m²＝751.69 元/100m²

直接工程费：(751.69×769.60÷100)元＝5785.01 元

第三遍：低锤满拍，夯击能 300t·m 套 2-4-81 基价 2866.75 元/10m²

直接工程费：(2866.75×769.60÷100)元＝22062.51 元

## 四、防护

(1) 挡土板定额分为疏板和密板。疏板是指间隔挡土板，且板间净空小于 150cm 的情况；密板是指满支挡土板或板间净空小于 30cm 的情况。

(2) 挡土板按施工组织设计规定的支挡范围，以平方米计算。

(3) 钢工具桩按施工组织设计规定的桩体质量，以吨计算。定额中未包括桩体制作、除锈和刷油，实际发生时，按相应规定另行计算。安、拆导向夹具，按设计图示长度，以米计算。

单位工程的钢工具桩工程量小于50t时，相应定额人工、机械乘以系数1.05。

（4）砂浆土钉防护、锚杆机钻孔防护，按施工组织设计规定的钻孔入土（岩）深度，以米计算。

（5）喷射混凝土护坡分土层和岩层，按施工组织设计规定的防护范围，以平方米计算。

**［例6-18］**　某工程（见图6-22）开挖基槽深为4m，钢筋混凝土基础垫层宽度为2100mm，因场地受限，无法放坡，故基槽采用木挡土板（密板）钢支撑防护。

计算挡土板工程量及费用。

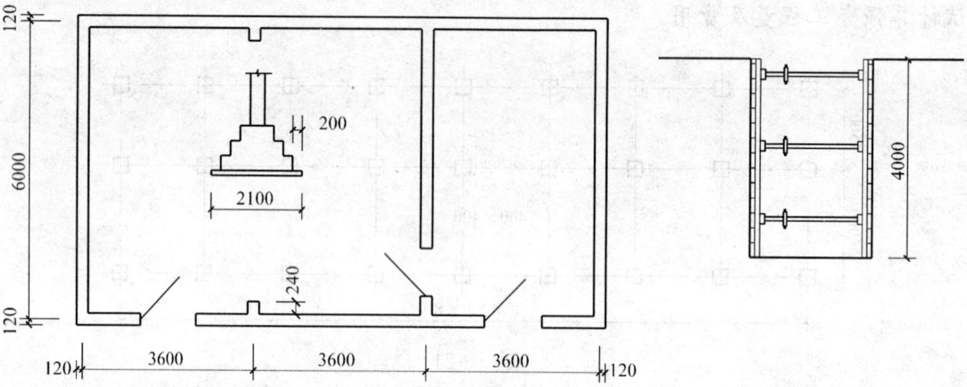


图　6-22

**解**：$L_{中}=(3.6\times3+6)\text{m}\times2=33.60\text{m}$

基槽开挖宽度：2.1m＋0.1×2m（垫层工作面）＋0.1×2m（支挡土板工作面）＝2.5m

工程量：$S=(33.6+6-2.5+0.24\times2)\times4\times2\text{m}^2-2.5\times2\times4\text{m}^2=280.64\text{m}^2$

木挡土板（密板）钢支撑　套2-5-4　基价168.04元/10m²

直接工程费：(168.04×280.64÷10)元＝4715.87元

## 五、排水与降水

（1）抽水机集水井排水定额，以每台抽水机工作24小时为1台日。

（2）抽水机基底排水分不同排水深度，按设计基底面积，以平方米计算。

（3）集水机按不同成井方式，分别以施工组织设计规定的数量以座或米计算。抽水机集水井排水，按施工组织设计规定的抽水机械、抽水机台数和工作天数，以台日计算。

$$1台日=1台抽水机\times24\text{h}$$

（4）井点降水的井点管间距，根据地质条件和施工降水要求，按施工组织设计确定。施工组织无规定时，可按轻型井点管距0.8～1.6m，喷射井点管距2～3m确定。

井点设备使用套数的组成如下：

1）轻型井点　　50根/套

2）喷射井点　　30根/套

3）大口径井点　　45根/套

4）水平井点　　10根/套

5）电渗井点　　　　　　30 根/套

井点设备使用的天，以每昼夜 24 小时为一天。

（5）井点降水区分不同的井管深度，其井管安拆，按施工组织设计规定的井管数量，以根计算；设备使用，按施工组织设计规定的使用时间，以每套使用的天数计算。

**［例 6-19］**　某工程如图 6-23 所示，采用轻型井点降水，降水深度 5m，井点管距墙轴线 4m，管距不大于 1.2m，降水 30 天。计算该工程降水费用。

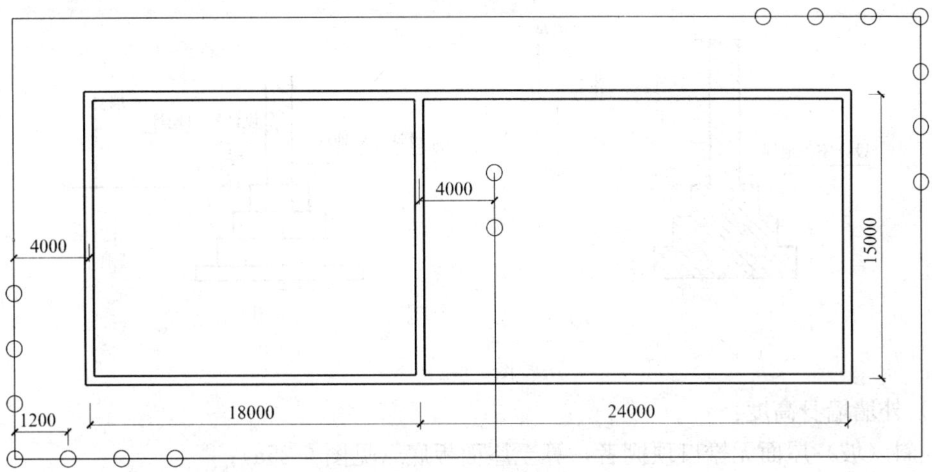


图　6-23

**解**：（1）井点管安装拆除工程量：

{[(18＋24＋4×2)＋(15＋4×2)]×2÷1.2}根＋[(15－4×2)÷1.2＋1]根

＝(122＋7)根＝129 根

井点管拆除安装　套 2-6-12　基价 2217.04 元/10 根

直接工程费：(2217.04×129÷10)元＝28599.82 元

（2）设备使用套数：(129÷50)套＝3 套

设备使用工程量（3×30）套・d＝90 套・d

设备使用　套 2-6-13　基价 1162.70 元/（套・d）

直接工程费：(1162.70×90)元＝104643.00 元

## 第三节　砌 筑 工 程

### 一、普通砖墙

（1）砌筑砂浆的强度等级、种类，设计定额不同时可换算，消耗量不变。

（2）砖砌体均包括原浆勾缝用工，加浆勾缝时，按装饰工程相应项目另行计算。

（3）黏土砖砌体计算厚度按表 6-6 的规定计算。

（4）女儿墙按外墙计算，砖垛附墙烟囱，三皮砖以上的腰线和挑檐等体积，按其外形尺寸并入墙身体积计算。不扣除每个横截面积在 $0.1m^2$ 以下的孔洞所占体积，但孔洞内的抹灰工程量亦不增加。

表 6-6 黏土砖砌体计算厚度表

| 砖数（厚度） | 1/4 | 1/2 | 3/4 | 1 | 1.5 | 2 | 2.5 | 3 |
|---|---|---|---|---|---|---|---|---|
| 计算厚度/mm | 53 | 115 | 180 | 240 | 365 | 490 | 615 | 740 |

（5）基础与墙身以设计室内地坪为界，设计室内地坪以下为基础，以上为墙身（如图 6-24a 所示）。若基础与墙身使用不同材料，且分界线位于设计室内地坪 300mm 以内时，300mm 以内部分并入相应墙身工程量内计算（如图 6-24b 所示）。

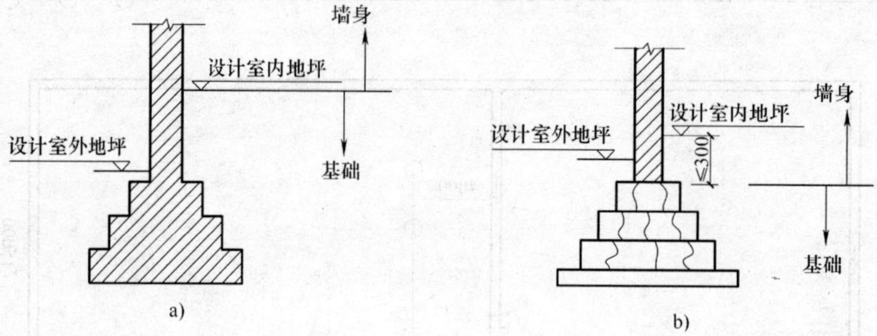


图 6-24

（6）外墙墙身高度：

1）斜（坡）屋面无檐口顶棚者，算至屋面板底（见图 6-25a）；

2）有屋架，且室内外均有顶棚者，算至屋架下弦底面另加 200mm（见图 6-25b）；

3）无顶棚者，算至屋架下弦底面另加 300mm，出檐宽度超过 600mm 时，应按实砌高度计算（见图 6-26）。

4）平屋面算至钢筋混凝土板顶（或板底，见图 6-27）。

5）女儿墙高度自外墙顶面算至混凝土压顶（见图 6-28）。

（7）内墙墙身高度：

1）内墙位于屋架下弦者，其高度算至屋架底（见图 6-26）。

2）无屋架者，算至顶棚底另加 100mm（见图 6-29a）。

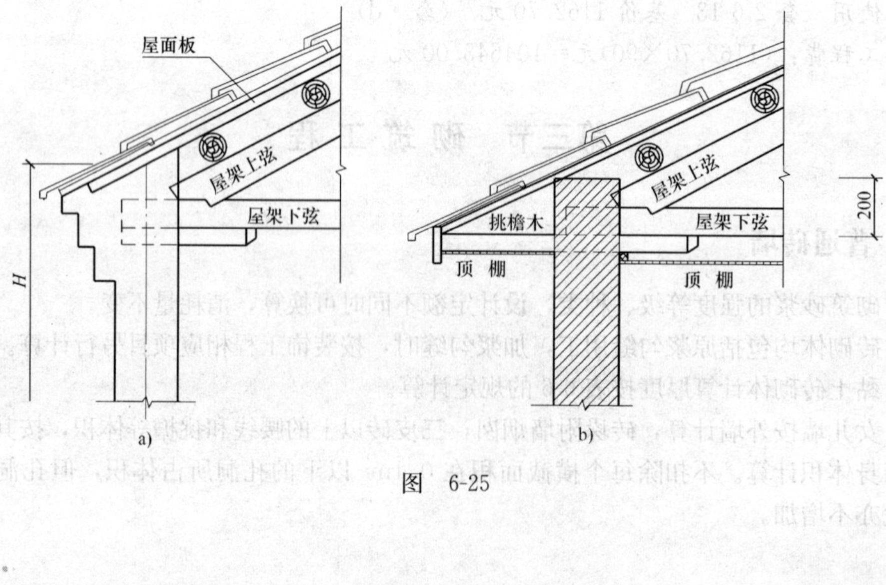


图 6-25

3）有钢筋混凝土楼板隔层者，算至板底（见图 6-29b）。

4）有框架梁时，算至梁底面。

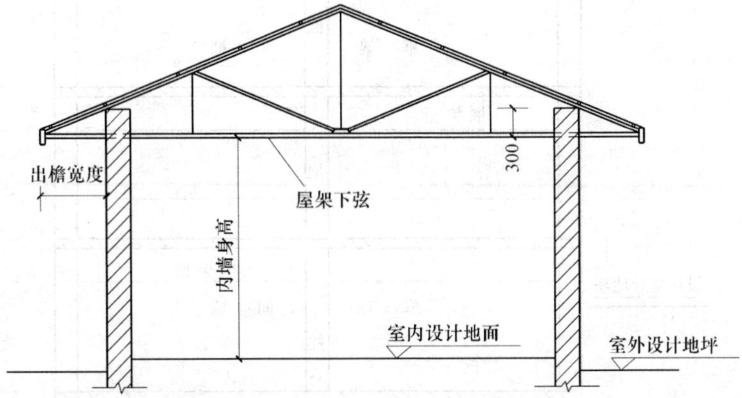


图　6-26

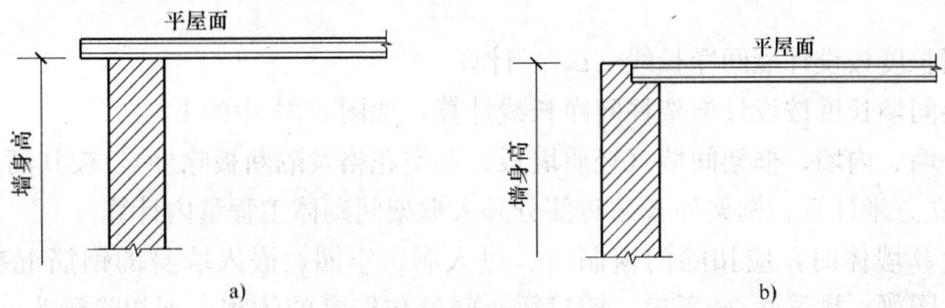


图　6-27

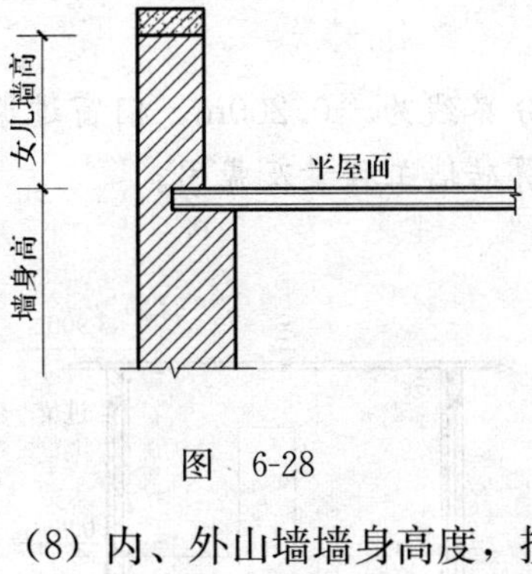


图　6-28

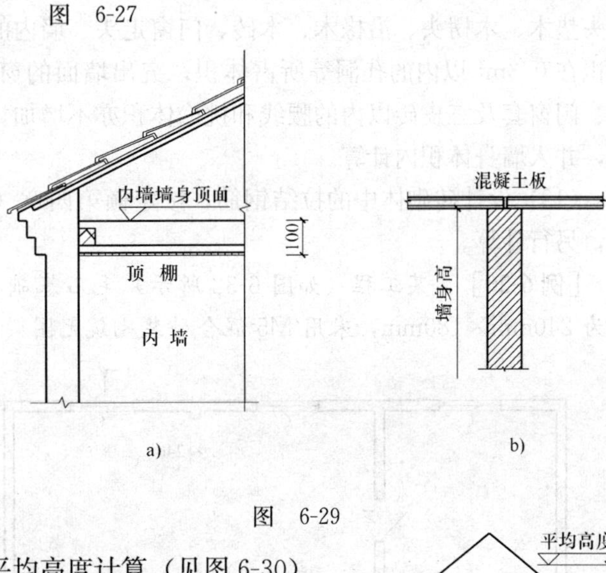


图　6-29

（8）内、外山墙墙身高度，按其平均高度计算（见图 6-30）。

（9）框架间墙高度，内外墙自框架梁顶面算至上一层框架梁底面；有地下室者，自基础底板（或基础梁）顶面算至上一层框架梁底，如图 6-31 中的 $H$。

（10）墙体长度计算：

1）外墙长度按外墙中心线（$L_{中}$）长度计算。

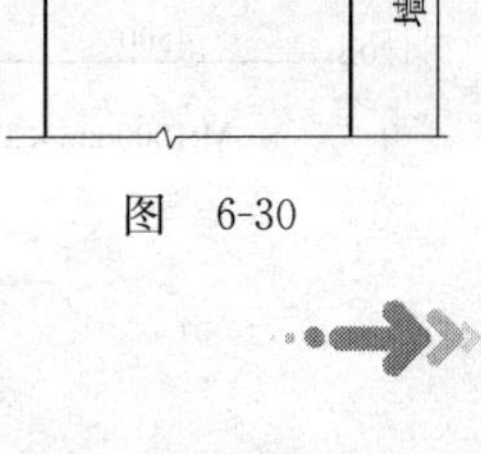


图　6-30

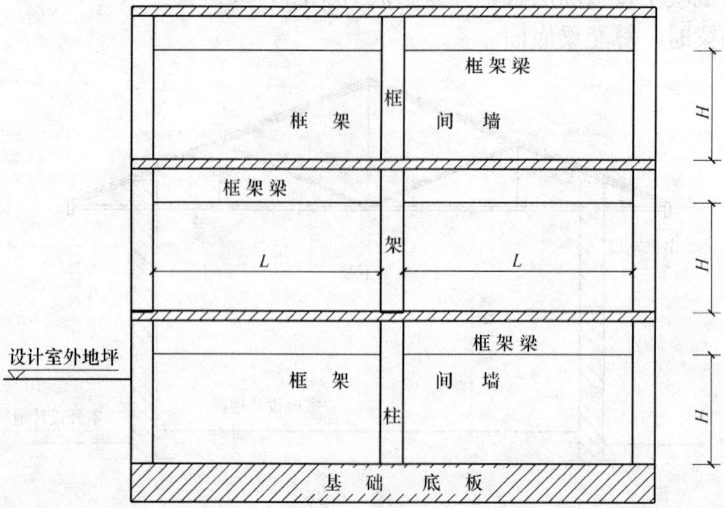


图 6-31

2）内墙长度按设计墙间净长线（$L_{内}$）计算。

3）框架间墙长度按设计框架柱间净长线计算，如图 6-31 中的 $L$。

（11）外墙、内墙、框架间墙（轻质墙板、漏空花格及隔断板除外），按其高度乘以长度乘以厚度以立方米计算。框架外表贴砖部分并入框架间砌体工程量内计算。

（12）计算墙体时，应扣除门窗洞口、过人洞、空圈、嵌入墙身的钢筋混凝土柱、梁（包括过梁、圈梁、挑梁）、砖平碹、砖过梁，暖气包壁龛的体积；不扣除梁头、外墙板头、檩头垫木、木楞头、沿椽木、木砖、门窗走头、墙内的加固钢筋、木筋、铁件、钢管及每个面积在 0.3m² 以内的孔洞等所占体积；突出墙面的窗台虎头砖、压顶线、山墙泛水、烟囱根、门窗套及三皮砖以内的腰线和挑檐体积亦不增加。墙垛、三皮砖以上的腰线和挑檐等体积，并入墙身体积内计算。

（13）设计砖砌体中的拉结钢筋，按定额第四章（本书第六章第四节规则 4）的相应规定，另行计算。

**［例 6-20］** 某工程（如图 6-32 所示）毛石基础与砖分界线为－0.200m，门窗过梁断面为 240mm×180mm，采用 M5 混合砂浆砌筑无圈梁，计算砖墙工程量及费用。

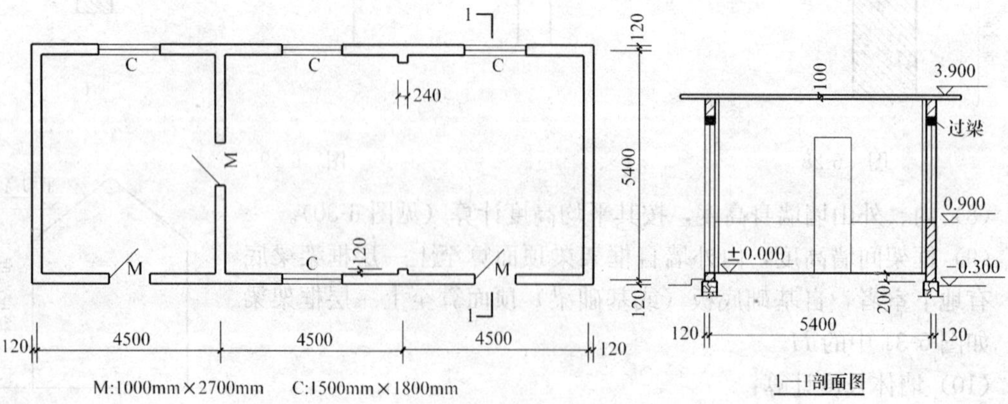


图 6-32

解：$L_{中}$＝(4.5×3＋5.4)m×2＝37.8m

$L_{内}$＝5.4m－0.24m＝5.16m

砌筑工程量＝[(37.8＋5.16＋0.12×2)×(3.9－0.1＋0.2)－1.0×2.7×3－1.5×1.8×4]$m^2$×0.24m－0.24m×0.18m×[(1.0＋0.25×2)×3＋(1.5＋0.25×2)×4]m

＝36.40$m^3$

M5 混合砂浆砌 240 砖墙　套 3-1-14　基价 2809.78 元/10$m^3$

直接工程费：(2809.78×36.40÷10)元＝10227.60 元

**[例 6-21]**　某工程（如图 6-33 所示）内外墙厚均为 240mm，M2.5 混合砂浆砌筑，M1＝1200mm×2500mm 共 1 个，M2＝900mm×2000mm 共 6 个，C1＝1500mm（宽）×1600mm（高）共（5＋6＋6）个＝17 个，一、二层为预制楼板，外墙设圈梁 3 道，断面为 240mm×240mm，遇门窗以圈代过，内墙不设圈梁，M2 过梁断面 240mm×180mm，女儿墙总高 1000mm，其中混凝土压顶厚 50mm。

计算本工程砖墙直接工程费。

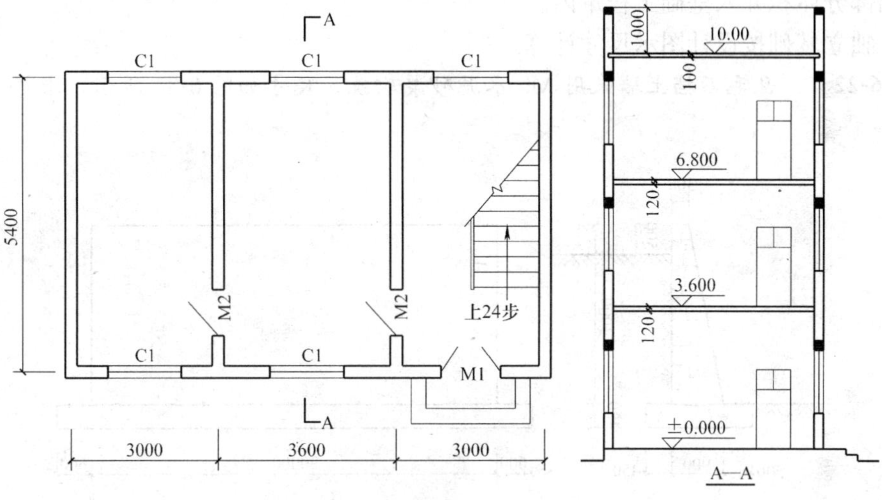


图　6-33

解：$L_{中}$＝(3.0＋3.0＋3.6＋5.4)m×2＝30.00m

$L_{内}$＝(5.4－0.24)m×2＝10.32m

外墙工程量＝[30.00×(10－0.24×3＋1.0－0.05)－1.5×1.6×17－1.2×2.5]$m^2$×0.24m

＝63.14$m^3$

内墙工程量＝[10.32×(10－0.1－0.12×2)－0.9×2×6]$m^2$×0.24m－0.24m×0.18m×(0.9＋0.25×2)m×6＝20.97$m^3$

说明：楼梯间内墙因楼面板只搁置半墙，故不扣除板头在墙内所占体积。

合计：63.14$m^3$＋20.97$m^3$＝84.11$m^3$

M2.5 混合砂浆砖墙　套 3-1-14　基价 2794.50 元/10$m^3$

直接工程费：(2794.50×84.11÷10)元＝23504.54 元

## 二、砌石

(1) 定额中石材按其材料加工程度，分为毛石、整毛石和方整石。使用时应根据石料名称、规格分别套用。

(2) 毛石护坡高度超过4m时，定额人工乘以1.15的系数。

(3) 围墙以设计室外地坪为界，室外地坪以下为基础，以上为墙身。

(4) 室内柱以设计室内地坪为界，以下为柱基础，以上为柱。若基础与柱身使用不同材料，且分界线位于设计室内地坪300mm以内时，300mm以内部分并入相应柱身工程量内计算。室外柱以设计室外地坪为界，以下为柱基础，以上为柱。

(5) 挡土墙与基础的划分，以挡土墙设计地坪标高低的一侧为界，以下为基础，以上为墙身。

(6) 基础：各种基础均以立方米计算。

(7) 条形基础：

1) 外墙按设计外墙中心线长度，内墙按设计内墙净长度乘以设计断面计算。

2) 基础大放脚T形接头处的重叠部分以及嵌入基础的钢筋、铁件管道、基础防潮层、单个面积在0.3m²以内的孔洞所占体积不予扣除，但靠墙暖气沟的挑檐亦不增加，附墙梁基础宽出部分体积并入基础工程量内。

(8) 独立基础按设计图示尺寸计算。

**[例6-22]** 乱毛石挡土墙采用M5水泥砂浆砌筑，尺寸如图6-34所示，求挡土墙及基础费用。

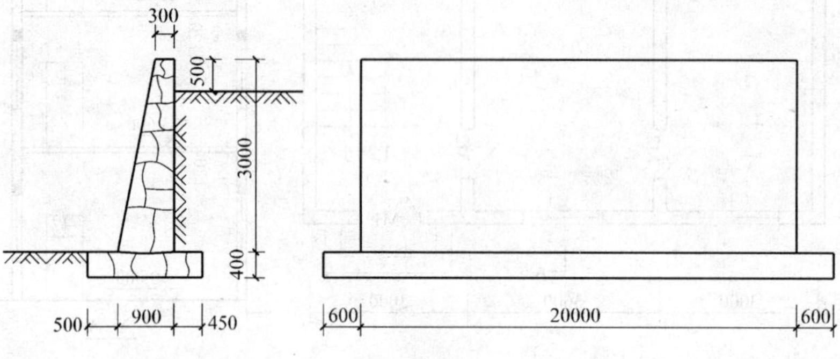


图 6-34

**解**：基础部分工程量：(0.5+0.9+0.45)m×0.4m×(20+0.6×2)m=15.69m³

M5水泥砂浆砌乱毛石基础　套3-2-1　基价1890.99元/10m³

直接工程费：(1890.99×15.69÷10)元=2966.96元

墙体部分工程量：(0.3+0.9)m÷2×3m×20m=36m³

乱毛石挡土墙　套3-2-3　基价（换）

1990.35元/10m³－[3.93×(164.25－156.95)]元/10m³=1961.66元/10m³

直接工程费：(1961.66×36÷10)元=7061.98元

## 三、轻质砌块和砌块砌体

(1) 多孔砖包括黏土多孔砖和粉煤灰、煤矸石等轻质多孔砖。

(2) 黏土空心砖按其空隙率大小分为承重型空心砖和非承重型空心砖。

(3) 空心砖和空心砌块墙中的混凝土芯柱、混凝土压顶及圈梁等，按定额第四章（本书

第六章第四节）的相关规定，另行计算。

（4）多孔砖、空心砖和砌块，砌筑弧形时，人工乘以 1.2，材料乘以 1.03 系数。

（5）小型空心砌块墙定额选用 190 系列（砌块宽 $b$=190mm），若设计选用其他系列时，可以换算。

（6）砌墙砖中用于固定门窗或吊柜、窗帘盒、暖气片等配件所需的灌注混凝土或预埋构件，按定额第四章（本书第六章第四节）的规则另行计算。

［例 6-23］　某平房如图 6-35 所示，设计室内地坪以下为毛石混凝土基础，外墙采用 M5 混合砂浆黏土多孔砖砌筑，厚为 240mm，内墙采用 M5 混合砂浆加气混凝土块（585mm×240mm×240mm）砌筑，厚为 240mm，屋面板下设顶圈梁一道（只设外墙），断面尺寸为 240mm×200mm，过梁断面尺寸为 240mm×180mm。计算砖墙工程量及费用。

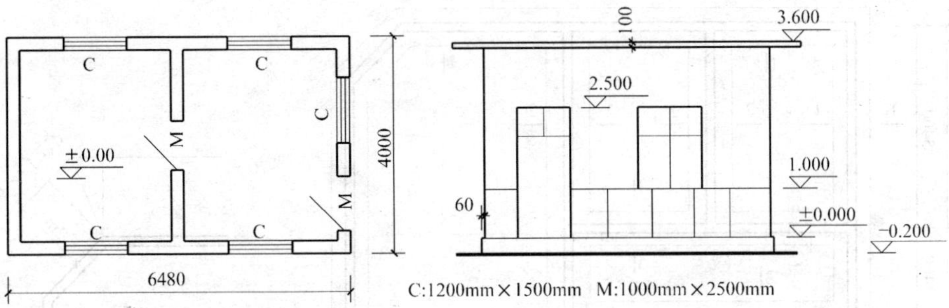


图　6-35

**解**：（1）外墙工程量：

$\{[(6.48+4)\times2-4\times0.24]\times(3.6-0.1-0.2)-1\times2.5-1.2\times1.5\times5\}\text{m}^2\times0.24\text{m}-0.24\text{m}\times0.18\text{m}\times[(1.0+0.25\times2)\times1+(1.2+0.25\times2)\times5]\text{m}=12.65\text{m}^3$

M5 混合砂浆黏土多孔砖，240 砖墙　套 3-3-7　基价 2684.18 元/10m$^3$

直接工程费：(2684.18×12.65÷10)元=33954.88 元

（2）内墙工程量：

$[(4-0.24\times2)\times(3.6-0.1)-1\times2.5]\text{m}^2\times0.24\text{m}-0.24\text{m}\times0.18\text{m}\times(1.0+0.25\times2)\text{m}=2.29\text{m}^3$

M5 混合砂浆加气混凝土砌块墙 240　套 3-3-26　基价 2185.78 元/10m$^3$

直接工程费：(2185.78×2.29÷10)元=500.54 元

## 四、综合应用

［例 6-24］　某建筑物基础平面图，基础详图如图 6-36 所示，试完成下列题目。

（1）从 1-1、2-2、3-3 基础断面图可以看出，基槽开挖深度为________，土质为普通土时，是否需要放坡________。垫层宽度分别为________、________、________。该题垫层材料为________，________（是否）留工作面，________（是否）需要放坡。计算基数 $L_{中}$、$L_{净}$、$L_{内}$。

（2）计算基槽长度时，外墙基槽按________，内墙基槽按________。

（3）机械挖基槽时，________的工程量属于机械挖土，________的工程量属于人工挖土，人工挖土套用相应定额时乘以系数________。假设土质为普通土，反铲挖土机挖土并将土弃于槽边1m以外，计算基槽开挖土方量，确定定额子目，并计算直接工程费。

(4) 定额中垫层按________垫层编制，该题为________垫层，套用定额时，人工、机械分别乘以系数________。

(5) 计算垫层工程量，确定定额项目，并计算直接工程费。

(6) 计算基础（M5水泥砂浆砌筑）工程量，确定定额项目，并计算直接工程费。

(7) 若该工程场地平整为机械平整，计算场地平整工程量，并计算直接工程费。

(8) 由图6-36知：建筑物室内外高差为________，假设屋面板板顶标高为19.2m，

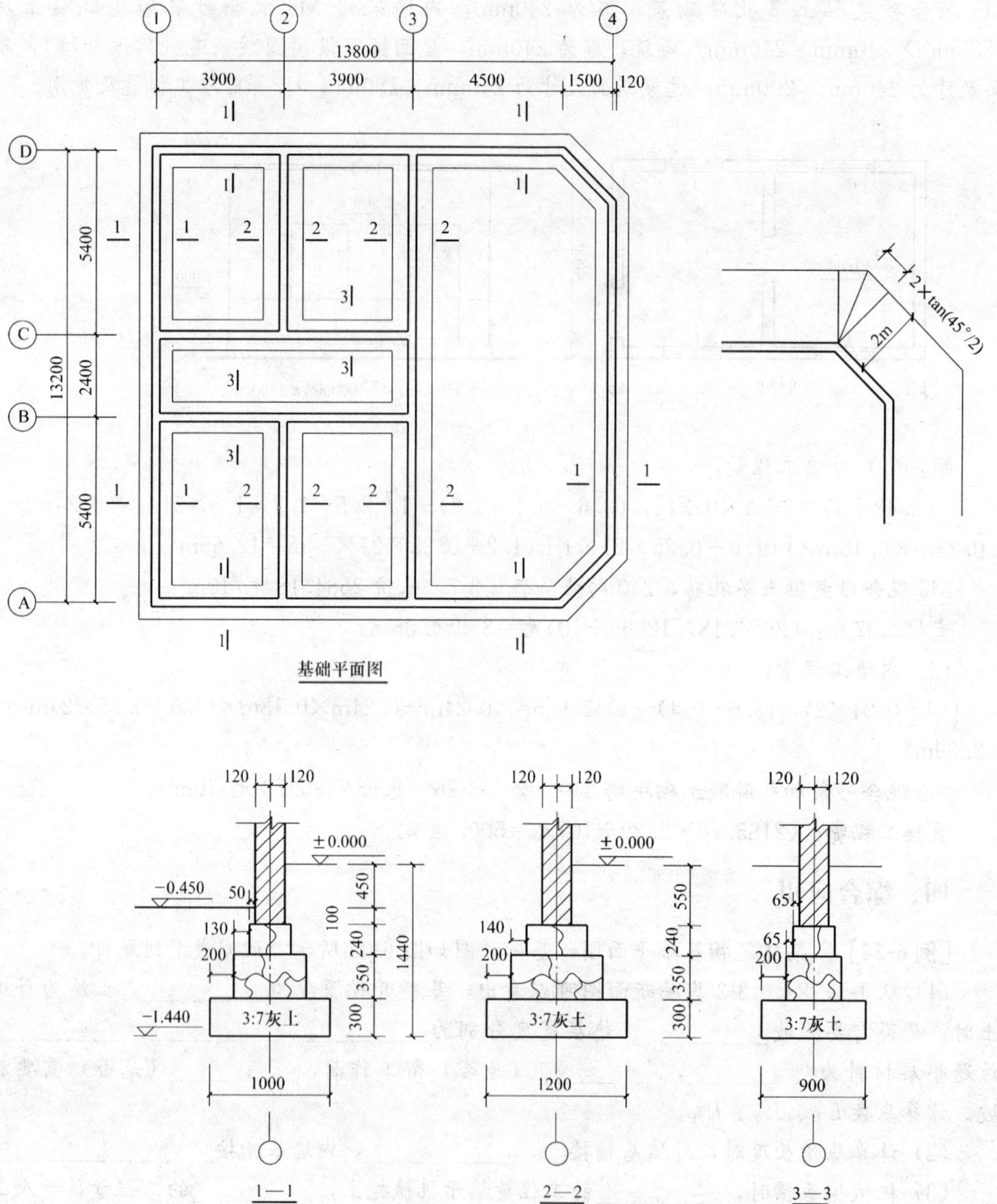

图 6-36

计算竣工清理工程量，确定定额项目，并计算直接工程费。

**解**：(1) 填空：0.99、不需要、1000mm、1200mm、900mm、3∶7灰土、不留。

计算基数：

$$L_{中}=(3.9\times2+4.5+1.5\times\sqrt{2}+2.4/2+5.4+2.4/2+5.4-1.5)\text{m}\times2=52.24\text{m}$$

或 $L_{中}=(13.80+13.20)\text{m}\times2-(2-\sqrt{2})\times1.5\text{m}\times2=52.24\text{m}$

$$L_{(2\text{-}2)净}=(5.4-1/2-0.9/2)\text{m}\times4+2.4\text{m}+0.9\text{m}=21.1\text{m}$$

$$L_{(3\text{-}3)净}=(3.9\times2-1/2-1.2/2)\text{m}\times2=13.4\text{m}$$

$$L_{(2\text{-}2)内}=13.2\text{m}\times2-0.24\text{m}\times2-(2.4+0.24)\text{m}=23.28\text{m}$$

$$L_{(3\text{-}3)内}=(3.9\text{m}\times2-0.24\text{m})\times2=15.12\text{m}$$

(2) 填空：设计外墙中心线（$L_{中}$）长度计算、设计内墙垫层净长度（$L_{净}$）计算。

(3) 填空：95%、5%、2。

基槽挖土：

$$L_{(1\text{-}1)挖}=[52.24\times1\times(1.44-0.45)]\text{m}^3=51.72\text{m}^3$$

$$L_{(2\text{-}2)挖}=[21.1\times1.2\times(1.44-0.45)]\text{m}^3=25.07\text{m}^3$$

$$L_{(3\text{-}3)挖}=[13.4\times0.9\times(1.44-0.45)]\text{m}^3=11.94\text{m}^3$$

$$V_{总}=51.72\text{m}^3+25.07\text{m}^3+11.94\text{m}^3=88.73\text{m}^3$$

机械挖土土量：$88.73\text{m}^3\times95\%=84.29\text{m}^3$

机械挖沟槽（普通土）　套1-3-12　基价27.72元/10m³

直接工程费：(84.29×27.72÷10)元=233.65元

人工挖土工程量：$88.73\text{m}^3\times5\%=4.44\text{m}^3$

人工挖沟槽　套1-2-10　基价（换）

$$(171.15\times2)元/10\text{m}^3=342.30元/10\text{m}^3$$

直接工程费：(4.44×342.30÷10)元=151.98元

(4) 填空：地面、条形基础、1.05。

(5) 垫层：

$$V_{(1\text{-}1)}=(1\times0.3\times52.24)\text{m}^3=15.67\text{m}^3$$

$$V_{(2\text{-}2)}=(21.1\times1.2\times0.3)\text{m}^3=7.60\text{m}^3$$

$$V_{(3\text{-}3)}=(13.4\times0.9\times0.3)\text{m}^3=3.62\text{m}^3$$

$$V_{总}=15.67\text{m}^3+7.60\text{m}^3+3.62\text{m}^3=26.89\text{m}^3$$

3∶7灰土　套2-1-1　基价（换）

$$1268.41元/10\text{m}^3+(443.61+12.05)元/10\text{m}^3\times0.05=1291.19元/10\text{m}^3$$

直接工程费：(26.89×1291.19÷10)元=3472.01元

(6) 基础：

1) 毛石基础：

$$V=[(1-0.2\times2)\times0.35+(0.24+0.05\times2)\times0.24]\text{m}^2\times52.24\text{m}+[(1.2-0.2\times2)\times0.35+(0.24+0.14\times2)\times0.24]\text{m}^2\times23.28\text{m}+[(0.9-0.4)\times0.35+(0.24+0.065\times2)\times0.24]\text{m}^2\times15.12\text{m}=28.65\text{m}^3$$

M5水泥浆砌毛石基础　套3-2-1　基价1890.99元/10m³

直接工程费：(28.65×1890.99÷10)元=5417.69元

2）砖基础：

$$V=0.24\text{m}\times0.55\text{m}\times(52.24+23.28+15.12)\text{m}=11.96\text{m}^3$$

M5 水泥浆砌砖基础　套 3-1-1　基价 2605.28 元/$10\text{m}^3$

直接工程费：(11.96×2605.28÷10)元＝3115.91 元

(7) 平整场地：

$$L_{外}=L_{中}+0.24\text{m}\times4=52.24\text{m}+0.96\text{m}=53.20\text{m}$$

$$S_{底}=(13.8+0.24)\text{m}\times(13.2+0.24)\text{m}-1.5\text{m}\times1.5\text{m}=186.45\text{m}^2$$

$$S_{平}=S_{底}+L_{外}\times2\text{m}+16\text{m}^2=186.45\text{m}^2+53.2\text{m}\times2\text{m}+16\text{m}^2=308.85\text{m}^2$$

精算，场地平整范围如图 6-36 精算图所示

$$S_{平}=186.45+53.2\times2+8+2\times2\times\tan(45/2)\times4=307.48\text{m}^2$$

机械场地平整　套 1-4-2　基价 5.34 元/$10\text{m}^2$

直接工程费：(5.34×307.48÷10)元＝164.19 元

(8) 填空：0.45m。

竣工清理：

$$V=(186.45\times19.2)\text{m}^3=3579.84\text{m}^3$$

竣工清理　套 1-4-3　基价 8.48 元/$10\text{m}^3$

直接工程费：(8.48×3579.84÷10)元＝3035.70 元

## 第四节　钢筋及混凝土工程

### 一、现浇钢筋混凝土

#### (一) 定额说明

(1) 定额按钢筋的不同品种、规格，并按现浇构件钢筋、预制构件钢筋、预应力钢筋及箍筋分别列项。

(2) 设计规定钢筋搭接的，按规定搭接长度计算；设计规定的钢筋锚固、定尺长度的钢筋连接等结构的搭接，按施工规范规定计算；设计、施工规范均未规定的，已包括在钢筋损耗率内，不另计算。

(3) 绑扎低碳钢丝、成形点焊和接头焊接用的电焊条已综合在定额项目内，不另行计算。

(4) 定额混凝土搅拌项目包括筛砂子、筛洗石子、搅拌、前台运输上料等内容；混凝土浇筑项目包括润湿模板、浇灌、捣固、养护等内容。

(5) 毛石混凝土，是按毛石占混凝土总体积 20%计算的。当设计要求不同时，可以换算。

(6) 小型混凝土构件，是指单件体积在 $0.05\text{m}^3$ 以内未列的项目。

(7) 现浇钢筋混凝土柱、墙、后浇带定额项目，定额综合了底部灌注 1∶2 水泥砂浆的用量。

(8) 定额已列出常用混凝土强度等级，当与设计要求不同时，可以换算。

#### (二) 计算规则

(1) 混凝土工程量除另有规定者外，均按图示尺寸以立方米计算。不扣除构件内钢筋、

预埋件及墙、板中 0.3m² 以内的孔洞所占体积。

（2）基础。

1）带形基础：外墙按设计外墙中心线长度、内墙按设计内墙基础图示长度，分别乘以设计断面计算。

带形基础工程量＝外墙中心线长度×设计断面＋设计内墙基础图示长度×设计断面

2）有肋（梁）带形混凝土基础：其肋高与肋宽之比（$h/b\leqslant4$）在 4∶1 以内的按有梁式带形基础计算，套有梁式带形基础（4-2-5）子目；肋高与肋宽之比超过（$h/b>4$）4∶1 时，起肋部分按墙计算，肋以下按无梁式带形基础计算，套无梁式带形基础（4-2-3、4-2-4）子目，如图 6-37 所示。

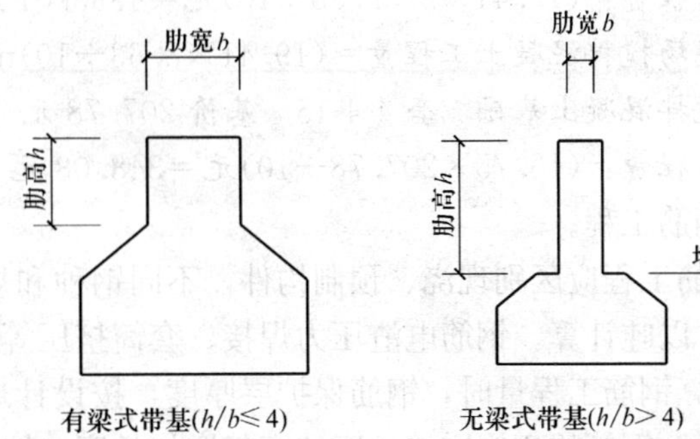


图 6-37

3）箱式满堂基础：分别按无梁式满堂基础、柱、墙、梁、板有关规定计算，套用相应定额子目；有梁式满堂基础，肋高大于 0.4m 时，套用有梁式满堂基础定额项目，肋高小于 0.4m 或设有暗梁、下翻梁时，套用无梁式满堂基础项目。

4）独立基础：包括各种形式的独立基础及柱墩，其工程量按图示尺寸以立方米计算。柱与柱基的划分以柱基的扩大顶面为分界线，如图 6-38 所示。

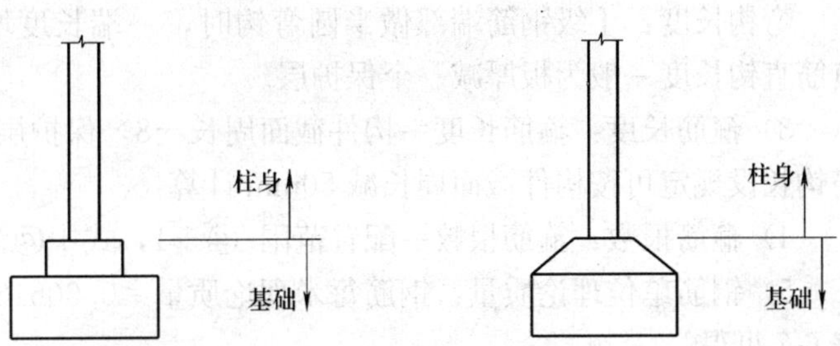


图 6-38

（3）混凝土搅拌制作子目，按各自计算规则计算出工程量后，乘以相应的混凝土消耗率，以立方米计算单独套用混凝土搅拌制作子目。

**［例 6-25］** 某基础工程尺寸如图 6-39 所示，采用 C20 毛石混凝土制作，混凝土采用现

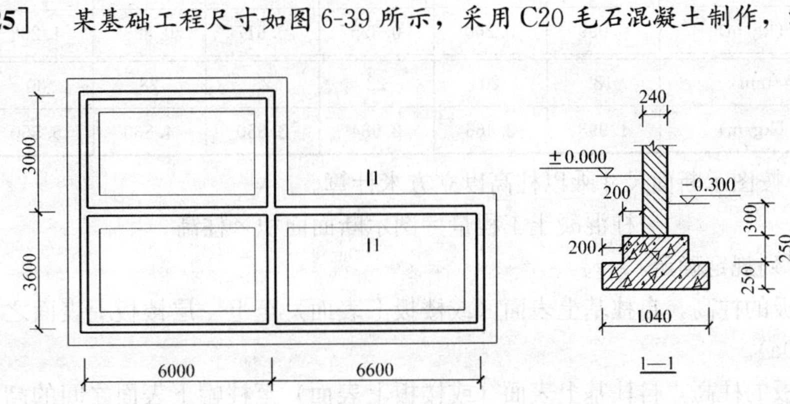


图 6-39

场搅拌，试计算现浇毛石混凝土条形基础的工程量及费用。

**解**：(1) 现浇毛石混凝土条形基础的工程量：

[(3.0+3.6+6+6.6)×2+(6−1.04+3.6−1.04)]m×(1.04+1.04−0.2×2)m×0.25m+(1.04−0.2×2)m×0.25m×0.2m×4=19.41m³

C20现浇毛石混凝土无梁式带形基础　套4-2-3　基价2232.36元/10m³

直接工程费：(19.41×2232.36÷10)元=4333.01元

(2) 现场搅拌混凝土工程量=(19.41×8.63÷10)m³=16.75m³

现场搅拌混凝土基础　套4-4-15　基价207.78元/10m³

直接工程费：(16.75×207.78÷10)元=348.03元

(4) 钢筋工程。

1) 钢筋工程应区别现浇、预制构件，不同钢种和规格，计算时分别按设计长度乘单位理论质量，以吨计算。钢筋电渣压力焊接、套筒挤压等接头，以个计算。

2) 计算钢筋工程量时，钢筋保护层厚度，按设计规定计算。设计无规定时，按施工规范规定计算。钢筋的弯钩增加长度和弯起增加长度，按设计规定计算。已执行了本节钢筋接头子目的钢筋连接，其连接长度，不另行计算。施工单位为了节约材料所发生的钢筋搭接，其连接长度或钢筋接头不另行计算。

现浇混凝土构件钢筋图示用量=(构件长度−两端保护层+弯钩长度+锚固增加长度+弯起增加长度+钢筋搭接长度)×线密度(钢筋单位理论质量)

弯钩长度：Ⅰ级钢筋端部做半圆弯钩时，一端长度增加6.25$d$（$d$为钢筋直径），板上负筋直钩长度一般为板厚减一个保护层。

3) 箍筋长度：箍筋长度=构件截面周长−8×保护层+4×箍筋直径+2×钩长；梁柱箍筋钩长没规定可按构件截面周长减50mm计算。

4) 箍筋根数：箍筋根数=配置范围/@+1，式中@为箍筋间距。

5) 钢筋单位理论质量：钢筋每米理论质量=0.006165×$d^2$（$d$为钢筋直径），或直接查表6-7可得。

**表6-7　钢筋单位理论质量表**

| 钢筋直径/mm | 4 | 6.5 | 8 | 10 | 12 | 14 | 16 |
|---|---|---|---|---|---|---|---|
| 理论质量/（kg/m） | 0.099 | 0.260 | 0.395 | 0.617 | 0.888 | 1.208 | 1.578 |
| 钢筋直径/mm | 18 | 20 | 22 | 25 | 28 | 30 | 32 |
| 理论质量/（kg/m） | 1.998 | 2.466 | 2.984 | 3.850 | 4.830 | 5.550 | 6.310 |

(5) 柱：按图示断面尺寸乘以柱高以立方米计算。

柱混凝土工程量=图示断面面积×柱高

柱高按下列规定确定：

1) 有梁板的柱高，自柱基上表面（或楼板上表面）至上一层楼板上表面之间的高度计算（见图6-40a）。

2) 无梁板的柱高，自柱基上表面（或楼板上表面）至柱帽下表面之间的高度计算（见图6-40b）。

3) 框架的柱高，自柱基上表面至柱顶高度计算（见图6-41a）。

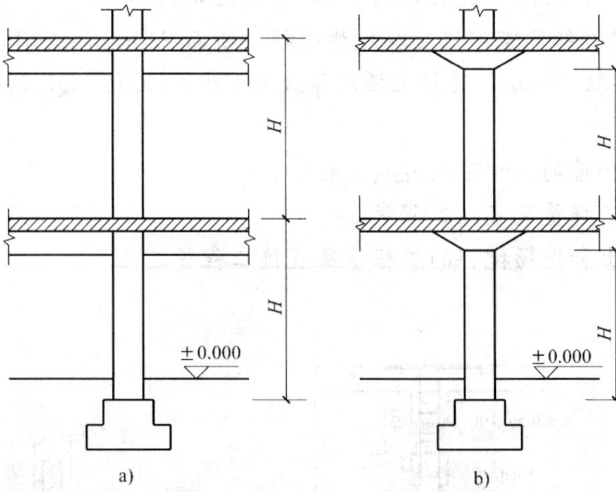


图　6-40

4）构造柱按设计高度计算，构造柱与墙嵌结部分（马牙槎）的体积，按构造柱出槎长度的一半（有槎与无槎的平均值）乘以出槎宽度，再乘以构造柱柱高，并入构造柱体积内计算（见图 6-41b）。

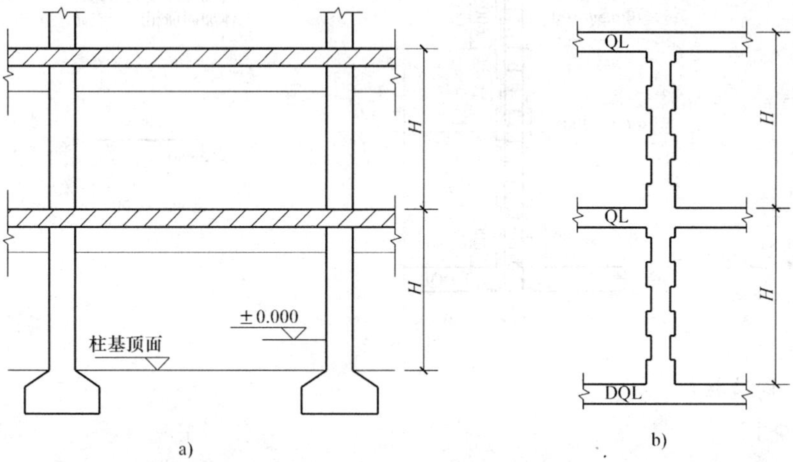


图　6-41

5）依附柱上的牛腿、升板的柱帽，并入柱体积内计算。

6）薄壁柱（也称隐壁柱）指在框剪结构中，隐藏在墙体中的钢筋混凝土柱，抹灰后不再有柱的痕迹。薄壁柱按钢筋混凝土墙计算。

**[例 6-26]**　某框架结构的工程，框架柱共 45 根（见图 6-41a），断面尺寸为 450mm×450mm，柱子总高度（自柱基扩大面至柱顶）为 36.46m，采用 C35 混凝土浇筑，计算框架柱的混凝土工程量，确定定额项目，计算直接费。

**解**：(1) 框架柱的混凝土工程量＝0.45m×0.45m×36.46m×45＝332.24m$^3$

(2) 现浇混凝土矩形柱（C35）　套 4-2-17　基价（换）

3373.91 元/10m$^3$－[10×(229.69－241.45)]元/10m$^3$＝3491.51 元/10m$^3$

(3) 直接工程费＝(332.24×3491.51÷10)元＝116001.93元

**[例 6-27]** 某砖混结构丁字墙交接处构造柱，断面240mm×240mm，如图6-42所示，共15根，钢筋保护层取25mm，混凝土强度等级为C20，DQL、QL的断面尺寸为240mm×240mm，计算：

(1) 构造柱纵筋和箍筋工程量及直接工程费。

(2) 砌体加固筋工程量及直接工程费。

(3) 构造柱混凝土和现场搅拌的工程量及直接工程费。

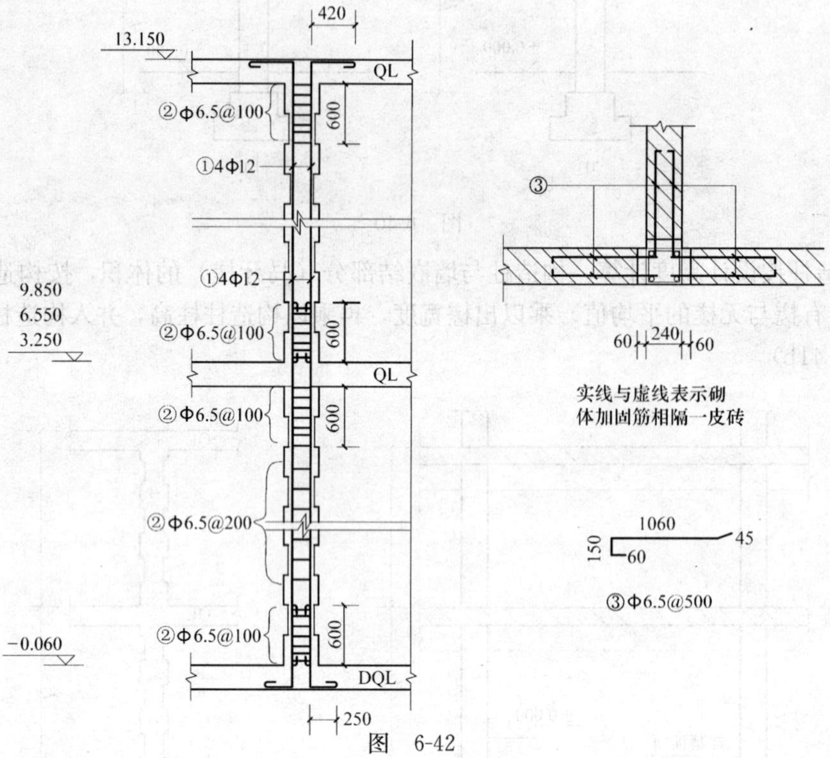


图 6-42

**解**：(1) 构造柱：

纵筋①4Φ12

单根长度＝(13.15＋0.06＋0.24－2×0.025)m＋(0.42＋0.25＋2×6.25×0.012)m＋(0.6＋2×6.25×0.012)m×4＝17.22m

纵筋工程量＝(17.22×4×15×0.888)kg＝917kg＝0.917t

现浇构件圆钢筋Φ12 套4-1-5 基价5192.59元/t

直接工程费：(5192.59×0.917)元＝4761.61元

箍筋②Φ6.5

单根长度＝0.24m×4－0.050m＝0.91m

根数＝{[(13.15＋0.06＋0.24－0.025×2)－0.6×2×4]÷0.2＋(0.6÷0.1)×4×2＋1}根＝(43＋48＋1)根＝92根

箍筋工程量＝(0.91×92×15×0.260)kg＝327kg＝0.327t

现浇构件箍筋Φ6.5 套4-1-52 基价6178.62元/t

直接工程费：(0.327×6178.62)元=2020.41元

(2) 砌体加固钢筋③ Φ6.5@500：

由图6-42中标高计算可知：建筑层高为3.3m。

加固钢筋根数=配置范围÷配置间距-1，说明：靠近圈梁处不配钢筋。

加固钢筋根数：{[(3.3-0.24)÷0.5-1]×6×4×15}根=(6×6×4×15)根=2160根

单根长度=0.06m+0.15m+1.060m+0.045m=1.32m

工程量=(2160×1.32×0.260)kg=741kg=0.741t

砌体加固筋焊接Φ6.5内　套4-1-98　基价5867.58元/t

直接工程费：(5867.58×0.741)元=4347.88元

(3) 构造柱混凝土工程量：

$[(0.24+0.06)\times0.24+0.24\times0.06\div2]\mathrm{m^2}\times(13.15+0.06)\mathrm{m}\times 15-0.24\mathrm{m}\times0.06\mathrm{m}\div2\times3\times0.24\mathrm{m}\times4\times15=15.38\mathrm{m^3}$

现浇混凝土构造柱（C20）　套4-2-20　基价（换）

$[3404.49-10.00\times(219.42-205.16)]$元$/10\mathrm{m^3}=3261.89$元$/10\mathrm{m^3}$

直接工程费：(15.38×3261.89÷10)元=5016.79元

混凝土搅拌工程量：$(1.538\times10)\mathrm{m^3}=15.38\mathrm{m^3}$

现场搅拌混凝土（柱）　套4-4-16　基价238.81元$/10\mathrm{m^3}$

直接工程费：(15.38×238.81÷10)元=367.29元

(6) 梁：按图示断面尺寸乘以梁长以立方米计算。梁长及梁高按下列规定确定。

1) 梁与柱连接时，梁长算至柱侧面（如图6-43a所示）。

2) 主梁与次梁连接时，次梁长算至主梁侧面，伸入墙体内的梁头、梁垫体积并入梁体积内计算（如图6-43b所示）。

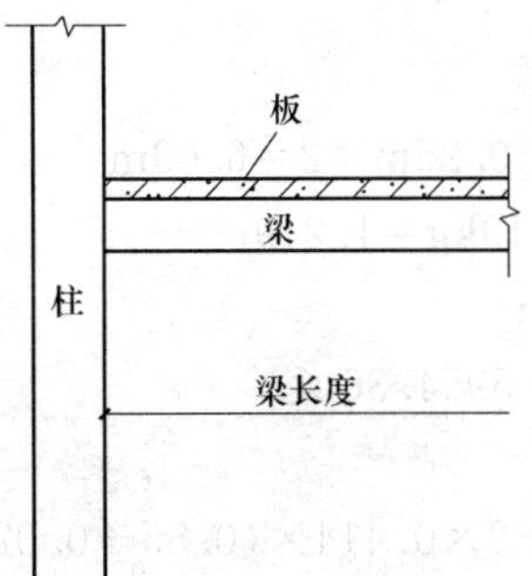


a)

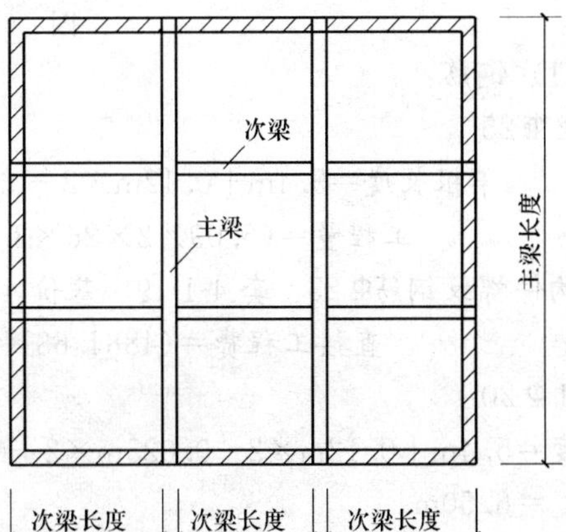


b)

图　6-43

3) 圈梁与过梁连接时，分别套用圈梁、过梁定额。过梁长度按设计规定计算，设计无规定时，按门窗洞口宽度，两端各加250mm计算，如图6-44所示。

4) 圈梁与构造柱连接时，圈梁长度算至构造柱侧面。构造柱有马牙槎时，圈梁长度算至构造柱断面的侧面，如图6-44所示。

5）圈梁与梁连接时，圈梁体积应扣除伸入圈梁内的梁体积。

6）在圈梁部位挑出外墙的混凝土梁，以外墙外边线为界限，挑出部分按图示尺寸以立方米计算，套用单梁、连续梁项目。

7）梁（单梁、框架梁、圈梁、过梁）与板整体现浇时，梁高计算至板底，如图6-43a所示。

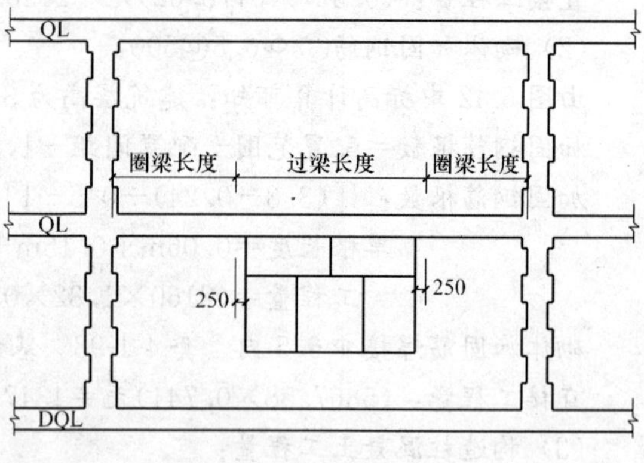


图 6-44

［例 6-28］ 某花篮梁尺寸及配筋如图 6-45所示，共 26 根，混凝土强度等级为C30，现场搅拌混凝土。钢筋保护层厚度取25mm，计算花篮梁钢筋和混凝土的工程量及费用。

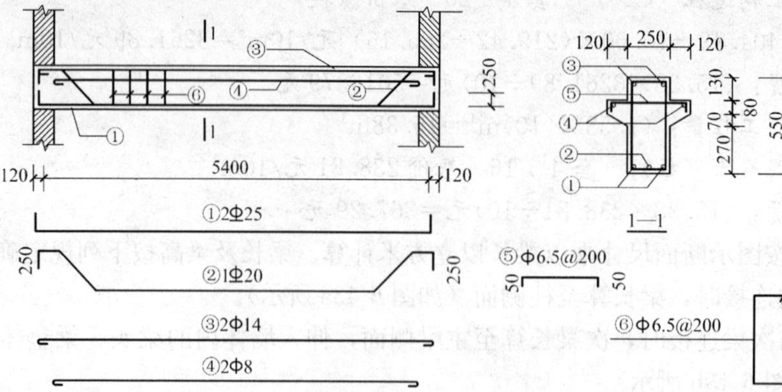


图 6-45

**解**：(1) 钢筋：

①号 2Φ25

$$单根长度=5.4m+0.12m\times2-0.025m\times2+0.25m\times2=6.09m$$

$$工程量=(6.09\times2\times26\times3.85)kg=1219kg=1.219t$$

现浇构件螺纹钢筋Φ25 套 4-1-19 基价 4884.63 元/t

$$直接工程费=(4884.63\times1.219)元=5954.36元$$

②号 1Φ20

$$单根长度=5.4m+0.12m\times2-0.025m\times2+0.25m\times2+2\times0.414\times(0.55-0.025\times2)m=6.50m$$

$$工程量=(6.50\times26\times2.466)kg=417kg=0.417t$$

现浇构件螺纹钢筋Φ20 套 4-1-17 基价 4945.05 元/t

$$直接工程费=(4945.05\times0.417)元=2062.09元$$

③号 2Φ14

$$单根长度=5.4m+0.12m\times2-0.025m\times2+2\times6.25\times0.014m=5.77m$$

$$工程量=(5.77\times2\times26\times1.208)kg=362kg=0.362t$$

现浇构件圆钢筋Φ14 套 4-1-6 基价 5102.57 元/t

直接工程费＝(0.362×5102.57)元＝1847.13 元

④号 2Φ8

单根长度＝5.4m－0.12m×2－0.025m×2＋2×6.25×0.008m＝5.21m

工程量＝(5.21×2×26×0.395)kg＝107kg＝0.107t

现浇构件圆钢筋Φ8　套 4-1-3　基价 5405.29 元/t

直接工程费＝(0.107×5405.29)元＝578.37 元

⑤ Φ6.5@200

单根长度＝0.12m×2＋0.25m－0.025m×2＋0.050m×2＝0.54m

根数＝[(5.4－0.12×2－0.025×2)÷0.2＋1]根＝27 根

工程量＝(0.54×27×26×0.260)kg＝99kg＝0.099t

现浇构件圆钢筋Φ6.5　套 4-1-2　基价 5864.87 元/t

直接工程费＝(0.099×5864.87)元＝580.62 元

⑥ Φ6.5@200

单根长度＝(0.25＋0.55)m×2－0.050m＝1.55m

根数＝[(5.4＋0.12×2－0.025×2)÷0.2＋1]根＝29 根

工程量＝(1.55×29×26×0.260)kg＝304kg＝0.304t

现浇构件箍筋Φ6.5　套 4-1-52　基价 6178.62 元/t

直接工程费＝(0.304×6178.62)元＝1878.30 元

(2) 花篮梁现浇混凝土：

工程量＝[(5.4＋0.12×2)×0.25×0.55＋(0.08＋0.08＋0.07)×0.12×(5.4－0.12×2)]$m^3$×26＝23.87$m^3$

现浇混凝土 C30 异形梁　套 4-2-25　基价 3180.42 元/10$m^3$

直接工程费＝(23.87×3180.42÷10)元＝7591.66 元

(3) 混凝土搅拌：

工程量＝(23.87×10.15÷10)$m^3$＝24.23$m^3$

现浇搅拌混凝土梁　套 4-4-16　基价 238.81 元/10$m^3$

直接工程费＝(24.23×238.81÷10)元＝578.64 元

(7) 板：按图示面积乘以板厚，以立方米计算。柱、墙与板相交时，板的宽度按外墙间净宽度（无外墙时，按板边缘之间的宽度）计算，不扣除柱、垛所占板的面积。

混凝土板工程量＝图示长度×图示宽度×板厚＋附梁及柱帽体积

各种板按以下规定计算：

1) 有梁板包括主、次梁及板，工程量按梁、板体积之和计算。有梁板是指由一个方向或两个方向的梁（主梁、次梁）与板连成了一体的板称为有梁板（见图 6-46a）。

现浇有梁板混凝土工程量＝图示长度×图示宽度×板厚＋主梁体积＋次梁体积

主梁及次梁体积＝主梁长度×主梁宽度×主梁肋高＋次梁净长度×次梁宽度×次梁肋高

2) 无梁板是指无梁且直接用柱子支撑的楼板。无梁板按板和柱帽体积之和计算（见图 6-46b）。

现浇无梁板混凝土工程量＝图示长度×图示宽度×板厚＋柱帽体积

3) 平板是指直接支撑在墙上的现浇楼板。平板按板图示体积计算，伸入墙内的板头、平板边沿的翻檐，均并入平板体积内计算（见图 6-46c）。

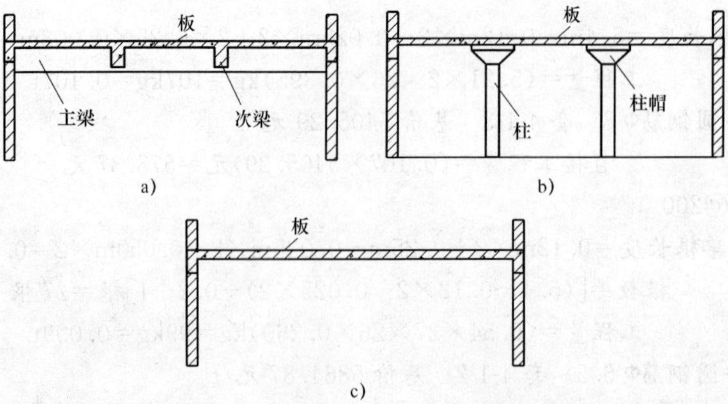


图 6-46

（8）楼梯：整体楼梯包括休息平台、平台梁、楼梯底板、斜梁及楼梯的连接梁、楼梯段，按水平投影面积计算，不扣除宽度小于 500mm 的楼梯井，伸入墙内部分不另增加。踏步旋转楼梯，按其楼梯部分水平投影面积乘以周数计算（不包括中心柱）。

［例 6-29］ 某厨房卫生间现浇平板，配筋及平板尺寸如图 6-47 所示，混凝土强度等级 C25，板保护层取 15mm，计算钢筋和混凝土浇筑的工程量及费用。

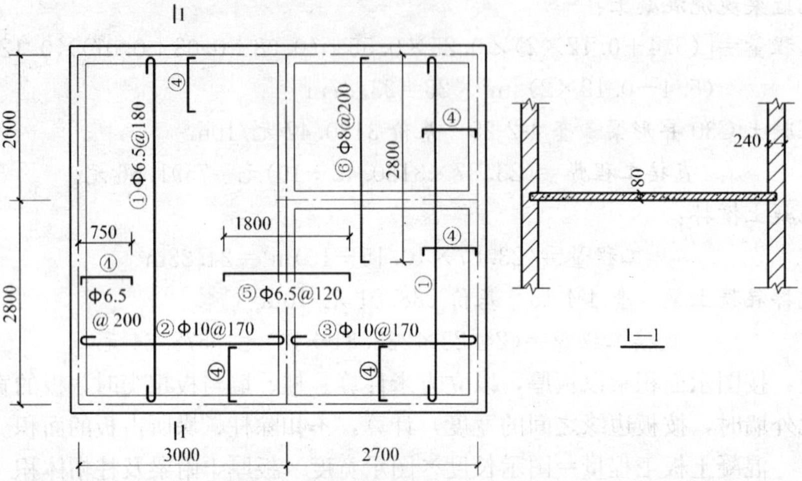


图 6-47

**解**：（1）钢筋：

① Φ 6.5@18

单根长度＝2.8m＋2.0m－2×0.015m＋6.25×0.0065m×2＝4.85m

根数＝［(3＋2.7－0.015×2)÷0.18＋1］根＝33 根

工程量＝(4.85×33×0.260)kg＝42kg

② Φ 10@170

单根长度＝3m－0.015m＋2×6.25×0.01m＝3.11m

根数＝［(2.8＋2－0.015×2)÷0.17＋1］根＝30 根

工程量=(3.11×30×0.617)kg=58kg

③ Φ10@170

单根长度=2.7m−0.015m+2×6.25×0.01m=2.81m

工程量=(2.81×30×0.617)kg=52kg

Φ10 钢筋工程量合计：(58+52)kg=110kg=0.110t

现浇构件圆钢筋Φ10　套 4-1-4　基价 5176.05 元/t

直接工程费：(0.110×5176.05)元=569.37 元

④ Φ6.5@200

单根长度=0.75m−0.015m+(0.08−0.015×1)m×2=0.87m

根数={[(2.8+2−0.015×2)÷0.2+1]×2+[(3.0+2.7−0.015×2)÷0.2+1]+(3.0−0.015)÷0.2}根=(25×2+30+15)根=95 根

工程量=(0.87×95×0.260)kg=21kg

⑤ Φ6.5@120

单根长度=1.8m+(0.08−0.015×1)m×2=1.93m

根数=[(2.8+2−0.015×2)÷0.12+1]根=41 根

工程量=(1.93×41×0.260)kg=21kg

Φ6.5 钢筋工程量合计：(42+21+21)kg=84kg=0.084t

现浇构件圆钢筋 Φ6.5　套 4-1-2　基价 5864.87 元/t

直接工程费：(0.084×5864.87)元=492.65 元

⑥ Φ8@200

单根长度=2.8m−0.015m+(0.08−0.015×1)m×2=2.92m

根数=[(2.7−0.015)÷0.20+1]根=15 根

工程量=(2.92×15×0.395)kg=17kg=0.017t

现浇构件圆钢筋 Φ8　套 4-1-3　基价 5405.29 元/t

直接工程费：(0.017×5405.29)元=91.89 元

(2) 混凝土浇筑：

工程量=[(3+2.7)×(2+2.8)×0.08]$m^3$=2.19$m^3$

C25 现浇混凝土平板　套 4-2-38　基价 2976.50 元/$m^3$

直接工程费：(2976.50×2.19÷10)元=651.85 元

## 二、预制钢筋混凝土

(1) 混凝土工程量均按图示尺寸以立方米计算，不扣除构件内钢筋、铁件、预应力钢筋预留孔洞及小于 300mm×300mm 以内孔洞所占的体积。

预制混凝土桩工程量=图示断面面积×桩总长度

(2) 预制桩按桩全长（包括桩尖）乘以桩断面面积以立方米计算（不扣除桩尖虚体积）。

预制混凝土工程量=图示断面面积×构件长度

(3) 混凝土与钢杆件组合的构件，混凝土部分按构件实体积以立方米计算，钢构件部分按吨计算，分别套用相应的定额项目。

[例 6-30]　某桩基工程有预制钢筋混凝土方桩共 60 根，尺寸如图 6-48 所示，混凝土

强度等级为C30。计算预制混凝土方桩混凝土工程量及费用。

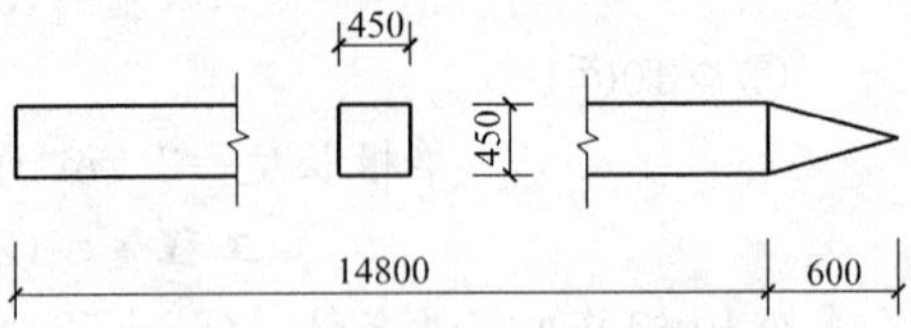


图 6-48

**解**：方桩工程量＝[0.45×0.45×(14.8＋0.6)×60]$m^3$＝187.11$m^3$

预制混凝土方桩（C30） 套4-3-1 基价2802.55元/10$m^3$

直接工程费：(2802.55×187.11÷10)元＝52438.51元

**[例6-31]** 某工业厂房现场预制混凝土牛腿柱48根，尺寸如图6-49所示，混凝土强度等级为C25，采用现场搅拌混凝土。试计算预制混凝土牛腿柱混凝土浇筑和搅拌的工程量及费用。

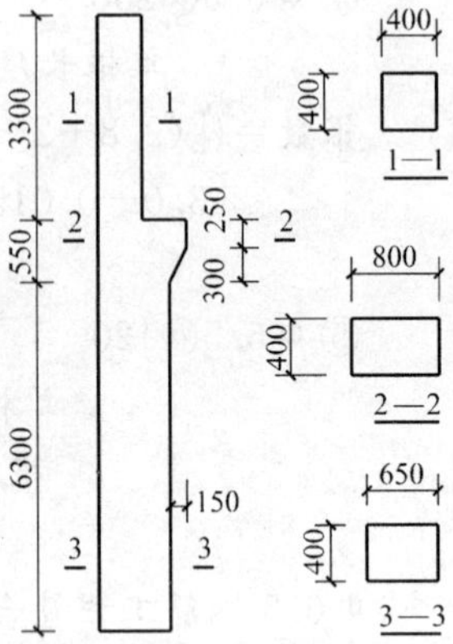


图 6-49

**解**：(1) 预制混凝土牛腿柱工程量：

[3.3×0.4×0.4＋(6.3＋0.55)×0.65×0.4＋(0.25＋0.3＋0.25)×0.15×1/2×0.4]$m^3$×48＝111.98$m^3$

预制混凝土（C25）矩形柱 套4-3-3 基价 2649.01元/10$m^3$

直接工程费：(111.98×2649.01÷10)元＝29663.61元

(2) 现场搅拌混凝土工程量：

(111.98÷10×10.15)元＝113.66$m^3$

现场搅拌混凝土 套4-4-16 基价238.81元/10$m^3$

直接工程费：(113.66×238.81÷10)元＝2714.31元

## 三、综合应用

**[例6-32]** 某建筑物平面图、基础详图、墙垛详图如图6-50所示，墙体为240mm，墙垛250mm×370mm，上部为普通土深600mm，下部为坚土。

(1) 施工组织设计：反铲挖掘机坑上挖土，将土弃于槽边，待槽坑边回填（机械夯填）和房心回填完工后，再考虑取运土，挖掘机装车，自卸汽车运土2km。

(2) 施工做法。

1) 垫层采用C15混凝土。

2) 条基C25毛石混凝土，柱基C25钢筋混凝土基础。

3) 砖基为M5水泥砂浆砌筑。

4) 地面做法：20厚1∶2.5水泥砂浆；100厚C20素混凝土垫层；180厚3∶7灰土夯填（就地取土）。

5) 钎探：钎探眼（1个/$m^2$ 按垫层面积）。

(3) 计算。

1) 基槽坑挖土工程量及费用。

2) 条基、柱基垫层工程量及费用。

3) 毛石混凝土基础、钢筋混凝土柱基础、砖基础工程量及费用。

4) 槽坑边回填、房心（3∶7灰土）回填工程量及费用。

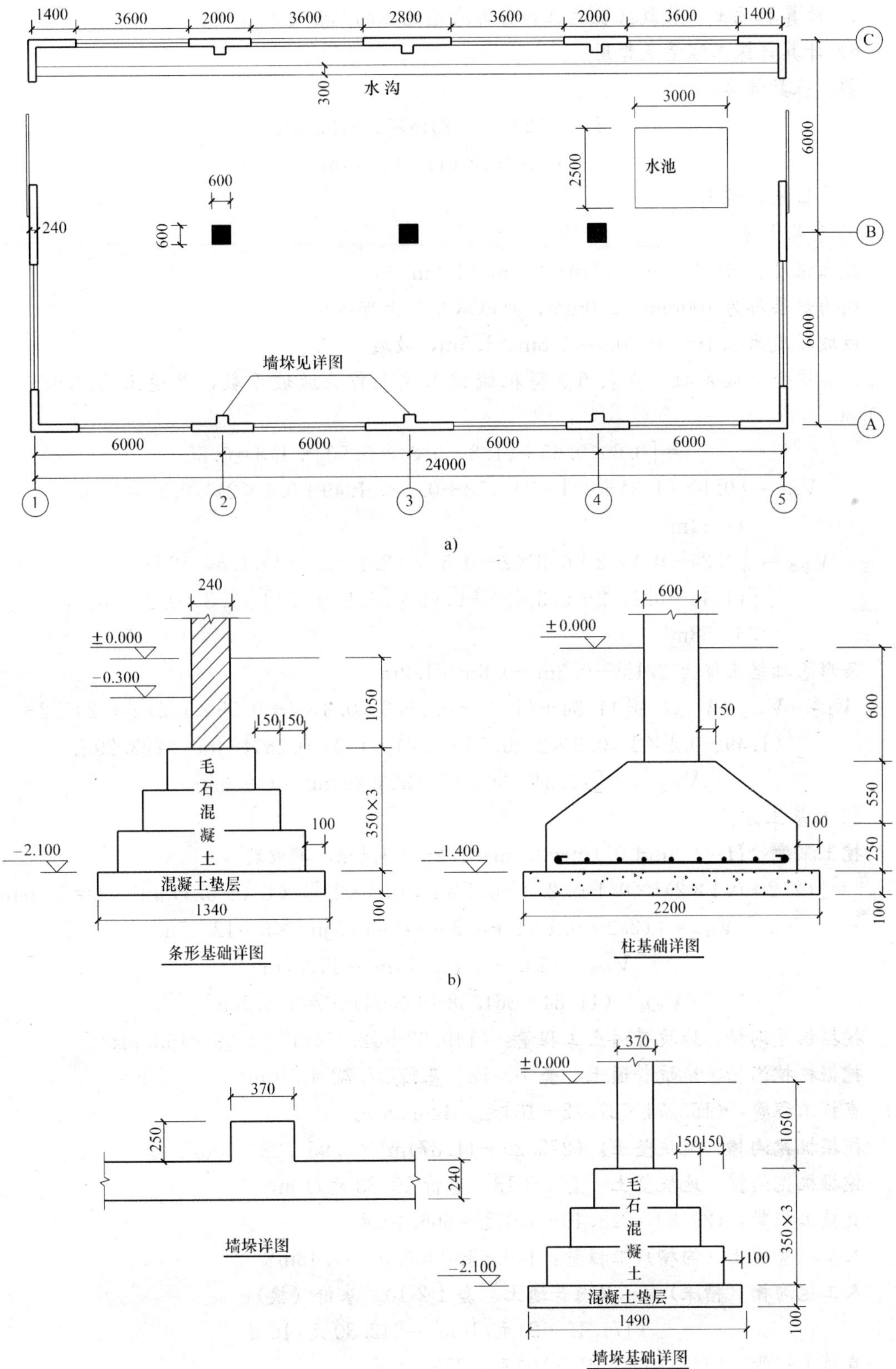

1400
3600
2000
3600
2800
3600
2000
3600
1400
300
水沟
3000
2500
水池
6000
600
600
240
墙垛见详图
6000
6000
6000
6000
6000
24000
a)
240
±0.000
−0.300
1050
150
150
毛
石
混
凝
土
350×3
100
−2.100
混凝土垫层
1340
100
条形基础详图
600
±0.000
150
600
550
250
100
−1.400
2200
100
柱基础详图
b)
370
250
240
墙垛详图
370
±0.000
1050
150
150
毛
石
混
凝
土
350×3
100
−2.100
混凝土垫层
1490
100
墙垛基础详图
c)


图　6-50

5）计算取运土、装载机装运土和自卸汽车运土的工程量及费用。

6）计算钎探工程量及费用。

**解**：基数计算：

$$L_{中}=(24+6\times2)\text{m}\times2=72.00\text{m}$$

$$S_{房}=(24-0.24)\text{m}\times(12-0.24)\text{m}=279.42\text{m}^2$$

(1) 基槽坑挖土：

① 条基土方：

挖土深度：$H=2.1\text{m}-0.3\text{m}+0.1\text{m}=1.9\text{m}$

因为垫层厚为100mm<200mm，所以从垫层上部放坡。

放坡深度为2.1m−0.30m=1.8m>1.5m，放坡。

计算综合放坡系数：查表6-3得机械挖土坑上作业放坡系数，普通土为0.65；坚土为0.50。

$$k=[0.6\times0.65+(1.8-0.6)\times0.50]\div1.8=0.55$$

$$V_{条垫}=[0.1\times(1.34+0.1\times2)\times72+0.1\times(1.49+0.1\times2)\times0.25\times6]\text{m}^3=11.34\text{m}^3$$

$$V_{条基}=\{[1.34-0.1\times2+0.3\times2+0.55\times(2.1-0.3)]\times1.8\times72+[(1.49-0.1\times2+0.3\times2)+0.55\times(2.1-0.3)]\times1.8\times0.25\times6\}\text{m}^3=361.58\text{m}^3$$

条形基础坚土厚为2.1m−0.3m−0.6m=1.2m

$$V_{条坚}=V_{条垫}+V_{条基坚}=[11.34+(1.34-0.1\times2+0.3\times2+0.55\times1.2)\times1.2\times72+(1.49-0.1\times2+0.3\times2+0.55\times1.2)\times1.2\times0.25\times6]\text{m}^3=223.29\text{m}^3$$

$$V_{条普通土}=[11.34+361.58-223.29]\text{m}^3=149.63\text{m}^3$$

② 柱基土方：

挖土深度：$H=1.4\text{m}+0.1\text{m}-0.3\text{m}=1.2\text{m}<1.5\text{m}$，不放坡。

$$V_{柱总}=[(2.2+0.1\times2)^2\times0.1+(2.2-0.1\times2+0.3\times2)^2\times(1.4-0.3)]\text{m}^3\times3=24.04\text{m}^3$$

$$V_{柱普}=[(2.2-0.1\times2+0.3\times2)^2\times0.6]\text{m}^3\times3=12.17\text{m}^3$$

$$V_{柱坚}=(24.04-12.17)\text{m}^3=11.87\text{m}^3$$

$$V_{总挖}=(11.34+361.58+24.04)\text{m}^3=396.96\text{m}^3$$

挖掘机挖沟槽、地坑普通土工程量：(149.63+12.17)m$^3$×0.95=153.71m$^3$

挖掘机挖沟槽、地坑普通土　套1-3-12　基价27.72元/10m$^3$

直接工程费：(153.71×27.72÷10)元=426.08元

挖掘机挖沟槽、地坑坚土：(223.29+11.87)m$^3$×0.95=223.40m$^3$

挖掘机挖沟槽、地坑坚土　套1-3-13　基价29.83元/10m$^3$

直接工程费：(29.83×223.40÷10)元=666.40元

人工挖普通土（沟槽）工程量：149.63m$^3$×0.05=7.48m$^3$

人工挖沟槽（槽深）2m以内普通土　套1-2-10　基价（换）

(171.15×2)元/10m$^3$=342.30元/10m$^3$

直接工程费：(342.30×7.48÷10)元=256.04元

人工挖沟槽坚土工程量：223.29m$^3$×0.05=11.16m$^3$

人工挖沟槽（槽深）2m以内坚土　套1-2-12　基价（换）

$(337.04\times2)$元$/10m^3=674.08$元$/10m^3$

直接工程费：$(674.08\times11.16\div10)$元$=752.27$元

人工挖地坑普通土：$12.17m^3\times0.05=0.61m^3$

人工挖地坑（坑深）2m以内普通土　套1-2-16　基价（换）

$(190.63\times2)$元$/10m^3=381.26$元$/10m^3$

直接工程费：$(381.26\times0.61\div10)$元$=23.26$元

人工挖地坑坚土工程量：$11.87m^3\times0.05=0.59m^3$

人工挖地坑（坑深）2m以内坚土　套1-2-18　基价（换）

$(379.84\times2)$元$/10m^3=759.68$元$/10m^3$

直接工程费：$(759.68\times0.59\div10)$元$=44.82$元

(2) 垫层：

$$V_{条垫}=(1.34\times0.1\times72+1.49\times0.1\times0.25\times6)m^3=9.87m^3$$

条基C15素混凝土垫层　套2-1-13　基价（换）

2405.26元$/10m^3+(541.13+10.60)$元$/10m^3\times0.05=2432.85$元$/10m^3$

直接工程费：$(2432.85\times9.87\div10)$元$=2401.22$元

$$V_{柱垫}=(2.2^2\times0.1)m^3\times3=1.45m^3$$

柱基垫层C15素混凝土垫层　套2-1-13　基价（换）

$2405.26+(541.13+10.60)\times0.10=2460.43$元$/10m^3$

直接工程费：$(2460.43\times1.45\div10)$元$=356.76$元

(3) 基础：

$$V_{毛石混凝土}=\{(1.34-0.1\times2+1.34-0.25\times2+1.34-0.4\times2)\times0.35\times72+[1.49\times3-(0.1+0.25+0.4)\times2]\times0.35\times0.25\times6\}m^3=65.06m^3$$

C25现浇毛石混凝土基础　套4-2-3　基价2348.78元$/10m^3$

直接工程费：$(2348.78\times65.06\div10)$元$=15281.16$元

$$V_{砖基础}=(0.24\times1.05\times72+0.37\times1.05\times0.25\times6)m^3=18.73m^3$$

M5水泥砂浆砖基础　套3-1-1　基价2605.28元$/10m^3$

直接工程费：$(2605.28\times18.73\div10)$元$=4879.69$元

钢筋混凝土基础：上部为四棱台其体积公式为$1/3h\ (S_1+S_2+\sqrt{S_1S_2})$

$$V_{柱基}=1/3\times0.55m\times[(2.2-0.1\times2)\times(2.2-0.1\times2)+(0.6+0.15\times2)\times(0.6+0.15\times2)+\sqrt{2^2\times0.9^2}]m^2\times3+[0.25\times(2.2-0.2)^2]m^3\times3=6.64m^3$$

C25钢筋混凝土基础　套4-2-7　基价2623.62元$/10m^3$

直接工程费：$(2623.62\times6.64\div10)$元$=1742.08$元

室外地坪以下基础总体积

$$V_{室外地坪以下基础总体积}=V_{条垫}+V_{柱垫}+V_{毛石混凝土}+V_{柱基}+V_{室外地坪以下柱身}+V_{室外地坪以下砖条基}+V_{室外地坪以下砖垛基}$$

$=9.87m^3+1.45m^3+65.06m^3+6.64m^3+[0.6\times0.6\times(0.6-0.3)\times3]m^3+[0.24\times(1.05-0.3)\times72+0.37\times(1.05-0.3)\times0.25\times6]m^3$

$=96.72m^3$

(4) 沟槽基坑边回填：

$V_{槽坑夯填}=V_{总挖}-V_{室外地坪以下基础总体积}=396.96m^3-96.72m^3=300.24m^3$（夯实体积）

机械夯填沟槽坑 套1-4-13 基价58.96元/10m³

直接工程费：(58.96×300.24÷10)元=1770.22元

房心3∶7灰土回填：

$V_{房心回填}=[279.42-2.5\times3-(24-0.24)\times0.3-0.6^2\times3]m^2\times0.18m$

$=47.47m^3$

房心3∶7灰土 套2-1-1 基价（换）

(1268.41−1.15×10.1×28.00)元/10m³=943.19元/10m³

直接工程费：(47.47×943.19÷10)元=4477.32元

房心3∶7灰土中黏土含量：

$V_{房心黏土}=(47.47\div10\times10.1\times1.15)m^3=55.14m^3$（天然密实体积）

(5) 取运土工程量（天然密实体积）：

$V_{运土}=V_{总挖}-V_{槽坑夯填}\times体积换算系数-V_{房心黏土}$

$=(396.96-300.24\times1.15-55.14)m^3=-3.46m^3$（取土内运）

挖掘机装车工程量=3.46m³

挖掘机装车土方 套1-3-47 基价18.89元/10m³

直接工程费：(18.89×3.46÷10)元=6.54元

自卸汽车运土2km 套1-3-57和1-3-58 基价（换）

(68.41+11.94)元/10m³=80.35元/10m³

直接工程费：(80.35×3.46÷10)元=27.80元

(6) 钎探：

规定：探眼分布1眼/m²（垫层面积）。

工程量=$[(1.34\times72+1.49\times0.25\times6)\div1+2.2^2\div1\times3]$眼=(99+5×3)眼=114眼

基底钎探 套1-4-4 基价60.42元/10眼

直接工程费：(114×60.42÷10)元=688.79元

钎探灌砂 套1-4-17（补充定额） 基价2.19元/10眼

直接工程费：(114×2.19÷10)元=24.97元

## 第五节 门窗及木结构工程

### 一、木门

(1) 本节是按机械和手工操作综合编制的。不论实际采用何种操作方法，均按本节执行。

(2) 木材木种均以一、二类木种为准，如采用三、四类木种，分别乘以下列系数：木门窗制作，按相应项目人工和机械乘以系数 1.3；木门窗安装，按相应项目人工和机械乘以系数 1.35。

(3) 木材木种分类如下：

一类：红松、水桐木、樟子松。

二类：白松（方杉、冷杉)、杉木、杨木、柳木、椴木。

三类：青松、黄花松、秋子木、马尾松、东北榆木、柏木、苦木、樟木、黄菠萝、椿木、楠木、柚木、樟木。

四类：枥木（柞木)、檀木、色木、槐木、荔木、麻栗木、桦木、荷木、水曲柳、华北榆木。

(4) 定额中木材是以自然干燥条件下的含水率编制的，需人工干燥时，另行计算。即定额中不包括木材的人工干燥费用，需要人工干燥时，其费用另计。干燥费用包括干燥时发生的人工费、燃料费、设备费及干燥损耗，其费用可列入木材价格内。

(5) 定额木结构中的木材消耗量均包括后备长度及刨光损耗，使用时不再调整。

(6) 定额木门窗框、扇制作项目中包括刷一遍底油。如框扇不刷底油者，扣除相应项目内清油和油漆溶剂油用量，设计文件中规定的木门窗油漆，另按定额第九章第四节相应规定计算。

(7) 若门上安装门锁，则应在门窗配件定额中减去 150mm 封闭铁插销及 M4×20 木螺钉每 10 樘 80 个。

(8) 各类门窗制作、安装工程量，除注明者外，均按图示门窗洞口面积计算：

门窗工程量=洞口宽×洞口高

(9) 木门计算时需注意，由于框的设计项目与扇的项目设置不完全一致，比如自由门门框按单扇带亮、双扇带亮、四扇带亮等列项，而自由门扇按半玻带亮、半玻无亮、全玻带亮、全玻无亮列项。因此，框扇项目工程量不是一一对应关系，框扇的工程量应分别计算。

**[例 6-33]**　无纱扇玻璃镶木板门（见图 6-51）刷底油，由红松、白松制作共计 7 樘，装普通门锁。计算木门制作安装工程量及费用。

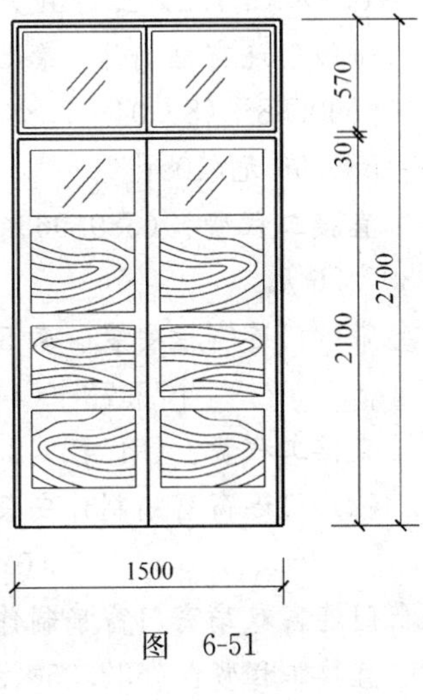

图　6-51

**解**：(1) 无纱扇玻璃板门框制作安装工程量：

$$1.5\text{m}\times2.7\text{m}\times7=28.35\text{m}^2$$

无纱扇双扇带亮制作　套 5-1-11　基价 323.01 元/10m$^2$

直接工程费：(323.01×28.35÷10)元=915.73 元

无纱门框双扇带亮安装　套 5-1-12　基价 104.68 元/10m$^2$

直接工程费：(104.68×28.35÷10)元=296.77 元

(2) 无纱玻璃镶板门制作安装工程量：

$$1.5\text{m}\times2.7\text{m}\times7=28.35\text{m}^2$$

无纱玻璃镶板门双扇带亮制作　套 5-1-43　基价 818.68 元/10m$^2$

直接工程费：(818.68×28.35÷10)元=2320.96 元

无纱玻璃镶板门双扇带亮安装　套 5-1-44　基价 139.80 元/10m$^2$

直接工程费：(139.80×28.35÷10)元=396.33元

(3) 木板门上装普通门锁安装工程量=7把

普通门锁安装　套5-1-110　基价940.87元/10把

直接工程费：(940.87×7÷10)元=658.61元

(4) 镶木板门配件工程量=7樘

无纱扇板门双扇带亮　套5-9-2　基价（换）

门上装锁，扣150mm封闭铁插销及80个M4×20木螺钉。

(664.85−10×1.90−0.8×3.9)元/10樘=642.73元/10樘

直接工程费：(642.73×7÷10)元=449.91元

(10) 定额中木门扇制作、安装项目中均不包括纱扇、纱亮内容，纱扇、纱亮按相应定额项目另行计算。若设计有纱扇时，另套纱扇项目。

(11) 木门扇设计有纱扇者，纱扇按扇外围面积计算，套用相应定额。

本节中门框按带纱无纱列项，而门扇则按无纱扇列项，若设计有纱扇，另套纱扇项目。纱扇工程量按扇外围工程量计算。凡按标准图集设计的，按图集所示的纱扇尺寸计算纱扇的工程量。

(12) 门连窗按门窗洞口面积之和计算。

门连窗工程量=门洞宽×门洞高+窗洞宽×窗洞高

[例6-34]　某教学楼教室门为门连窗，刷底油，尺寸如图6-52所示，窗框为双裁口采用马尾松制作，门窗扇采用白松制作，门为带纱扇的玻璃镶板门，门上亮带纱扇，窗户上部带纱扇，下部为固定窗无纱扇，门上装普通门锁，共50樘。试计算：门连窗工程量及费用。

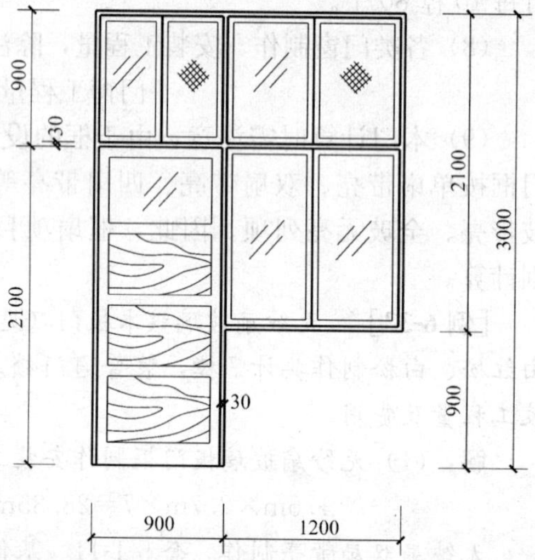


图　6-52

解：(1) 门连窗框制作安装工程量：

$(0.9\times3+1.2\times2.1)\text{m}^2\times50=261.00\text{m}^2$

带纱门连窗框制作　套5-1-29　基价（换）

$[560.88+(89.04+7.88)\times0.3]$元/$10\text{m}^2$

$=589.96$元/$10\text{m}^2$

直接工程费：(589.96×261.00÷10)元=15397.96元

带纱门连窗框安装　套5-1-30　基价（换）

$[75.79+(44.52+0.14)\times0.35]$元/$10\text{m}^2=91.42$元/$10\text{m}^2$

直接工程费：(91.42×261.00÷10)元=2386.06元

(2) 门连窗窗扇制作安装工程量：

$(0.9\times3+1.2\times2.1)\text{m}^2\times50=261.00\text{m}^2$

门连窗双扇窗门窗扇制作　套5-1-99　基价632.35元/$10\text{m}^2$

直接工程费：(632.35×261.00÷10)元=16504.34元

门连窗双扇门窗扇安装　套5-1-100　基价215.48元/$10\text{m}^2$

直接工程费：(215.48×261.00÷10)元=5624.03元

(3) 纱门扇制作安装工程量：$[(0.9-0.03\times2)\times2.1]m^2\times50=88.20m^2$

纱门扇制作　套 5-1-103　基价 492.27 元/$10m^2$

直接工程费：$(88.20\times492.27\div10)$元$=4341.82$元

纱门扇安装　套 5-1-104　基价 129.67 元/$10m^2$

直接工程费：$(88.20\times129.67\div10)$元$=1143.69$元

(4) 纱亮扇制作安装工程量：

$$[(0.9-0.03\times2)\times(0.9-0.03\times2)]m^2\times50=35.28m^2$$

纱亮扇制作　套 5-1-105　基价 553.53 元/$10m^2$

直接工程费：$(553.53\times35.28\div10)$元$=1952.85$元

纱亮扇安装　套 5-1-106　基价 213.52 元/$10m^2$

直接工程费：$(213.52\times35.28\div10)$元$=753.30$元

(5) 纱窗扇制作安装工程量：

$$[(0.9-0.03\times2)\times(1.2-0.03)]m^2\times50=49.14m^2$$

纱窗扇制作　套 5-3-71　基价 402.75 元/$10m^2$

直接工程费：$(49.14\times402.75\div10)$元$=1979.11$元

纱窗扇安装　套 5-3-72　基价 120.21 元/$10m^2$

直接工程费：$(120.21\times49.14\div10)$元$=590.71$元

(6) 普通门锁安装工程量：$(1\times50)$把$=50$把

普通门锁安装　套 5-1-110　基价 940.87 元/10 把

直接工程费：$(50\times940.87\div10)$元$=4704.35$元

(7) 门连窗玻璃镶板门和木窗户配件工程量$=50$樘

无纱门连窗双扇窗　套 5-9-12　基价（换）

$$(709.12-10\times1.90-0.8\times3.9)\text{元/10 樘}=687.00\text{元/10 樘}$$

直接工程费：$(50\times687.00\div10)$元$=3435.00$元

(8) 纱门窗配件工程量$=50$樘

纱门配件　套 5-9-14　基价 78.00 元/10 扇

直接工程费：$(78.00\times50\div10)$元$=390.00$元

(9) 纱亮扇配件工程量：$(50\times2)$樘$=100$樘

纱扇配件　套 5-9-15　基价 105.39 元/10 樘

直接工程费：$(105.39\times100\div10)$元$=1053.90$元

(10) 纱窗扇配件工程量：$(50\times2)$扇$=100$扇

纱窗配件　套 5-9-44　基价 64.61 元/10 扇

直接工程费：$(64.61\times100\div10)$元$=646.10$元

## 二、木窗

(1) 普通木窗设计有纱扇时，纱扇按扇外围面积计算，套用纱窗扇定额。

(2) 定额中门窗配件是按标准图集用量计算的，配件的安装用工已包括在相应子目内，不再另行计算。设计门窗配件与定额不同时可以换算。

**[例 6-35]**　木窗尺寸如图 6-53 所示，共 32 樘，用白松制作双裁口带纱扇单层玻璃木

窗，刷底油一遍，计算木窗制作安装工程量及费用。

解：(1) 窗框制作安装工程量：2.1m×1.8m×32＝120.96m²

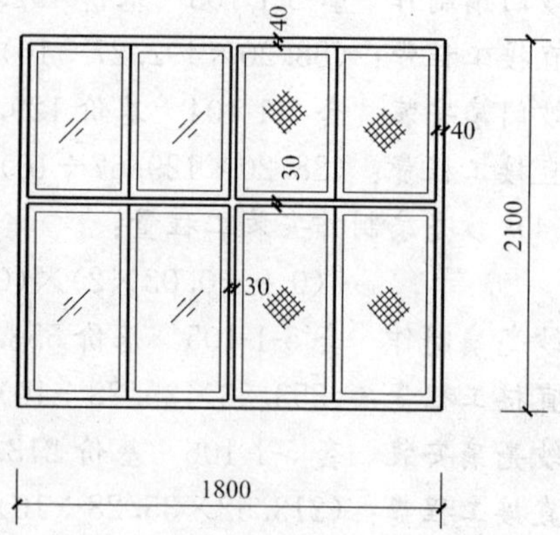


图　6-53

双裁口单层玻璃窗四扇带亮窗框制作　套5-3-45　基价566.95元/10m²

直接工程费：(566.95×120.96÷10)元＝6857.83元

双裁口单玻璃窗四扇带亮窗框安装　套5-3-46　基价83.13元/10m²

直接工程费：(83.13×210.96÷10)元＝1753.71元

(2) 窗扇制作安装工程量：

(2.1×1.8)m²×32＝120.96m²

双裁口单层玻璃窗四扇带亮窗扇制作　套5-3-47　基价604.22元/10m²

直接工程费：(604.22×120.96÷10)元＝7308.65元

双裁口单层玻璃窗四扇带亮窗扇安装　套5-3-48　基价293.45元/10m²

直接工程费(120.96×293.45÷10)元＝3549.57元

(3) 纱窗制作安装工程量：

[(2.1−0.04×2−0.03)×(1.8−0.04×2−0.03)]m²×32＝107.62m²

纱窗扇制作　套5-3-71　基价402.75元/10m²

直接工程费：(107.62×402.75÷10)元＝4334.40元

纱窗扇安装　套5-3-72　基价120.21元/10m²

直接工程费：(120.21×107.62÷10)元＝1293.70元

(4) 玻璃窗扇配件工程量＝32樘

无纱双裁口玻璃四扇带亮　套5-9-39　基价530.70元/10樘

直接工程费：(530.70×32÷10)元＝1698.24元

(5) 纱窗配件工程量：(8×32)扇＝256扇

纱窗配件　套5-9-44　基价64.61元/10扇

直接工程费：(256×64.61÷10)元＝1654.02元

## 三、铝合金门窗

(1) 各类门窗玻璃厚度、颜色设计与定额不同时可以换算。

(2) 铝合金门窗制作型材按国标92SJ编制，其中地弹门采用100系列；平开门、平开窗采用70系列；推拉窗、固定窗采用90系列。如实际采用的型材断面及厚度与定额不同时，可按设计图示尺寸乘以线密度加5%损耗调整。

(3) 铝合金门窗制作、安装（包括成品安装）设计有纱扇时，纱扇按扇外围面积计算，套用相应定额。

(4) 铝合金卷闸门安装按洞口高度增加600mm乘以门实际宽度（卷闸门宽按设计宽度计入）以平方米计算。电动装置安装以套计算，小门安装以个计算。

卷闸门安装工程量＝卷闸门宽×(洞口高度＋0.6)

［例 6-36］　现场制作铝合金门连窗（见图 6-54）共为 6 樘，门为不带纱扇的平开门，铝合金纱窗扇尺寸为 650mm×1240mm，门窗上部均带上亮子。计算铝合金门连窗工程量及费用。

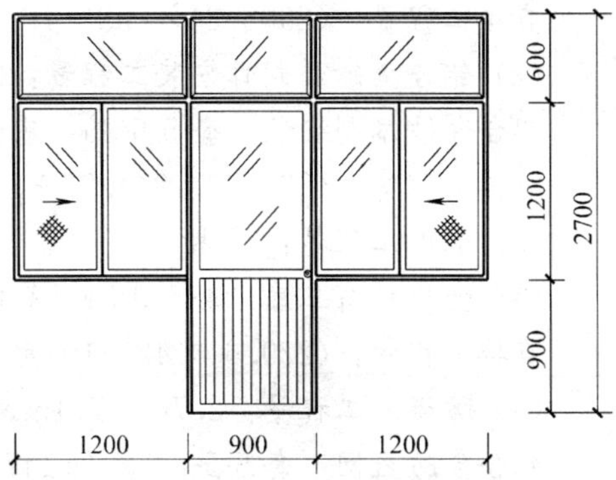

图　6-54

**解：**（1）平开门带上亮工程量：0.9m×2.7m×6＝14.58m$^2$

平开门带上亮　套 5-5-23　基价 3534.71 元/10m$^2$

直接工程费：(14.58×3534.71÷10)元＝5153.61 元

(2) 推拉窗工程量：1.2m×(1.2＋0.6)m×2×6＝25.92m$^2$

双扇推拉窗带上亮　套 5-5-29　基价 3123.94 元/10m$^2$

直接工程费：(3123.94×25.92÷10)元＝8097.25 元

(3) 纱扇工程量：0.65m×1.24m×2×6＝9.67m$^2$

铝合金纱扇制安　套 5-5-36　基价 943.87 元/10m$^2$

直接工程费：(9.67×943.87÷10)元＝912.72 元

(4) 铝合金平开门配件工程量：6 樘

铝合金单扇平开门　套 5-9-48　基价 223.41 元/10 樘

直接工程费：(223.41×6÷10)元＝134.05 元

(5) 铝合金推拉窗配件工程量：(2×6)樘＝12 樘

铝合金推拉窗双扇　套 5-9-49　基价 224.00 元/10 樘

直接工程费：(12×224.00÷10)元＝268.80 元

［例 6-37］　现有铝合金窗（见图 6-55）共 42 樘，其中纱扇尺寸 980mm×1550mm，并装铝合金防盗网（按洞口尺寸安装），计算铝合金窗工程量及费用。

**解：**(1) 铝合金推拉窗制作安装工程量：2.7m×2.1m×42＝238.14m$^2$

铝合金三扇推拉窗带亮　套 5-5-31　基价 2905.24 元/10m$^2$

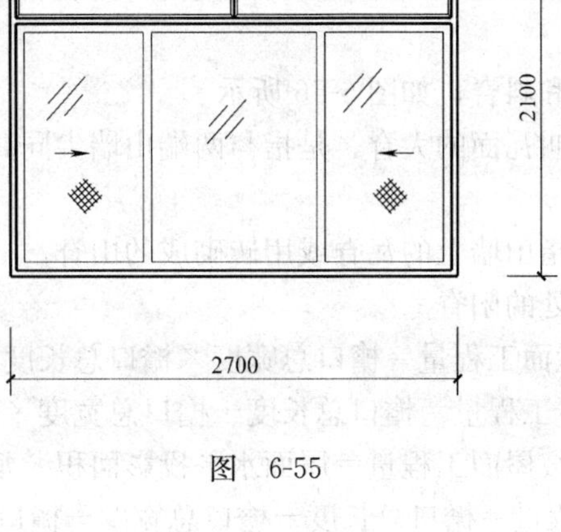

图　6-55

直接工程费：(2905.24×238.14÷10)元＝69185.39元

(2) 铝合金纱扇制作安装工程量：0.98m×1.55m×42×2＝127.60m²

铝合金纱扇制安装　套5-5-36　基价943.87元/10m²

直接工程费：(127.60×943.87÷10)元＝12043.78元

(3) 配件工程量：42樘

铝合金推拉窗三扇　套5-9-50　基价229.60元/10樘

直接工程费：(229.60×42÷10)元＝964.32元

(4) 防盗网工程量：2.7m×2.1m×42＝238.14m²

铝合金防盗网　套5-5-7　基价1473.24元/10m²

直接工程费：(238.14×1473.24÷10)元＝35083.74元

## 第六节　屋面、防水、保温及防腐工程

### 一、屋面工程

(1) 设计屋面材料规格与定额规格（定额未注明具体规格的除外）不同时，可以换算，其他不变。

屋面中瓦材的规格已列于相应定额项目中或参考前面有关数据的取定，如果设计使用的规格与定额不同，可按如下方法调整：

调整用量＝[设计实铺面积/(单页有效瓦长×单页有效瓦宽)]×(1＋损耗率)

单页有效瓦长(单页有效瓦宽)＝瓦的规格－规范规定的搭接尺寸

(2) 黏土瓦、水泥瓦屋面板或椽子挂瓦条上铺设项目，工作内容只包括铺瓦、安脊瓦，瓦以下的木基层要套用本章第五节木结构有关项目。

(3) 石棉瓦屋面、镀锌铁皮屋面，工作内容包括檩条上铺瓦、安脊瓦，但檩条的制作、安装不包括在定额内，制作及安装另套相应项目。彩钢压型板屋面，檩条已包括在定额内，不另计算。

(4) 各种瓦屋面（包括挑檐部分）均按设计图示尺寸的水平投影面积乘以屋面坡度系数以平方米计算。

不扣除房上烟筒、风帽底座、风道、屋面小气窗、斜洞和脊瓦等所占面积，屋面小气窗出檐部分也不增加。

屋脊分为正脊、山脊和斜脊，如图6-56所示。

正脊：屋面的正脊又叫瓦面的大脊，是指与两端山墙尖同高，且在同一条直线上的水平屋脊。

山脊：又叫梢头，是指山墙上的瓦脊或用砖砌成的山脊。

斜脊：指四面坡折角处的阳脊。

等两坡屋面工程量＝檐口总宽度×檐口总长度×延尺系数

等两坡正脊、山脊工程量＝檐口总长度＋檐口总宽度×延尺系数×山墙端数

等四坡屋面工程量＝屋面水平投影面积×延尺系数

等四坡正脊、斜脊工程量＝檐口总长度－檐口总宽度＋檐口总宽度×隅延尺系数×2

其中：延尺系数、隅延尺系数，可查屋面坡度系数表（见表 6-8）。

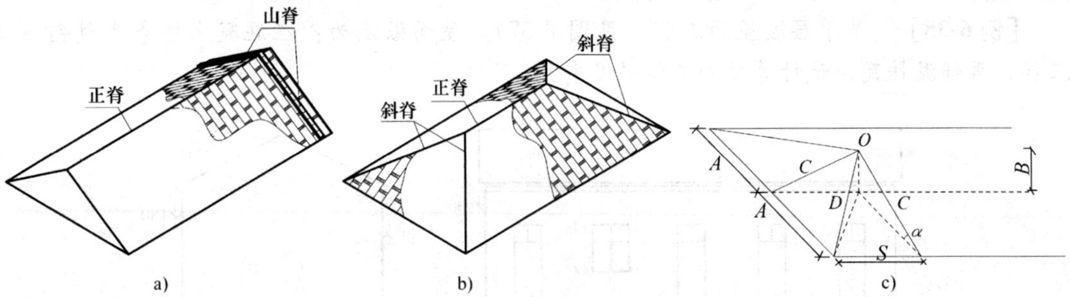


图　6-56

**表 6-8　屋面坡度系数表**

| 坡　度 | | | 延尺系数 $C$ | 隅延尺系数 $D$ |
|---|---|---|---|---|
| $B/A(A=1)$ | $B/2A$ | 角度 $\alpha$ | | |
| 1 | 1/2 | 45° | 1.4142 | 1.7321 |
| 0.75 | | 36°52′ | 1.2500 | 1.6008 |
| 0.70 | | 35° | 1.2207 | 1.5779 |
| 0.666 | 1/3 | 33°40′ | 1.2015 | 1.5620 |
| 0.65 | | 33°01′ | 1.1926 | 1.5564 |
| 0.60 | | 30°58′ | 1.1662 | 1.5362 |
| 0.577 | | 30° | 1.1547 | 1.5270 |
| 0.55 | | 28°49′ | 1.1413 | 1.5170 |
| 0.50 | 1/4 | 26°34′ | 1.1180 | 1.5000 |
| 0.45 | | 24°14′ | 1.0966 | 1.4839 |
| 0.40 | 1/5 | 21°48′ | 1.0770 | 1.4697 |
| 0.35 | | 19°17′ | 1.0594 | 1.4569 |
| 0.30 | | 16°42′ | 1.0440 | 1.4457 |
| 0.25 | | 14°02′ | 1.0308 | 1.4362 |
| 0.20 | 1/10 | 11°19′ | 1.0198 | 1.4283 |
| 0.15 | | 8°32′ | 1.0112 | 1.4221 |
| 0.125 | | 7°8′ | 1.0078 | 1.4191 |
| 0.100 | 1/20 | 5°42′ | 1.0050 | 1.4177 |
| 0.083 | | 4°45′ | 1.0035 | 1.4166 |
| 0.066 | 1/30 | 3°49′ | 1.0022 | 1.4157 |

注：表中字母含义见图 6-56c。

(5) 琉璃瓦屋面的琉璃瓦脊、檐口线按设计图示尺寸以米计算。设计要求安装勾头（勾尾）或博古（宝顶）等时，另按个计算。

**[例 6-38]** 某单层坡屋面工程（见图 6-57），屋面做法为：在混凝土檩条上铺钉苇箔三层，再铺泥挂瓦。试计算屋面工程量及费用。

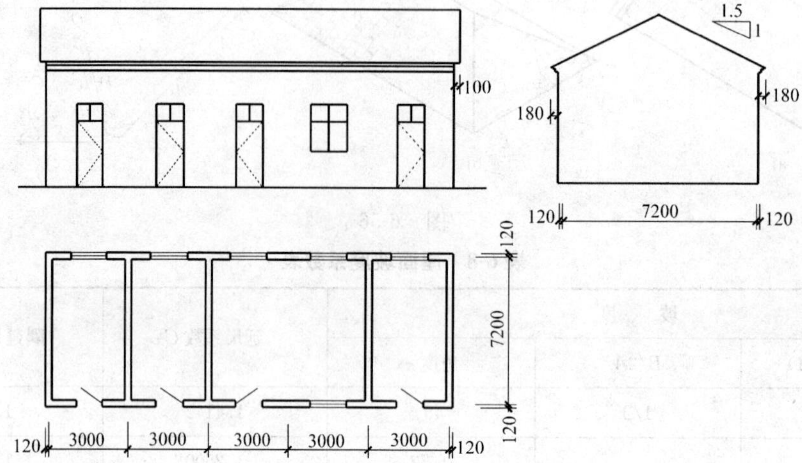


图 6-57

**解：** 由图知屋面坡度 1∶1.5，查表 6-8 得，屋面延尺系数 $C$=1.2015。

瓦屋面工程量=(3.0×5+0.12×2+0.1×2)m×(7.2+0.12×2+0.18×2)m×1.2015
=144.70m$^2$

混凝土檩条上铺钉苇箔三层铺泥挂瓦　套 6-1-2　基价 274.85 元/10m$^2$

直接工程费：(274.85×144.70÷10)元=3977.08 元

注意：屋面部分是指从檩条或屋面板上的面层部分的工程。

**[例 6-39]** 某屋面工程铺设英红瓦，屋面如图 6-58 所示，计算瓦屋面工程量及费用。

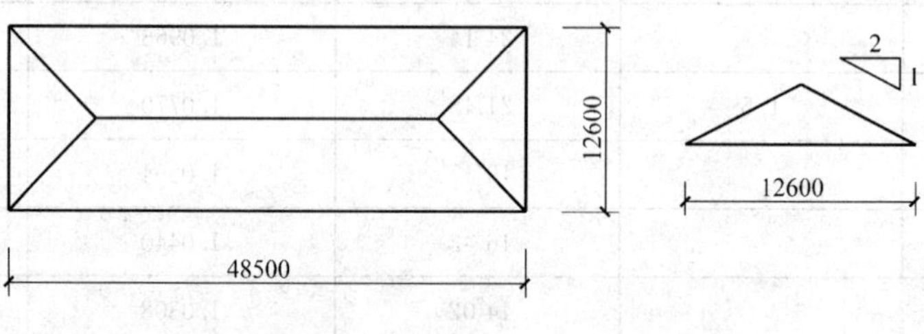


图 6-58

**解：** (1) 屋面工程量：

据屋面坡度 1∶2 查表 6-8，得延尺系数 $C$ 为 1.1180，隅延尺系数为 1.5。

48.50m×12.60m×1.1180=683.21m$^2$

英红瓦四坡以内　套 6-1-15　基价 1353.13 元/10m$^2$

直接工程费：(1353.13×683.21÷10)元=9244.72 元

(2) 正斜脊工程量：

48.50m−12.60m+12.60m×1.5×2=73.70m

英红瓦正斜脊　套 6-1-16　基价 407.14 元/10m

直接工程费：(73.70×407.14÷10)元＝3000.62 元

(6) 平屋面和坡屋面的划分界线。

平屋面：屋面坡度小于 1/30 的屋面。

坡屋面：坡度大于或等于 1/30 的屋面。

(7) 屋面找平层执行定额第九章装饰工程的有关规定，即坡屋面按图示尺寸的水平投影面积乘以坡度系数以平方米计算，平屋面按图示尺寸的水平投影面积以平方米计算，并套定额第九章（本书第六章第九节）的找平层相关项目。

(8) 屋面防水按图示尺寸的水平投影面积乘以坡度系数以平方米计算。不扣除房上的烟囱、风帽底座、风道和屋面小气窗等所占面积，屋面的女儿墙，伸缩缝和天窗等处的弯起部分，按设计图示尺寸并入屋面工程量内计算，设计无规定时，伸缩缝、女儿墙的弯起部分按 250mm 计算，天窗弯起部分按 500mm 计算。

屋面防水工程量＝设计总长度×总宽度×坡度系数＋弯起部分面积

(9) 本节中屋面防水，坡屋面工程量按斜铺面积加弯起部分；平屋面工程量按水平投影面积加弯起部分，卷材铺设时的搭接、防水薄弱处的附加层，均包括在定额内，其工程量不单独计算。

(10) 保温层种类和保温材料配合比，设计与定额不同时可以换算，其他不变。

(11) 保温层按设计图示尺寸，以立方米计算（另有规定除外）。

1) 保温层的厚度按保温材料的净厚度计算，胶结材料不包括在内。

2) 聚氨酯发泡项目，根据不同的发泡厚度，按设计图示的保温尺寸，以平方米计算。

3) 混凝土板上架空隔热，不论高度如何，均按设计架空隔热面积计算。

(12) 屋面保温层按图示面积乘以平均厚度，以立方米计算。不扣除房上的烟囱、风帽底座、风道和屋面小气窗等所占体积。

双坡屋面保温层平均厚度如图 6-59 所示。

双坡屋面保温层平均厚度＝保温层宽度/2×坡度/2＋最薄处厚度

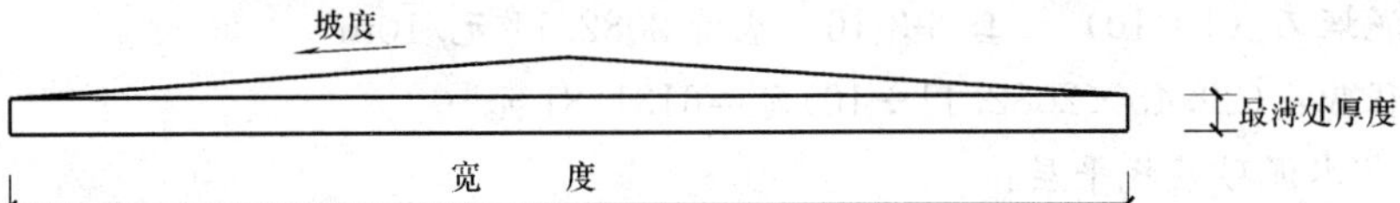


图 6-59

单坡屋面保温层平均厚度如图 6-60 所示。

单坡屋面保温层平均厚度＝保温层宽度×坡度/2＋最薄处厚度

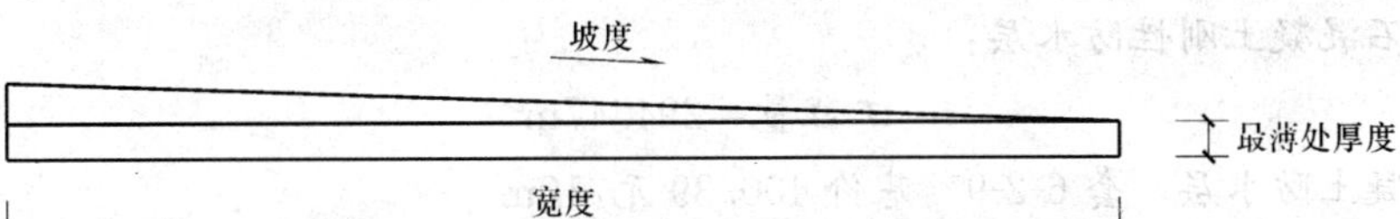


图 6-60

(13) 刚性防水中，分格嵌缝的工料已包括在定额内，不另套用。卷材防水中，卷材下找平层的嵌缝内容不包括在定额内，发生时按定额有关项目套用。

(14) 水落管、镀锌铁皮天沟、檐沟等按图示尺寸，以米计算。

(15) 水斗、下水口、雨水口、弯头、短管等，均以个计算。

**[例 6-40]** 某大型会议室（共一层）如图 6-61 所示，屋面采用刚性防水层，其屋面做法：在大型屋面板（利用屋架找坡 8%）上抹 1：2.5 水泥砂浆找平层，现浇 1：10 水泥蛭石保温层厚 100mm，1：3 水泥砂浆（加防水粉，上翻 250mm）厚 25mm，C20 细石混凝土刚性防水层（拒水粉）厚 40mm，该工程共有 10 根塑料落水管。

计算该屋面工程找平层、保温层、防水层和排水管的工程量及费用。

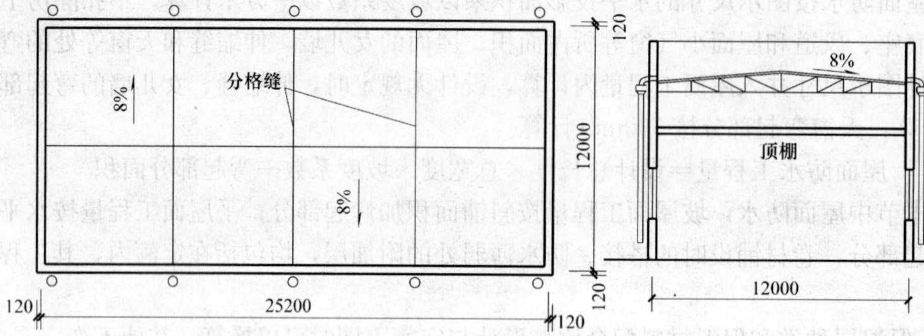


图 6-61

**解：**(1) 屋面板 1：2.5 水泥砂浆找平层：

$$工程量=(25.2-0.24)\text{m}\times(12-0.24)\text{m}\times\sqrt{8^2+100^2}\div100=294.47\text{m}^2$$

水泥砂浆找平层　套 9-1-1　基价（换）

$$[96.92-0.202\times(233.82-260.23)]元/10\text{m}^2=102.25元/10\text{m}^2$$

直接工程费：(294.47×102.25÷10)元=3010.96 元

(2) 水泥蛭石保温层：

$$工程量=294.47\text{m}^3\times0.1=29.45\text{m}^3$$

现浇水泥蛭石（1：10）　套 6-3-16　基价 2082.11 元/10m³

直接工程费：(29.45×2082.11÷10)元=6131.81 元

(3) 1：3 水泥砂浆找平层：

$$工程量=(25.2-0.24)\text{m}\times(12-0.24)\text{m}\times\sqrt{8^2+100^2}\div100+(25.2+12-0.24\times2)\text{m}\times2\times0.25\text{m}=312.83\text{m}^2$$

防水砂浆找平层　套 6-2-10　基价 118.65 元/10m²

直接工程费：(118.65×312.83÷10)元=3711.73 元

(4) 细石混凝土刚性防水层：

$$工程量=294.47\text{m}^2$$

细石混凝土防水层　套 6-2-9　基价 400.39 元/10m²

直接工程费：(294.47×400.39÷10)元=11790.28 元

(5) 塑料水落管 $\phi$100：

$$工程量=6.3\text{m}\times10=63\text{m}$$

塑料水落管 $\phi$100　套 6-4-9　基价 205.26 元/10m

直接工程费：(205.26×63÷10)元=1293.14 元

(6) 塑料水斗工程量：10 个

塑料水斗　套 6-4-10　基价 214.18 元/10 个

直接工程费：(214.18×10÷10)元=214.18 元

(7) 塑料落水口工程量：10 个

塑料落水口　套 6-4-25（补充定额）　基价 314.98 元/10 个

直接工程费：(314.98×10÷10)元=314.98 元

**[例 6-41]**　南方某地区教学楼屋面防水做法如图 6-62 所示，在现浇 C25 钢筋混凝土屋面板上做 1∶2.5 水泥砂浆找平层厚 20mm，刷冷底子油一遍，铺一毡二油隔气层（沥青黏贴），干铺 500mm×500mm 珍珠岩块厚 100mm 保温层，现浇 1∶8 水泥珍珠岩找坡，最薄处 40mm，在找坡层上作 1∶2 水泥砂浆（加防水粉）找平层（往墙上翻 250mm）厚 20mm，满铺 SBS 改性沥青卷材，预制混凝土板（点式支撑）架空隔热层。计算屋面工程量及费用。

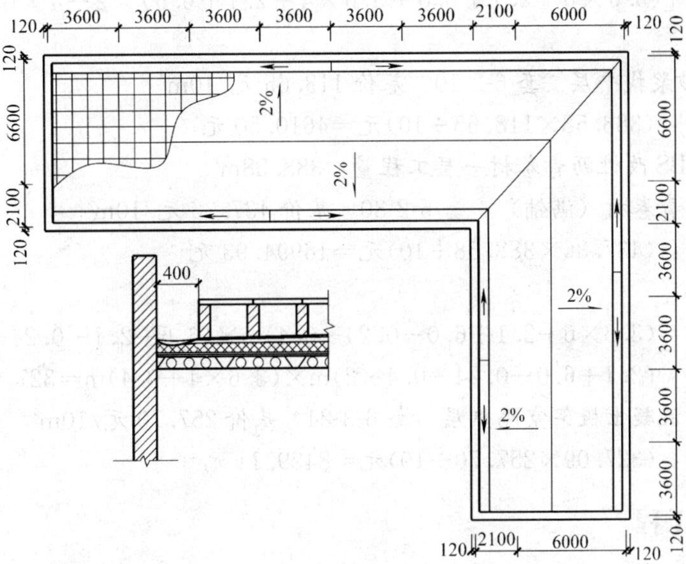


图　6-62

**解：**(1) 1∶2.5 水泥砂浆找平层：

工程量=(3.6×6+2.1+6.0−0.24)m×(6.6+2.1−0.24)m+(2.1+6.0−0.24)m×(3.6×4)m=362.42m$^2$

1∶2.5 水泥砂浆找平层　套 9-1-1　基价（换）

[96.92−0.202×(233.82−260.23)]元/10m$^2$=102.25 元/10m$^2$

直接工程费：(362.42×102.25÷10)元=3705.74 元

(2) 隔气层工程量：362.42m$^2$

沥青油毡一毡二油(含冷底子油) 套 6-2-14 和 6-2-16　基价(换)

(363.03−126.06)元/10m$^2$=236.97 元/10m$^2$

直接工程费：(236.97×362.42÷10)元=8588.27 元

(3) 保温层工程量：

$$[(6.6+2.1-0.24)\times(3.6\times6+2.1+6.0-0.24)+(3.6\times4)\times(6+2.1-0.24)]\text{m}^2\times0.1\text{m}=36.24\text{m}^3$$

珍珠岩块保温层　套 6-3-5　基价 4721.38 元/$10\text{m}^3$

直接工程费：(36.24×4721.38÷10)元＝17110.28 元

(4) 找坡层：

$$[(6.6+2.1-0.24)\div2\times2\%\div2+0.04]\text{m}\times(6\times3.6+6\times3.6+2.1+6-0.24)\text{m}\times(6.6+2.1-0.24)\text{m}\div2+[(6+2.1-0.24)\div2\times2\%\div2+0.04]\text{m}\times(3.6\times4+3.6\times4+2.1+6.6-0.24)\text{m}\times(6+2.1-0.24)\text{m}\div2=29.39\text{m}^3$$

现浇水泥珍珠岩　套 6-3-15　基价（换）

$$[2027.93-10.40\times(155.39-157.45)]元/10\text{m}^3=2049.35元/10\text{m}^3$$

直接工程费：(29.39×2049.35÷10)元＝6023.04 元

(5) 1∶2 水泥砂浆找平层：

$362.42\text{m}^2+[(3.6\times6+2.1+6.0+3.6\times4+2.1+6.6)\times2-4\times0.24]\text{m}\times0.25\text{m}=388.58\text{m}^2$

1∶2 防水砂浆找平层　套 6-2-10　基价 118.65 元/$10\text{m}^2$

直接工程费：(388.58×118.65÷10)元＝4610.50 元

(6) 满铺 SBS 改性沥青卷材一层工程量：$388.58\text{m}^2$

SBS 改性沥青卷材（满铺）　套 6-2-30　基价 437.36 元/$10\text{m}^2$

直接工程费：(437.36×388.58÷10)元＝16994.93 元

(7) 隔热层：

$$工程量=(3.6\times6+2.1+6.0-0.24-0.4)\text{m}\times(6.6+2.1-0.24-0.4\times2)\text{m}+(2.1+6.0-0.24-0.4\times2)\text{m}\times(3.6\times4+0.4)\text{m}=327.09\text{m}^2$$

点撑式预制混凝土板架空隔热层　套 6-3-24　基价 257.70 元/$10\text{m}^2$

直接工程费：(327.09×257.70÷10)元＝8429.11 元

## 二、防腐工程

(1) 整体面层定额项目，适用于平面、立面、沟槽的防腐工程。

(2) 块料面层定额按平面铺砌编制。铺砌立面时，相应定额人工乘以系数 1.30，块料乘系数 1.02，其他不变。

(3) 花岗石板以六面剁斧的板材为准。如底面为毛面者，每 $10\text{m}^2$ 定额单位耐酸沥青砂浆增加 $0.04\text{m}^3$。

(4) 各种砂浆、混凝土、胶泥种类、配合比及各种整体面层的厚度，设计与定额不同时，可以换算，但块料面层的结合层砂浆、胶泥用量不变。

(5) 耐酸防腐计算。

1) 一般规定：耐酸防腐工程区分不同材料及厚度按设计实铺面积以平方米计算。

扣除凸出地面的构筑物、设备基础、门窗洞口等所占面积，墙垛等突出墙面部分按展开面积并入墙面防腐工程量内。

$$耐酸防腐平面工程量=设计图示净长\times净宽-应扣面积+展开面积$$

2) 平面铺砌：平面铺砌双层防腐块料时，按单层工程量乘以系数 2 计算。

［例 6-42］　某二层仓库（见图 6-63）一层储藏室地面做防腐处理，具体做法：地面抹钢屑砂浆 20mm 厚，踢脚板高为 150mm，计算防腐工程量及费用。

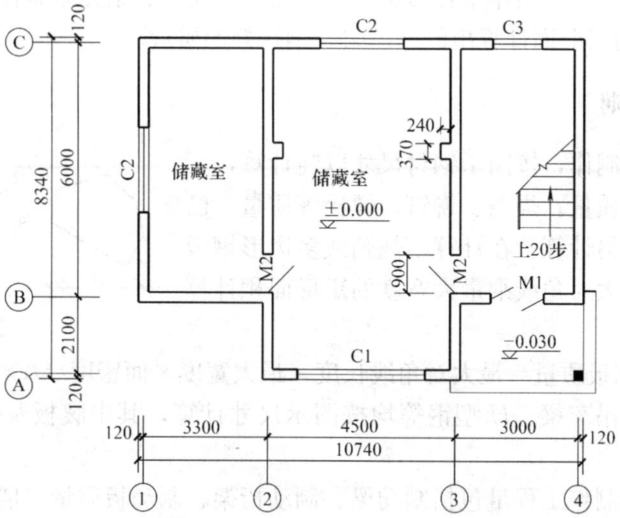


图　6-63

**解**：(1) 地面：

防腐工程量＝(3.3－0.24)m×(6－0.24)m＋(4.5－0.24)m×(2.1＋6.0－0.24)m－0.37m×0.24m×2＋0.9m×0.12m×3＝51.26m²

地面钢屑砂浆　套 6-6-7　基价 338.23 元/10m²

直接工程费：(51.26×338.23÷10)元＝1733.77 元

(2) 踢脚板：

防腐工程量＝[(6.0－0.24)×4＋2.1×2＋(3.3＋4.5－0.24)×2＋0.24×4＋0.12×2－0.9×3]m×0.15m＝6.13m²

钢屑砂浆零星抹灰　套 6-6-8　基价 354.57 元/10m²

直接工程费：(354.57×6.13÷10)元＝217.35 元

# 第七节　金属结构制作工程

## 一、定额说明

(1) 本节包括金属构件的制作、探伤、除锈等内容，金属构件的安装按第十章有关项目执行。本节适用于现场、企业附属加工厂制作的构件。

(2) 定额内包括整段制作、分段制作和整体预装配所需的人工、材料及机械台班用量，整体预装配用的螺栓及锚固杆件用的螺栓已包括在定额内。

(3) 各种杆件以焊接为主，螺栓主要用作焊接前连接两组相邻构件使其固定，以及构件运输时为避免出现误差而用的，这部分螺栓已包括在定额内，不另计算。

(4) 金属构件制作项目中，均包括除锈、刷一遍防锈漆内容。若构件需要刷其他面层油漆，应按定额第九章第四节有关项目套用，防锈漆工料不扣除。

（5）轻钢屋架是指每榀质量小于1t的钢屋架。

（6）钢屋架、钢托架制作平台摊销子目，是与钢屋架、钢托架制作项目配合使用的，摊销中的单位“t”是指前面计算出的钢屋架、钢托架的质量。

## 二、计算规则

（1）金属结构制作，按图示钢材尺寸以吨计算，不扣除孔眼、切边的质量。焊条、铆钉、螺栓等质量，已包括在定额内，不另计算。在计算不规则或多边形钢板质量时，均以其最大对角线乘最大宽度的矩形面积计算（见图6-64）。

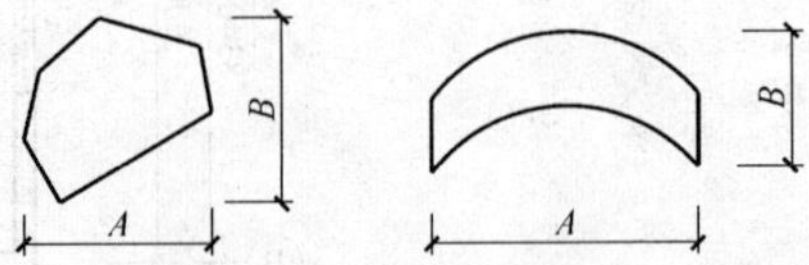


图 6-64

多边形钢板质量＝最大对角线长度×最大宽度×面密度＝$A\times B\times$面密度

（2）实腹梁、吊车梁、$H$型钢等均按图示尺寸计算，其中腹板及翼板宽度每边按增加25mm计算。

（3）制动梁的制作工程量包括制动梁、制动桁架、制动板质量，墙架的制作工程包括墙架柱、墙架梁及连接柱杆质量；钢柱制作工程量包括依附于柱上的牛腿及悬臂梁和柱脚连接板的质量。

（4）计算钢屋架、钢托架、天窗架工程量时，依附其上的悬臂梁、檩托、横档、支爪、檩条爪等分别并入相应构件内计算。

［例6-43］ 已知：钢屋架共6榀，屋架各部分用料如图6-65所示，∠100×100×8的线密度为12.276kg/m，∠70×70×7线密度为7.398kg/m，Φ25钢筋线密度为3.85kg/m，－12连接板面密度为94.20kg/m²，计算屋架工程量及费用。

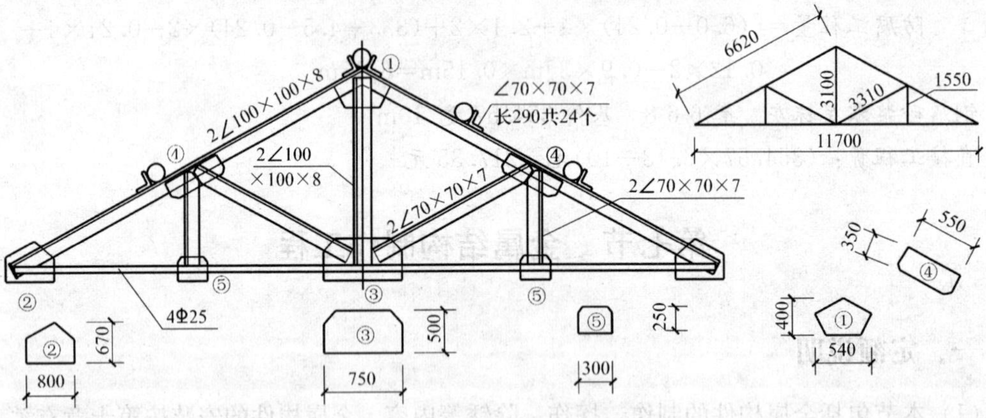


图 6-65

**解：**（1）单榀屋架工程量：

上弦质量：(6.62×2×2×12.276)kg＝325kg

下弦质量：(11.7×4×3.85)kg＝180kg

中竖腹杆：(3.1×2×12.276)kg＝76kg

其他腹杆：［(3.31＋1.55)×4×7.398］kg＝144kg

① 号连接板质量：(0.54×0.4×94.20)kg=20kg

② 号连接板质量：(0.8×0.67×2×94.20)kg=101kg

③ 号连接板质量：(0.75×0.5×94.20)kg=35kg

④ 号连接板质量：(0.55×0.35×2×94.20)kg=36kg

⑤ 号连接板质量：(0.3×0.25×94.2×2)kg=14kg

檩托质量：(0.290×24×7.398)kg=51kg

单榀屋架的工程量=(325+180+76+144+20+101+35+36+14+51)kg

=982kg=0.982t<1t

单榀屋架的质量小于1t，故此屋架为轻钢屋架。

(2) 屋架工程量合计=(0.982×6)t=5.892t

轻钢屋架　套 7-2-1　基价 8029.99 元/t

直接工程费：(5.892×8029.99)元=47312.70 元

屋架制作平台摊销　套 7-9-1　基价 375.47 元/t

直接工程费：(5.892×375.47)元=2212.27 元

## 第八节　构筑物及其他工程

### 一、烟囱

#### (一) 烟囱基础

(1) 本节不包括土方内容，发生时按定额第一章（本书第一章第一节）的相应定额执行。

(2) 毛石混凝土，系按毛石占混凝土体积20%计算的，当设计要求不同时，可以换算。其中毛石损耗率为2%；混凝土损耗率为1.5%。

(3) 基础与筒身的划分以基础大放脚扩大顶面为分界线，以下为基础，以上为筒身；钢筋混凝土基础包括基础底板及筒座。工程量按设计图样尺寸以立方米计算。

(4) 烟囱的砖基础与混凝土基础如图 6-66 所示。

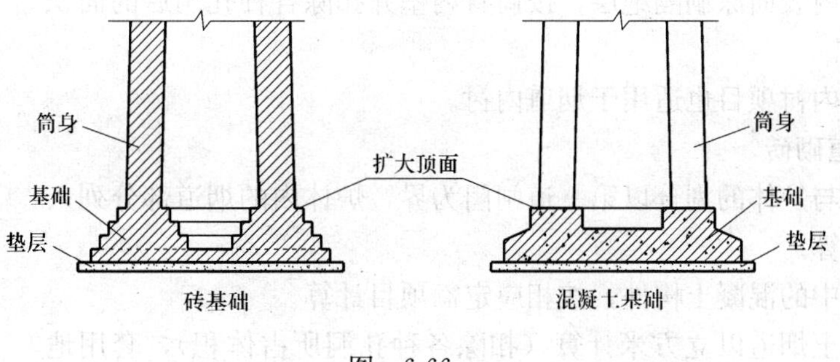


图　6-66

#### (二) 烟囱筒身

(1) 圆形、方形筒身均按图示筒壁平均中心线周长乘以厚度并扣除筒身 $0.3m^2$ 以上孔洞、钢筋混凝土圈梁、过梁等体积以立方米计算，其筒壁周长不同时可按下式分段计算。

$$V=\sum H\times C\times \pi D$$

式中　$V$——筒身体积；

$H$——每段筒身垂直高度；

$C$——每段筒壁厚度；

$D$——每段筒身中心线的平均直径。

（2）砖烟囱筒身原浆勾缝和烟囱帽抹灰已包括在定额内，不另行计算。当设计要求加浆勾缝时，套用勾缝定额（9-2-64），原浆勾缝所含工料不予扣除。

$$勾缝面积=1/2\times\pi\times烟囱高\times(上口直径+下口直径)$$

（3）烟囱的混凝土集灰斗（包括：分隔墙、水平隔墙、梁、柱）、轻质混凝土填充砌块及混凝土地面，按本章第三节规定计算，套用相应定额。

（4）砖烟囱、烟道及其砖内衬，当设计要求采用楔形砖时，其数量按设计规定计算，套用相应定额项目。加工标准半砖和楔形半砖时，按楔形整砖定额的 1/2 计算。

（5）砖烟囱砌体内采用钢筋加固时，其钢筋用量按设计规定计算，套用相应定额。

**（三）烟囱内衬及内表面涂刷隔绝层**

（1）烟囱内衬，按不同内衬材料并扣除孔洞后，以图示实体积计算。

（2）填料按烟囱筒身与内衬之间的体积以立方米计算，不扣除连接横砖（防沉带）的体积。

筒身与内衬之间留有一定空隙作隔绝层。定额是按空气隔绝层编制的，若采用填充材料，填充料另行计算，所需人工已包括在内衬定额内，不另计算。

为防止填充料下沉，从内衬每隔一定间距挑出一圈砌体作防沉带，防沉带工料已包括在定额内，不另计算。烟囱内衬和防沉带如图 6-67 所示。

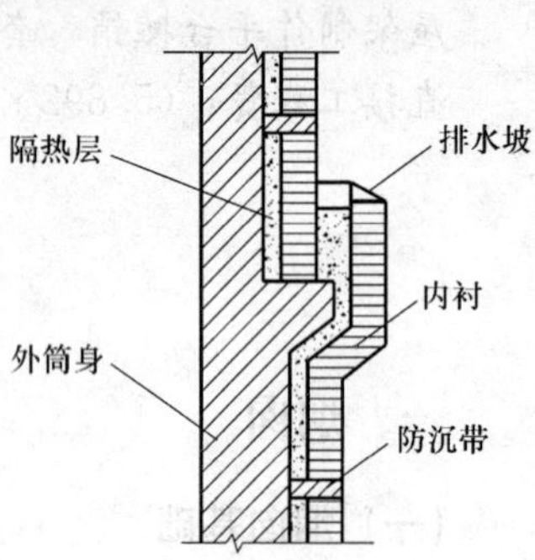


图　6-67

（3）内衬伸入筒身的连接横砖已包括在内衬定额内，不另行计算。

（4）为防止酸性凝液渗入内衬及筒身间，而在内衬顶面上抹水泥砂浆排水坡的工料，已包括在定额内，不单独计算。

（5）烟囱内表面涂刷隔绝层，按筒身内壁并扣除各种孔洞后的面积以平方米计算。

（6）烟囱内衬项目也适用于烟道内衬。

**（四）烟道砌砖**

（1）烟道与炉体的划分以第一道闸门为界，炉体内的烟道部分列入炉体工程量计算。

（2）烟道中的混凝土构件，按相应定额项目计算。

（3）混凝土烟道以立方米计算（扣除各种孔洞所占体积），套用地沟定额（架空烟道除外）。

**[例 6-44]**　某砖烟囱（见图 6-68）采用 M5 混合砂浆砌筑，烟囱上口封顶圈梁和底圈梁断面尺寸为 240mm×240mm，计算筒身工程量，确定定额项目，计算直接工程费。

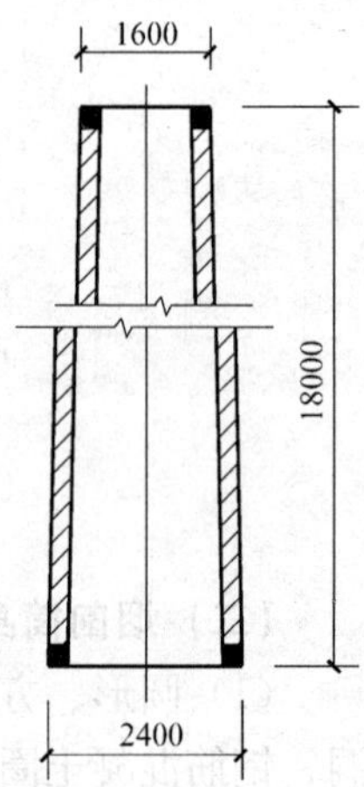


图　6-68

**解：** 烟囱上口中心直径：1.6m－0.24m＝1.36m

烟囱下口中心直径：2.4m－0.24m＝2.16m

上口圈梁和底圈梁体积为：0.24m×0.24m×π×(1.36＋2.16)m＝0.64m³

M5 混浆砌筒身工程量为：$\sum H\times C\times \pi D$＝0.24m×18m×π×(1.36＋2.16)m×1/2－0.64m³＝23.25m³

M5 混浆筒身高度 20m 以内　套 8-1-5　基价 3853.20 元/10m³

直接工程费：(3853.20×23.25÷10)元＝8958.69 元

## 二、水塔

### (一) 砖水塔

(1) 水塔基础与塔身划分：以砖砌体的扩大部分顶面为界，以上为塔身，以下是基础。水塔基础工程量按设计尺寸以立方米计算，套用烟囱基础的相应项目。

(2) 塔身以图示实砌体积计算，扣除门窗洞口、0.3m² 以上的洞口和混凝土构件所占的体积，砖平拱璇及砖出檐等并入塔身体积计算。

(3) 砖水箱内外壁，不分壁厚，均以图示实砌体积计算，套定额第三章（本书第六章第三节）相应的内外砖墙定额。

(4) 定额内已包括原浆勾缝，当设计要求加浆勾缝时，套用勾缝定额，原来勾缝的工料不予扣除。

砖水塔如图 6-69 所示。

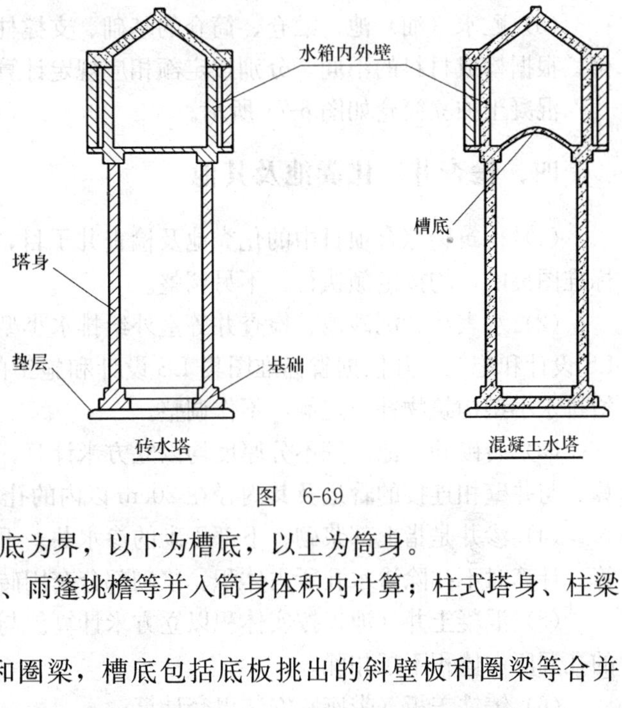


图　6-69

### (二) 混凝土水塔

(1) 筒身与槽底以槽底连接的圈梁底为界，以下为槽底，以上为筒身。

(2) 筒式塔身及依附于筒身的过梁、雨篷挑檐等并入筒身体积内计算；柱式塔身、柱梁合并计算。

(3) 塔顶及槽底，塔顶包括顶板和圈梁，槽底包括底板挑出的斜壁板和圈梁等合并计算。

(4) 混凝土水塔按设计图示尺寸以立方米计算工程量，分别套用相应定额项目。

(5) 倒锥壳水塔中的水箱，定额按地面上浇筑编制。水箱的提升，另按本章第二节的相应规定计算。

混凝土水塔如图 6-69 所示。

## 三、贮水（油）池、贮仓

(1) 贮水（油）池、贮仓以立方米计算。

(2) 贮水（油）池不分平底、锥底、坡底，均按池底计算；壁基梁、池壁不分圆形壁和矩形壁，均按池壁计算。水池池底如图 6-70 所示。

(3) 沉淀池水槽，是指池壁上的环形溢水槽，纵横 U 形水槽，但不包括与水槽相连接

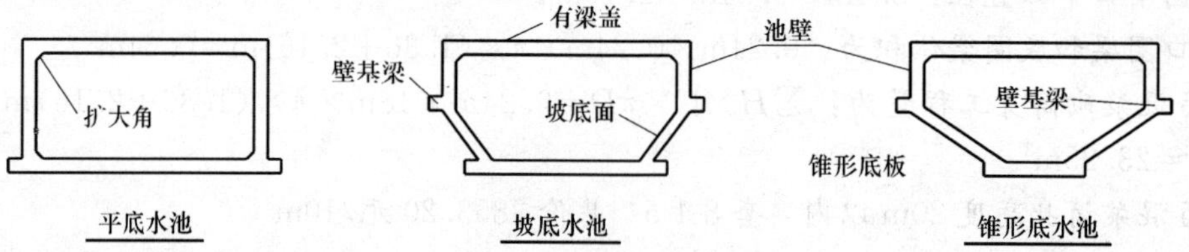


图　6-70

的矩形梁。矩形梁按相应定额子目计算。

（4）贮仓不分矩形仓壁、圆形仓壁均套用混凝土立壁定额，混凝土斜壁（漏斗）套用混凝土漏斗定额。立壁和斜壁以相互交点的水平线为界，壁上圈梁并入斜壁工程量内，仓顶板及其顶板梁合并计算，套用仓顶板定额。

（5）贮水（油）池、贮仓、筒仓的基础、支撑柱及柱之间的连系梁，根据构成材料的不同，分别按定额相应规定计算。

混凝土独立筒仓如图6-71所示。

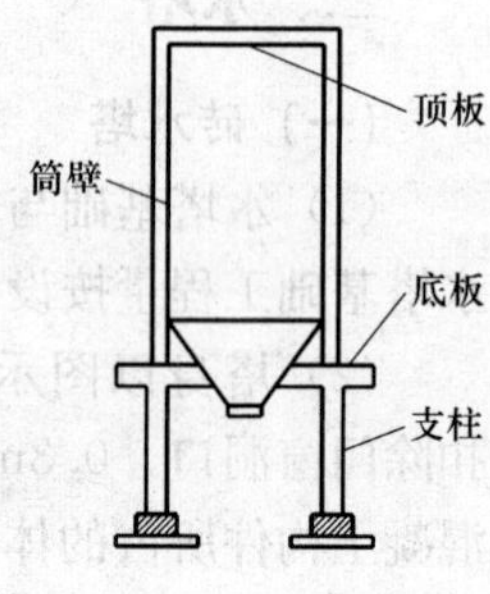


图　6-71

## 四、检查井、化粪池及其他

（1）构筑物综合项目中的化粪池及检查井子目，按国标图集S2编制。凡设计采用国家标准图集的，均按定额执行，不另调整。

（2）水表池、沉砂池、检查井等室外给排水小型构筑物，实际工程中，常依据省标图集LS设计和施工。凡依据省标准图集LS设计和施工的室外给排水小型构筑物，均执行室外给排水小型构筑物补充定额，不作调整。

（3）砖砌井（池）壁不分厚度均以立方米计算，洞口上的砖平拱璇等并入砌体体积内计算。与井壁相连接的管道及其内径在20cm以内的孔洞所占体积不予扣除。

（4）渗井是指上部浆砌、下部干砌的渗水井。干砌部分不分方形、圆形，均以立方米计算。计算时不扣除渗水孔所占体积。浆砌部分套用砖砌井（池）壁定额。

（5）混凝土井（池）按实体积以立方米计算。与井壁相连接的管道及内径在20cm以内的孔洞所占体积不予扣除。

（6）铸铁盖板（带座）安装以套计算。

## 五、室外排水管道

（1）室外排水管道的试水所需工料，已包括在定额内，不得另行计算。

（2）室外排水管道定额，其沟深是按2m以内（平均自然地坪至垫层上表面）考虑的，当沟深在2～3m时，综合工日乘以系数1.11；3m以外者，综合工日乘系数1.18。此条指的是陶土管和混凝土管的铺设项目。排水管道混凝土基础、砂基础，及砂石基础不考虑沟深。排水管道砂基础90°、120°、180°是指砂基础表面与管道的两个接触点的中心角的大小。如180°是指砂垫层埋半个管子的深度。砂基础示意如图6-72所示。

（3）室外排水管道无论人工或机械铺设，均执行定额，不得调整。

（4）排水管道砂石基础中砂与石比例按1∶2考虑。当设计要求不同时可以换算材料单

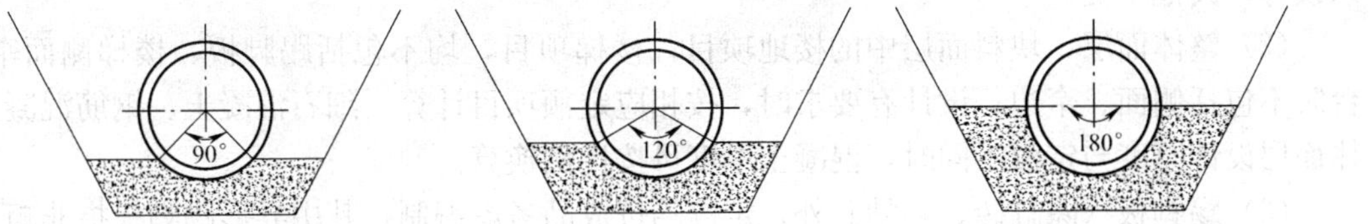


图　6-72

价。定额消耗量不变。

(5) 室外排水管道与室内排水管道的分界，以室内至室外第一个排水检查井为界。检查井至室内一侧为室内排水管道，另一侧为室外排水（厂区、小区内）管道。

(6) 排水管道铺设以延长米计算，扣除其检查井所占的长度。

(7) 排水管道基础按不同管径及基础材料分别以延长米计算。

## 六、场区道路

(1) 场区道路子目、构筑物综合项目中的散水及坡道子目，按山东省建筑标准设计图集L96J002编制。场区道路子目中，已包括留设伸缩缝及嵌缝内容。

(2) 道路垫层按设计图示尺寸以立方米计算。

(3) 路面工程量按设计图示尺寸以平方米计算。

**[例6-45]**　某生活小区室外混凝土排污管道 $\phi700$ 净长度为9540m，采用砂石基础90°，水泥砂浆接口，其中管线上有砖砌化粪池（S231（一）3号）共94个，砖砌圆形检查井（S231$\phi700$）共306个，据勘探资料知，当地地下水位为4.35m。

试计算室外排污系统的工程量及相关费用。

**解：**(1) $\phi700$ 混凝土排污管铺设工程量＝9540m

水泥砂浆接口管径700　套8-5-23　定额基价＝2098.83元/10m

直接工程费＝(2098.83×9540÷10)元＝2002283.82元

(2) 排污管道砂石基础工程量＝9540m

排水管道砂石基础90°管径700　套8-5-71　基价416.63元/10m

直接工程费＝(416.63×9540÷10)元＝397465.02元

(3) 砖砌矩形化粪池工程量＝94个

S231（一）3号无地下水砖砌化粪池　套8-7-20　基价8045.65元/座

直接工程费＝8045.65×94＝756291.10元

(4) 砖砌圆形检查井工程量＝306个

S231$\phi700$ 无地下水井深2m　套8-7-33　基价789.38元/个

直接工程费＝(789.38×306)元＝241550.28元

# 第九节　装饰工程

## 一、楼、地面工程

(1) 装饰工程的水泥砂浆、水泥石子浆、混凝土等配合比，设计规定与定额不同时，可以换算，其他不变。

(2) 整体面层，块料面层中的楼地项目，楼梯项目，均不包括踢脚板、楼梯侧面牵边；台阶不包括侧面、牵边；设计有要求时，按相应定额项目计算。细石混凝土、钢筋混凝土整体面层设计厚度与定额不同时，混凝土厚度可按比例换算。

(3) 踢脚板（除缸砖、彩釉砖外）定额均按成品考虑编制，其中异形踢脚板指非矩形的形式。

(4) 楼地面找平层和整体面层均按主墙间净面积以平方米计算。计算时应扣除凸出地面的构筑物、设备基础、室内铁道、室内地沟等所占面积，不扣除柱、垛、间壁墙、附墙烟囱及面积在 0.3$m^2$ 以内的孔洞所占面积，但门洞、空圈、暖气包槽和壁龛开口部分亦不增加。

楼面找平层和整体面层工程量＝主墙间净长度×主墙间净宽度－构筑物所占面积

**［例 6-46］** 某学校宿舍楼如图 6-73 所示，宿舍、走廊楼面做法为：先在楼板上现浇 35mm 厚 C20 细石混凝土，然后抹 20mm 厚 1∶2.5 水泥砂浆面层。

试计算宿舍及走廊的地面工程量及直接费。

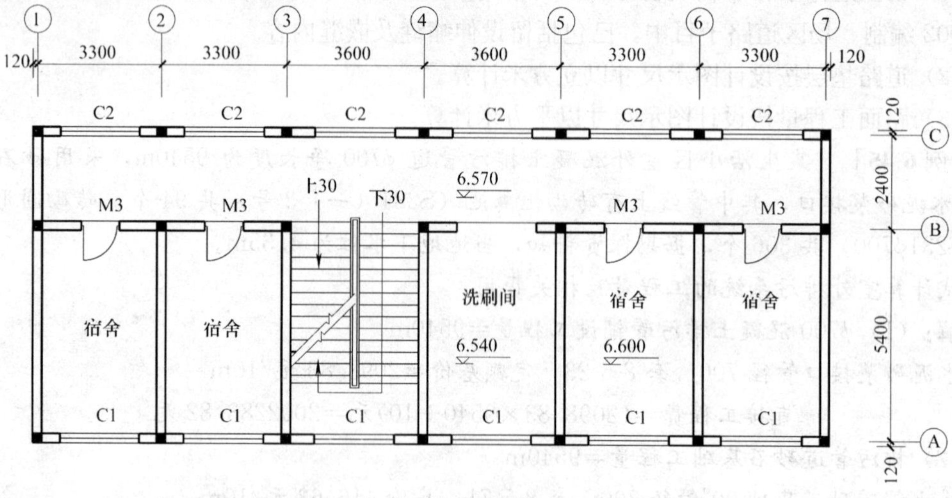


图　6-73

**解**：(1) C20 细石混凝土找平层

$$(3.3\times4+3.6\times2-0.24)\text{m}\times(2.4-0.24)\text{m}+(5.4-0.24)\text{m}\times(3.3-0.24)\text{m}\times4=106.70\text{m}^2$$

细石混凝土找平层 35mm　套 9-1-4 和 9-1-5　基价（换）

$$(159.02-19.96\times1)\text{元}/10\text{m}^2=139.06\text{元}/10\text{m}^2$$

直接工程费：(139.06×106.70÷10) 元＝1483.77 元

(2) 水泥砂浆面层工程量＝106.70$m^2$

水泥砂浆面层楼地面 20mm　套 9-1-9　基价 128.55 元/10$m^2$

直接工程费：106.70×128.55÷10＝1371.63 元

(5) 楼、地面块料面层，按设计图示实铺面积以平方米计算。门洞、空圈、暖气包槽和壁龛的开口部分的工程量并入相应的面层内计算。

楼地面块料面层工程量＝净长度×净宽度－不做面层面积＋其他实铺面积

(6) 楼地面铺贴块料面层子目，定额只包括了块面层的黏接层，不包括黏接层之下的结合层。结合层，另按本节找平层的相应规定计算。

(7) 踢脚板（线）根据设计做法，以定额单位的 $m^2$ 或 m 计算工程量。

踢脚板工程量＝踢脚板净长度×高度

或　　踢脚板工程量＝踢脚线净长度

[例 6-47]　某地面工程如图 6-74 所示，室内地面做法：(1) 素土夯实；(2) C20 细石混凝土垫层 60mm 厚；(3) 采用干硬性 1∶2 水泥砂浆厚 30mm，铺 800×800 全瓷地板砖，踢脚板为全瓷地板砖，踢脚板高度为 100mm，1∶2.5 水泥砂浆黏贴。

试求：垫层、地板砖、踢脚板的工程量及直接费。

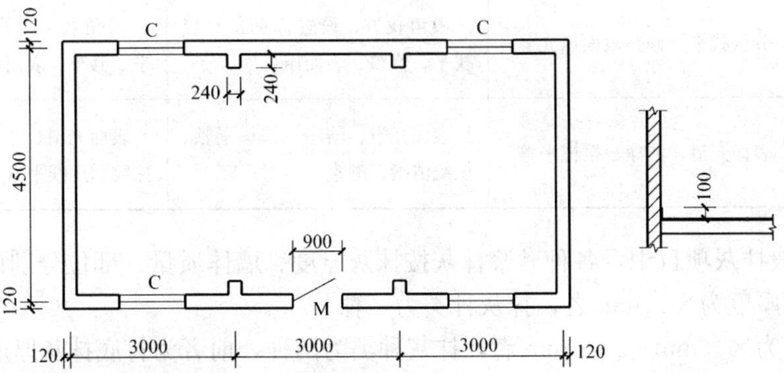


图　6-74

解：(1) C20 细石混凝土垫层

工程量＝(3.0×3－0.24)m×(4.5－0.24)m＝37.32$m^2$

C20 细石混凝土垫层　套 9-1-4，9-1-5　基价（换）

(159.02＋19.96×4)元/10$m^2$＝238.86 元/10$m^2$

直接工程费：(37.32×238.86÷10)元＝891.43 元

(2) 地板砖

工程量＝(3×3－0.24)m×(4.5－0.24)m－0.24m×0.24m×4＋0.9m×0.12m

＝37.20$m^2$

套 9-1-170　基价 2200.53 元/10$m^2$（补充定额）

直接工程费：(2200.53×37.20÷10)元＝8185.97 元

(3) 踢脚板

工程量＝[(3.0×3－0.24＋4.5－0.24)×2＋0.24×8＋0.12×2－0.9]m×0.1m

＝2.73$m^2$

全瓷地板砖直形　套 9-1-172（补充定额）基价 729.07 元/10$m^2$

直接工程费：(729.07×2.73÷10)元＝199.04 元

## 二、墙、柱面工程

### (一) 定额说明

(1) 装饰工程中凡注明砂浆种类、配合比、饰面材料型号规格的，设计与定额不同时，可以按设计规定调整，但人工数量不变。

(2) 墙面抹石灰砂浆分两遍、三遍、四遍，其标准如下：

两遍：一遍底层，一遍面层。

三遍：一遍底层，一遍中层，一遍面层。

四遍：一遍底层，一遍中层，两遍面层。

抹灰等级、抹灰遍数、工序、外观质量的关系见表 6-9。

**表 6-9 墙、柱面抹灰等级、抹灰遍数、工序、外观质量的关系表**

| 名　　称 | 普通抹灰（两遍） | 中级抹灰（三遍） | 高级抹灰（四遍） |
|---|---|---|---|
| 主要工序 | 分层找平、修整表面压光 | 阳角找方、设置标筋、分层找平、修整、表面压光 | 阳角找方、设置标筋、分层找平、修整、表面压平 |
| 外观质量 | 表面光滑、洁净、接槎平整 | 表面光滑、洁净、按槎平整、压线清晰、顺直 | 表面光滑、洁净、颜色均匀、无抹纹、压线平直方正 |

(3) 一般抹灰项目中，各种砂浆抹灰按抹灰厚度、墙体质量、部位分别设置项目：

1) 定额厚度为××mm 者，抹灰种类为一种；

2) 厚度为××mm＋××mm 者，抹灰种类为两种，前者为打底抹灰厚度，后者为罩面抹灰厚度；

3) 厚度为××mm＋××mm＋××mm 者，抹灰种类为三种，前者为罩面抹灰厚度、中者为中层抹灰厚度；后者为打底抹灰厚度。

套用定额时，应根据施工设计抹灰种类、厚度执行相应定额项目，若设计抹灰厚度与定额不同，应根据抹灰的种类、层次，分别执行相应抹灰厚度调整项目。

(4) 圆弧形墙面的抹灰，圆弧形、锯齿形墙面镶贴块料饰面，按相应项目人工乘以系数 1.15。

(5) 外墙贴面砖项目，灰缝宽按 5mm 以内，10mm 以内和 20mm 以内列项，其人工、材料已综合考虑。如灰缝超过 20mm 以上者，其块料及灰缝材料用量允许调整，其他不变。

(6) 定额除注明者外，均未包括压条、收边、装饰线（板），设计有要求时，按相应定额计算。

(7) 墙、柱饰面分一般抹灰和装饰抹灰，定额不分外墙、内墙抹灰，使用时，按不同材质墙面分别套用相应定额项目。

**(二) 工程量计算规则**

**1. 内墙抹灰工程量的计算**

(1) 内墙抹灰以平方米计算，计算时应扣除门窗洞口和空圈所占的面积，不扣除踢脚板、挂镜线、单个面积在 0.3m² 以内的孔洞和墙与构件交接处的面积，洞侧壁和顶面亦不增加。墙垛和附墙烟囱侧壁面积与内墙抹灰工程量合并计算。

(2) 内墙抹灰的长度，以主墙间的图示净长尺寸计算。其中“主墙”一般是指在结构上起承重作用和功能性隔断的墙体（轻体隔断墙、间壁墙除外）。其高度确定如下：

无墙裙的，其高度按室内地面或楼面至顶棚底面之间距离计算。

有墙裙的，其高度按墙裙顶至顶棚底面之间距离计算。

有顶棚（吊顶）的，其高度至顶棚底面另加100mm计算。

内墙抹灰工程量＝主墙间净长度×墙面高度－门窗所占面积＋垛的侧面抹灰面积

（3）内墙裙抹灰面积按内墙净长乘以高度计算（扣除或不扣除，内容同内墙抹灰）。

内墙裙抹灰工程量＝主墙间净长度×墙裙高度－门窗所占面积＋垛的侧面抹灰面积

（4）柱抹灰按结构断面周长乘设计柱抹灰高度以平方米计算。

柱抹灰工程量＝柱结构断面周长×设计柱抹灰高度

**2. 外墙一般抹灰工程量计算**

（1）外墙抹灰面积，按设计外墙抹灰的垂直投影面积以平方米计算。计算时应扣门窗洞口、外墙裙和单个面积大于0.3m$^2$孔洞所占面积，洞口侧壁面积不另增加。附墙垛、梁、柱侧面抹灰面积并入外墙面工程量内计算。

外墙抹灰工程量＝外墙面长度×墙面高度－门窗所占面积＋垛梁柱的侧面抹灰面积

（2）外墙裙抹灰面积按其长度乘高度计算（扣除或不扣除内容同外墙抹灰）。

外墙裙抹灰工程量＝外墙面长度×墙裙高度－门窗所占面积＋垛梁柱侧面抹灰面积

（3）其他抹灰：展开宽度在300mm以内者，按延长米计算，展开宽度超过300mm以上时，按图示尺寸的展开面积计算。

（4）栏板、栏杆（包括立柱、扶手或压顶等）设计抹灰做法相同时，抹灰按垂直投影面积以平方米计算。设计抹灰做法不同时，按其他抹灰规定计算。

栏杆、栏板工程量＝栏板、栏杆长度×栏板、栏杆抹灰高度

（5）墙面勾缝按设计勾缝墙面的垂直投影面积计算。不扣除门窗洞口、门窗套、腰线等零星抹灰所占的面积，附墙柱和门窗洞口侧面的勾缝面积亦不增加。独立柱、房上烟囱勾缝，按图示尺寸以平方米计算。

墙面勾缝工程量＝墙面长度×墙面高度

**3. 外墙装饰抹灰工程量计算**

（1）外墙各种装饰抹灰均按设计外墙抹灰的垂直投影面积计算，计算时应扣除门窗洞口、空圈及单个面积大于0.3m$^2$孔洞所占面积，其侧壁面积不另增加。附墙垛侧面抹灰面积并入外墙抹灰工程量内计算。

外墙装饰抹灰工程量＝外墙面长度×抹灰高度－门窗所占面积＋垛梁柱的侧面抹灰面积

（2）挑檐、天沟、腰线、栏板、门窗套、窗台线、压顶等均按图示尺寸的展开面积以平方米计算。

（3）柱装饰抹灰按结构断面周长乘设计柱抹灰高度以平方米计算。

柱装饰抹灰工程量＝柱结构断面周长×设计柱抹灰高度

**4. 块料面层工程量计算**

（1）墙面贴块料面层按图示尺寸的实贴面积计算。

墙面贴块料工程量＝图示长度×装饰高度

（2）柱面贴块料面层按块料外围周长乘装饰高度以平方米计算。

柱面贴块料工程量＝柱装饰块料外围周长×装饰高度

**［例6-48］** 某楼管室的平面图及墙身剖面如图6-75所示，其装饰做法如下。

（1）外墙裙：高900mm，贴150mm×75mm瓷质外墙砖，缝宽10mm，窗台、门边另

加 80mm，M1：1000mm×2400mm，M2：900mm×2400mm，C1：1500mm×1500mm。

(2) 外墙面：1∶1∶6 混合砂浆打底厚 14mm，1∶1∶4 混浆罩面厚 6mm。

(3) 内墙面：抹石膏砂浆 12mm 厚。

(4) 踢脚板：外边 2 间，1∶2.5 水泥砂浆黏贴彩釉砖高 150mm；里边 1 间，1∶3 水泥砂浆 20mm 厚，高 150mm。

试计算外墙裙、外墙面、内墙面、踢脚板的工程量及费用。

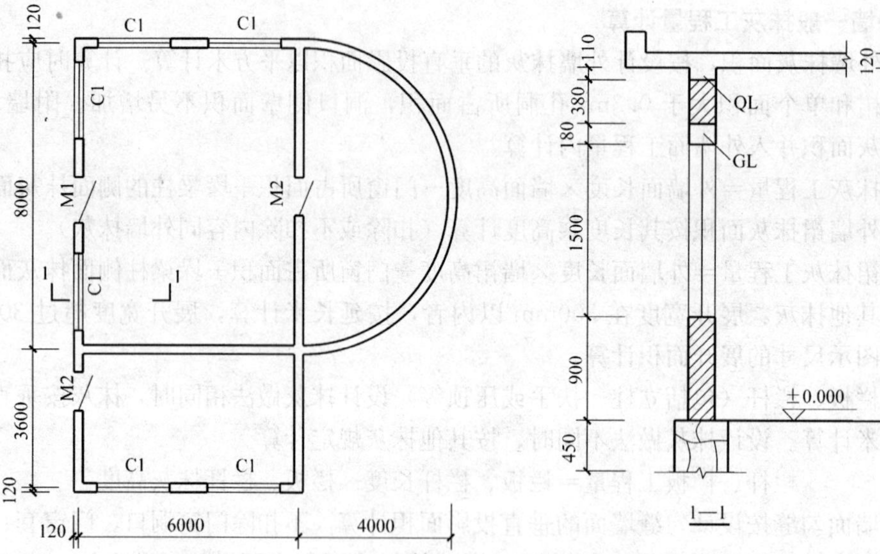


图 6-75

**解：** 外墙平直部分长度

$$(6.0+0.24)\text{m}\times2+(8+3.6+0.24)\text{m}+3.6\text{m}=27.92\text{m}$$

外边 2 间内墙周边长度

$$(6-0.24)\text{m}\times4+(8+3.6-0.24\times2)\text{m}\times2=45.28\text{m}$$

(1) 外墙裙

平直部分工程量：$(27.92+0.08\times4-1-0.9)\text{m}\times0.9\text{m}+1.5\text{m}\times6\times0.08\text{m}=24.43\text{m}^2$

水泥砂浆黏贴瓷质外墙砖　套 9-2-211　基价 719.75 元/$10\text{m}^2$

直接工程费：$(24.43\times719.75\div10)$元$=1758.35$ 元

弧形部分：$(4\times\pi\times0.9)\text{m}^2=11.31\text{m}^2$

水泥砂浆黏贴瓷质外墙砖弧形墙裙　套 9-2-211　基价（换）

$$719.75\text{ 元}/10\text{m}^2+(276.13\times0.15)\text{元}/10\text{m}^2=761.17\text{ 元}/10\text{m}^2$$

直接工程费：$(761.17\times11.31\div10)$元$=860.88$ 元

(2) 外墙面抹灰

平直部分工程量：$27.92\text{m}\times(1.5+0.18+0.38+0.11)\text{m}-1.5\text{m}\times1.5\text{m}\times6-(2.4-0.9)\text{m}\times(1.0+0.9)\text{m}=44.24\text{m}^2$

墙面抹混合砂浆　套 9-2-31　基价 121.85 元/$10\text{m}^2$

直接工程费：(121.85×44.24÷10)元=539.06元

圆弧部分工程量：[4×π×(1.5+0.18+0.38+0.11)]$m^2$=27.27$m^2$

圆弧墙面抹混合砂浆　套9-2-31　基价（换）

(121.85+72.61×0.15)元/10$m^2$=132.74元/10$m^2$

直接工程费：(132.74×27.27÷10)元=361.98元

（3）内墙面抹灰

平直部分工程量：(45.28+8−0.24)m×(0.9+1.5+0.18+0.38+0.11)m−(1×2.4+0.9×2.4×3+1.5×1.5×6)$m^2$=140.45$m^2$

墙面抹石膏砂浆　套9-2-42和9-2-60　基价（换）

(111.79+4.66×5)元/10$m^2$=135.09元/10$m^2$

直接工程费：(135.09×140.45÷10)元=1897.34元

圆弧墙内墙抹石膏砂浆：[π×(4−0.24)×(0.9+1.5+0.18+0.38+0.11)]$m^2$=36.26$m^2$

圆弧墙抹石膏砂浆　套9-2-42和9-2-60　基价（换）

[111.79+4.66×5+(85.33+2.12×5)×0.15]元/10$m^2$=149.48元/10$m^2$

直接工程费：(149.48×36.26÷10)元=542.01元

（4）踢脚板

外边2间(45.28−1−0.9×2+0.12×6)m=43.20m

彩釉砖踢脚　套9-1-86　基价99.38元/10m

直接工程费：(99.38×43.20÷10)元=429.32元

里边1间[8.0−0.24−0.9+π×(4−0.12)]m=19.05m

水泥砂浆踢脚　套9-1-13　基价34.55元/10m

直接工程费：(19.05×34.55÷10)元=65.82元

## 三、顶棚工程

（1）顶棚工程中凡注明砂浆种类、配合比、饰面材料型号规格的，设计规定与定额不同时，可按设计规定换算，其他不变。

（2）混凝土顶棚抹灰分现浇和预制混凝土面抹灰，9-3-5子目用于混凝土面顶棚混合砂浆找平。

（3）楼梯底面（包括侧面及连接梁、平台梁、斜梁的侧面）抹灰，按楼梯水平投影面乘以系数1.31并入相应顶棚抹灰工程量内计算。

（4）顶棚抹灰面积，按主墙面积计算，不扣除柱、垛、间壁墙、附墙烟囱、检查口和管道所占面积。带梁顶棚，梁两侧抹灰面积，并入顶棚抹灰工程量内计算。

顶棚抹灰工程量=主墙间的净长度×主墙间的净宽度+梁侧面面积

（5）密肋梁和井字梁顶棚抹灰面积，按展开面积计算。

井字梁顶棚抹灰工程量=主墙间的净长度×主墙间的净宽度+梁侧面面积

（6）顶棚抹灰带有装饰线时，装饰线按延长米计算。装饰线的道数以棱角为一道线。

装饰线工程量=Σ(房间净长度+房间净宽度)×2

（7）檐口顶棚及阳台、雨篷底的抹灰面积，并入相应的顶棚抹灰工程量内计算。

(8) 顶棚中的折线、灯槽线、圆弧形线、拱形线等艺术形式的抹灰，按展开面积，并入相应的顶棚抹灰工程量内。

(9) 顶棚刮腻子按本章抹灰工程量规则以平方米计算。

(10) 石膏线区别不同型式及规格，按设计延长米计算。

[例 6-49] 现浇钢筋混凝土有梁板工程，如图 6-76 所示墙厚 240mm。

顶棚做法：(1) 抹水泥砂浆；

(2) 满刮腻子二遍；

(3) 顶棚刷乳胶漆二遍；

(4) 梁板墙角处贴 150mm 宽石膏线。

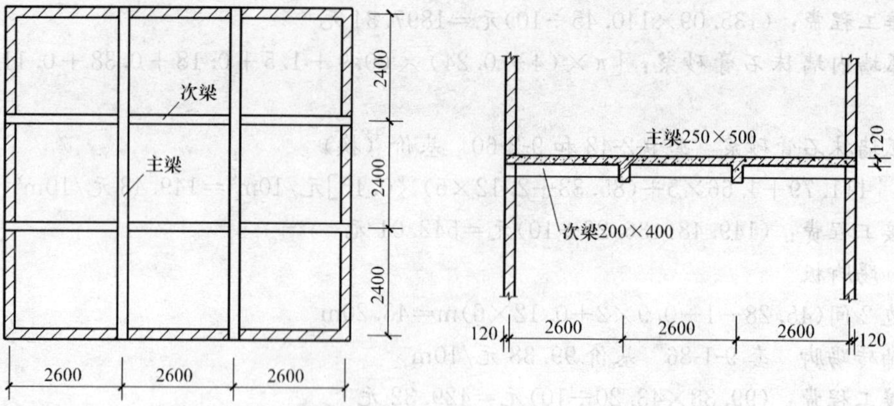


图 6-76

解：(1) 顶棚抹水泥砂浆

工程量＝(2.6×3－0.24)m×(2.4×3－0.24)m＋(2.4×3－0.24)m×(0.5－0.12)m×4＋(2.6×3－0.24－0.25×2)m×(0.4－0.12)m×4－(0.4－0.12)m×0.2m×8

＝70.66$m^2$

混凝土顶棚抹水泥砂浆 套 9-3-3 基价 134.26 元/10$m^2$

直接工程费：(134.26×70.66÷10)元＝948.68 元

(2) 顶棚满刮腻子工程量＝70.66$m^2$

套 9-4-209 基价 31.69 元/10$m^2$

直接工程费：(70.66×31.69÷10)元＝223.92 元

(3) 顶棚刷乳胶漆两遍工程量＝70.66$m^2$

顶棚刷乳胶漆 套 9-4-151 基价 73.61 元/10$m^2$

直接工程费：(70.66×73.61÷10)元＝520.13 元

(4) 石膏线

工程量＝(2.4×3－0.24－0.2×2)m×6＋(2.6×3－0.24－0.25×2)m×6＝81.72m

石膏线宽度 150mm 以内 套 9-5-84 基价 81.17 元/10m

直接工程费：(81.17×81.72÷10)元＝663.32 元

## 四、油漆、涂料及裱糊

（1）装饰工程项目中刷涂料、刷油采用手工操作，喷塑、喷涂、喷油采用机械操作，实际操作方法不同时不做调整。

（2）定额已综合考虑在同一平面上的分色及门窗内外分色的因素，需做美术图案的另行计算。

（3）硝基清漆需增刷硝基亚光漆者，套用硝基清漆每增一遍子目，换算油漆种类，油漆用量不变。

（4）墙面、墙裙、顶棚及其他饰面上的装饰线油漆与附着面的油漆种类相同时，装饰线油漆不单独计算；单独的装饰线油漆执行不带托板的木抹手油漆，套用定额时，宽度50mm以内的线条乘以系数0.2，宽度100mm以内的线条乘系数0.35，宽度200mm内的线条乘系数0.45。

（5）木踢脚板油漆按踢脚板的计算规则计算工程量，套用其他木材面油漆项目。

（6）抹灰面油漆、涂料项目中均包括刮腻子内容，刮腻子按基层处理有关项目单独计算。木夹板、石膏板面刮腻子，套用相应定额，其人工乘系数1.10，材料乘系数1.20。

（7）其他木材面工程量系数表中的“零星木装饰”项目，指木材面油漆工程量系数表中未列的项目。

（8）楼地面、顶棚面、墙面、柱面的喷（刷）涂料、油漆工程，其工程量按本章各自抹灰的工程量计算规则计算。涂料系数表中有规定的，按规定计算工程量并乘系数表中系数。裱糊项目工程量，按设计裱糊面积，以平方米计算。

（9）木材面、金属面油漆工程量分别按油漆、涂料系数表中规定，并乘以系数表内的系数以平方米计算。

（10）明式窗帘盒按延长米计算工程量，套用木扶手（不带托板）项目，暗式窗帘盒按展开面积计算工程量，套用其他木材面油漆项目。

（11）基层处理的工程量按其面层的工程量套用基层处理相应子目。

基层处理工程量＝面层工程量

（12）木材面刷防火涂料，按所刷木材面的面积计算工程量；木方面刷防火涂料，按木方所附墙、板面的投影面积计算工程量。

木材面刷防火涂料＝板方框外围投影面积

（13）油漆、涂料工程量系数表：

① 木材面油漆工程量系数表见表6-10～表6-15。

**表6-10 单层木门工程量系数表**

| 定额项目 | 项目名称 | 系数 | 工程量计算方法 |
|---|---|---|---|
| 单层木门 | 单层木门 | 1.00 | 按单面洞口面积 |
| | 双层（一板一纱）木门 | 1.36 | |
| | 双层（单裁口）木门 | 2.00 | |
| | 单层全玻门 | 0.83 | |
| | 木百页门 | 1.25 | |
| | 厂库大门 | 1.10 | |

表6-11 单层木窗工程量系数表

| 定额项目 | 项目名称 | 系数 | 工程量计算方法 |
|---|---|---|---|
| 单层木窗 | 单层玻璃窗 | 1.00 | 按单面洞口面积 |
| | 双层（一玻一纱）窗 | 1.36 | |
| | 双层（单裁口）窗 | 2.00 | |
| | 三层（二玻一纱）窗 | 2.60 | |
| | 单层组合窗 | 0.83 | |
| | 双层组合窗 | 1.13 | |
| | 木百页窗 | 1.50 | |

表6-12 木扶手（不带托板）工程量系数表

| 定额项目 | 项目名称 | 系数 | 工程量计算方法 |
|---|---|---|---|
| 木扶手（不带托板） | 木扶手（不带托板） | 1.00 | 按延长米 |
| | 木扶手（带托板） | 2.60 | |
| | 窗帘盒 | 2.04 | |
| | 封檐板、顺水板 | 1.74 | |
| | 挂衣板、黑板框 | 0.52 | |
| | 挂镜线、窗帘框 | 0.35 | |

表6-13 墙面墙裙工程量系数表

| 定额项目 | 项目名称 | 系数 | 工程量计算方法 |
|---|---|---|---|
| 墙面墙裙 | 无造型墙面墙裙 | 1.00 | 长×宽 |
| | 有造型墙面墙裙 | 1.25 | 投影面积 |

表6-14 木地板工程量系数表

| 定额项目 | 项目名称 | 系数 | 工程量计算方法 |
|---|---|---|---|
| 木地板 | 木地板、木踢脚板 | 1.00 | 长×宽 |
| | 木楼梯（不包括底面） | 2.30 | 水平投影面积 |

表6-15 其他木材面工程量系数表

| 定额项目 | 项目名称 | 系数 | 工程量计算方法 |
|---|---|---|---|
| 其他木材面 | 木板、纤维板、胶合板顶 | 1.00 | 长×宽 |
| | 棚、檐口（其他木材面） | 1.00 | |
| | 清水板条顶棚、檐口 | 1.07 | |
| | 木方格吊顶顶棚 | 1.20 | |
| | 吸声板墙面、顶棚面 | 0.87 | |
| | 鱼鳞板墙 | 2.48 | |
| | 窗台板、筒子板、盖板、 | 1.00 | |
| | 门窗套、踢脚板 | 1.00 | |
| | 暖气罩 | 1.28 | |
| | 屋面板（带檩条） | 1.11 | 斜长×宽 |

（续）

| 定额项目 | 项目名称 | 系数 | 工程量计算方法 |
|---|---|---|---|
| 其他木材面 | 木间壁、木隔断 | 1.90 | 单面外围面积 |
| | 玻璃间壁露明墙筋 | 1.65 | |
| | 木栅栏、木栏杆带扶手 | 1.82 | |
| | 木屋架 | 1.79 | 跨度（长）×中高×1/2 |
| | 衣柜、壁柜 | 1.00 | 展开面积 |
| | 零星木装修 | 1.10 | 展开面积 |

② 金属面油漆工程量系数表见表6-16～表6-18。

**表6-16 单层钢门窗工程量系数表**

| 定额项目 | 项目名称 | 系数 | 工程量计算方法 |
|---|---|---|---|
| 单层钢门窗 | 单层钢门窗 | 1.00 | 洞口面积 |
| | 双层（一玻一纱）钢门窗 | 1.48 | |
| | 钢百页钢门 | 2.74 | |
| | 半截百页钢门 | 2.22 | |
| | 满钢门或包铁皮门 | 1.63 | |
| | 钢折叠门 | 2.30 | |
| | 射线防护门 | 2.96 | 框（扇）外围面积 |
| | 厂库房平开、推拉门 | 1.70 | |
| | 钢丝网大门 | 0.81 | |
| | 间壁 | 1.85 | 长×宽 |
| | 平板屋面 | 0.74 | 斜长×宽 |
| | 瓦垄板屋面 | 0.89 | |
| | 排水、伸缩缝盖板 | 0.78 | 展开面积 |
| | 吸气罩 | 1.63 | 水平投影面积 |

**表6-17 其他金属面工程量系数表**

| 定额项目 | 项目名称 | 系数 | 工程量计算方法 |
|---|---|---|---|
| 其他金属面 | 钢屋架、天窗架、挡风架、屋 | 1.00 | 质量（t） |
| | 架梁、支撑、檩条 | 1.00 | |
| | 墙架（空腹式） | 0.50 | |
| | 墙架（格板式） | 0.82 | |
| | 钢柱、吊车梁、花式梁、柱、 | 0.63 | |
| | 空花构件 | 0.63 | |
| | 操作台、走台、制动梁、钢梁 | 0.71 | |
| | 车挡 | 0.71 | |
| | 钢栅栏门、栏杆、窗栅 | 1.71 | |
| | 钢爬梯 | 1.18 | |
| | 轻型屋架 | 1.42 | |
| | 踏步式钢扶梯 | 1.05 | |
| | 零星铁件 | 1.32 | |

表 6-18 平板屋面涂刷磷化、锌黄底漆工程量系数表

| 定额项目 | 项目名称 | 系数 | 工程量计算方法 |
|---|---|---|---|
| 平板屋面 | 平板屋面 | 1.00 | 斜长×宽 |
| | 瓦垄板屋面 | 1.20 | |
| | 排水、伸缩缝盖板 | 1.05 | 展开面积 |
| | 吸气罩 | 2.20 | 水平投影面积 |
| | 包镀锌铁皮门 | 2.20 | 洞口面积 |

③ 抹灰面油漆、涂料工程量系数见表 6-19。

表 6-19 抹灰面工程量系数表

| 定额项目 | 项目名称 | 系数 | 工程量计算方法 |
|---|---|---|---|
| 抹灰面 | 槽形底板、混凝土折板有梁底板 | 1.30 | 长×宽 |
| | 密肋、井字梁底板 | 1.50 | |
| | 混凝土平板式楼梯底 | 1.30 | 水平投影面积 |

[例 6-50] 某教室单层门连窗尺寸如图 6-77 所示，刷底油一遍，调合漆两遍，计算工程量及直接费。

**解:** (1) 单层木门：0.9m×2.4m×1.0＝2.16m$^2$

单层木门底油一遍，调合漆两遍 套 9-4-1 基价 183.52 元/10m$^2$

直接工程费：(2.16×183.52÷10) 元＝39.64 元

(2) 单层木窗：1.5m×0.6m×1.0＝0.9m$^2$

单层木窗调合漆两遍 套 9-4-2 基价 168.60 元/10m$^2$

直接工程费：(168.60×0.9÷10)元＝15.17 元

[例 6-51] 平开钢板大门（图 6-78）若刷红丹防锈漆两遍，银粉漆两遍，计算工程量及费用。

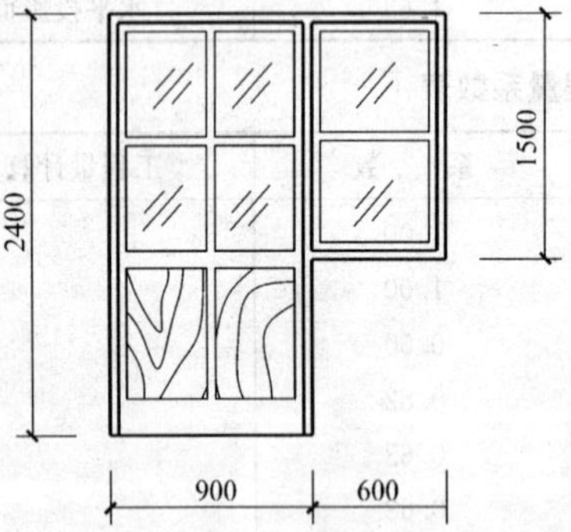


图 6-77

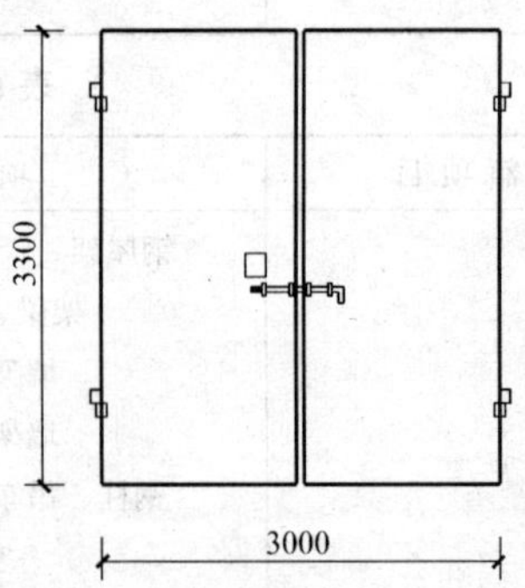


图 6-78

**解:** 工程量 3.0m×3.3m×1.7＝16.83m$^2$

制作、安装时已含一遍红丹防锈漆

红丹防锈漆一遍 套 9-4-136 基价 49.48 元/10m$^2$

直接工程费：(49.48×16.83÷10)元＝83.27 元

银粉漆两遍　套 9-4-138　基价 94.24 元/10m$^2$

直接工程费：(94.24×16.83÷10)元/10m$^2$＝158.61 元

# 第十节　脚手架工程

## 一、定额说明

（1）脚手架按搭设材料分为木制、钢管式；按搭设形式及作用分为型钢平台挑钢管式脚手架（见图 6-79）、烟囱脚手架和电梯井字脚手架等。为了适应建设单位单独发包的情况，单列了主体工程外脚手架和外装饰工程脚手架。

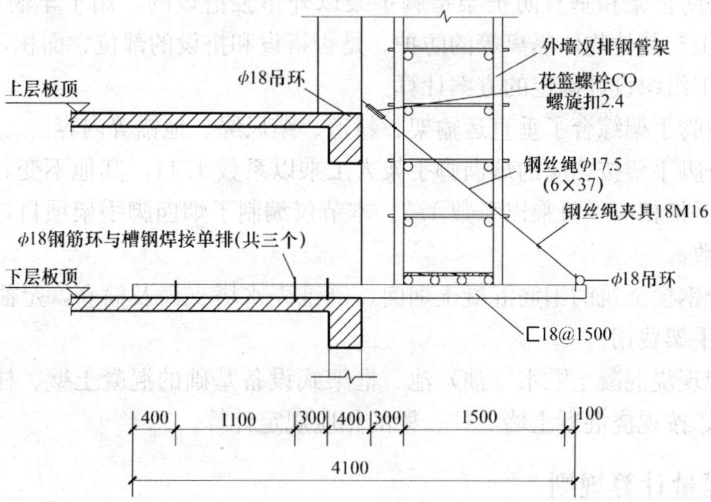


图　6-79

（2）各种现浇混凝土独立柱、框架柱、砖柱、石柱等，均需单独计算脚手架；混凝土构造柱，不单独计算。

（3）现浇混凝土圈梁、过梁，楼梯，雨篷、阳台、挑檐中的梁和挑梁，均不单独计算脚手架。

（4）各种现浇混凝土板、现浇混凝土楼梯，不单独计算脚手架。

（5）外挑阳台的外脚手架，按其外挑宽度，并入外墙外边线长度内计算。

（6）混凝土独立基础高度超过 1m，按柱脚手架规则计算工程量（外围周长按最大底面周长），执行单排外脚手架子目。

（7）石砌基础高度超过 1m，执行双排里脚手架子目；超过 3m，执行双排外脚手架子目。边砌边回填时，不得计算脚手架。

（8）石砌围墙或厚 2 砖以上的砖围墙，增加一面双排里脚手架。

（9）各种石砌挡土墙的砌筑脚手架，按石砌基础的规定执行。

（10）型钢平台外挑双排钢管架子目，一般适用于自然地坪或高层建筑的低层屋面不能承受外脚手架荷载，不能搭设落地脚手架等情况。其工程量计算，执行外脚手架的相应规定。

(11) 编制标底时，外脚手架高度在110m以内，按相应落地钢管架子目执行；高度超过110m时，按型钢平台外挑双排钢管架子目执行。

(12) 满堂脚手架按室内净面积计算，不扣除柱、垛所占面积。

(13) 内装饰脚手架，内墙高度在3.6m以内时按相应脚手架子目30%计取。但计取满堂脚手架后，不再计取内装饰脚手架。

(14) 外脚手架子目综合了上料平台和护卫栏杆，依附斜道、安全网和建筑物的垂直封闭等，应依据相应规定另行计算。

(15) 斜道是按依附斜道编制的，独立斜道按依附斜道子目人工、材料、机械乘以系数1.8。

(16) 高出屋面水箱间、电梯间，不计算垂直封闭。

(17) 水平防护架和垂直防护架指脚手架以外单独搭设的，用于车辆通行、人行通道、临街防护和施工与其他物体隔离等的防护。是否搭设和搭设的部位、面积，均应根据工程实际情况，按施工组织设计确定的方案计算。

(18) 烟囱脚手架综合了垂直运输架、斜道、缆风绳、地锚等内容。

(19) 水塔脚手架按相应的烟囱脚手架人工乘以系数1.11，其他不变。倒锥壳水塔脚手架，按烟囱脚手架相应子目乘以系数1.3。本节仅编制了烟囱脚手架项目，水塔脚手架套烟囱脚手架乘系数。

(20) 滑升钢模浇筑的钢筋混凝土烟囱、倒锥壳水塔支筒及筒仓，定额按无井架施工编制，不另计脚手架费用。

(21) 大型现浇混凝土贮水（油）池、框架式设备基础的混凝土壁、柱、顶板梁等混凝土浇筑脚手架，按现浇混凝土墙、柱、梁的相应规定计算。

## 二、工程量计算规则

### （一）一般规定

(1) 计算内、外墙脚手架时，均不扣除门窗洞口、空圈洞口等所占的面积。

(2) 同一建筑物高度不同时，应按不同高度分别计算。

(3) 总包施工单位承包工程范围不包括外墙装饰工程或外墙装饰不能利用主体施工脚手架施工的工程，可分别套用主体外脚手架或装饰外脚手架项目。

### （二）外脚手架

(1) 外脚手架工程量按外墙外边线长度乘以外脚手架高度以平方米计算。

外墙脚手架工程量=(外墙外边线长度+墙垛侧面宽度×2×$n$)×外脚手架高度

(2) 脚手架长度按外墙外边线长度计算，凸出墙面宽度大于240mm的墙垛等，按图示尺寸展开计算，并入外墙长度内。

即：长度按外墙结构外边线长度计算，若有凸出墙面宽度大于240mm的墙垛时，应按突出墙尺寸的2倍乘以垛数并入墙长内计算。

(3) 外脚手架的高度，在工程量计算及执行定额时，均自设计室外地坪算至檐口顶。

① 先主体、后回填，自然地坪低于设计室外地坪时，外脚手架的高度，自自然地坪算起。

② 设计室外地坪标高不同时，有错坪的，按不同标高分别计算；有坡度的，按平均标

高计算。

③ 外墙有女儿墙的，算至女儿墙压顶上坪；无女儿墙的，算至檐板上坪或檐沟翻檐的上坪。

④ 坡屋面的山尖部分，其工程量按山尖部分的平均高度计算；但应按山尖顶坪执行定额。

⑤ 高出屋面的电梯间、水箱间，其脚手架按自身高度计算。

⑥ 高低层交界处的高层外脚手架，按低层屋面结构上坪至檐口（或女儿墙顶）的高度计算工程量，按设计室外地坪至檐口（或女儿墙顶）的高度执行定额。

(4) 外脚手架按计算的外墙脚手架高度，套用相应高度（××m 以内）的定额项目。

(5) 砌筑高度在 15m 以下的按单排脚手架计算；高度在 15m 以上或高度虽小于 15m，但外墙门窗及装饰面积超过外墙表面积 60%以上（或外墙为现浇混凝土墙、轻质砌块墙）时，按双排脚手架计算。

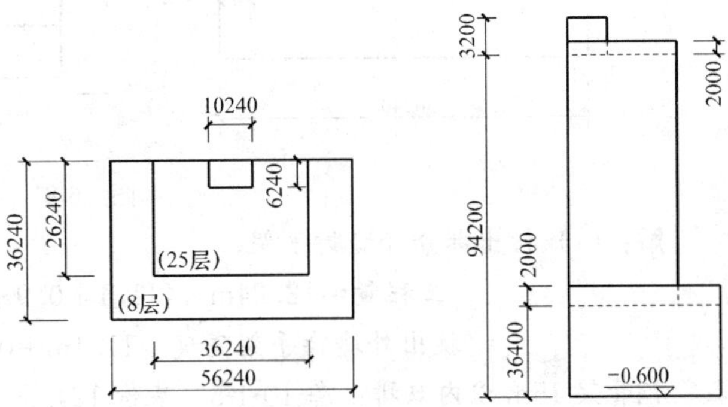


图　6-80

[例 6-52]　某高层建筑物如图 6-80所示，女儿墙高 2m，计算外墙脚手架工程量及费用。

**解**：(1) 高层（25 层）部分外脚手架工程量

$$36.24\text{m}\times(94.20+2.00)\text{m}=3486.29\text{m}^2$$

$$(36.24+26.24\times2)\text{m}\times(94.20-36.40+2.00)\text{m}=5305.46\text{m}^2$$

$$10.24\text{m}\times(3.20-2.00)\text{m}=12.29\text{m}^2$$

合计：$3486.29\text{m}^2+5305.46\text{m}^2+12.29\text{m}^2=8804.04\text{m}^2$

$$高度=94.20\text{m}+2.00\text{m}=96.20\text{m}$$

说明：电梯间、水箱间不计入高度以内。

110m 以内钢管双排外脚手架　套 10-1-11　基价 612.78 元/$10\text{m}^2$

直接工程费：(8804.04×612.78÷10)元＝539493.96 元

(2) 低层（8 层）部分脚手架工程量＝[(36.24＋56.24)×2－36.24]m×(36.40＋2.00)m＝5710.85$\text{m}^2$

$$高度=36.40\text{m}+2.00\text{m}=38.40\text{m}$$

50m 以内钢管双排外脚手架　套 10-1-8　基价 218.33 元/$10\text{m}^2$

直接工程费：(5710.85×218.33÷10)元＝124684.99 元

(3) 电梯间、水箱间部分（假定为砖砌外墙）脚手架工程量＝(10.24＋6.24×2)m×3.20m＝72.70$\text{m}^2$

15m 以内钢管单排脚手架　套 10-1-102　基价 58.12 元/$10\text{m}^2$

直接工程费：(58.12×72.70÷10)元＝422.53 元

(6) 若建筑物有挑出的外墙，挑出宽度大于 1.5m 时，外脚手架工程量按上部挑出外墙宽度乘以设计室外地坪至檐口或女儿墙表面高度计算，套用相应高度的外脚手架；下层缩入部分的外脚手架，工程量按缩入外墙长度乘以设计室外地坪至挑出部分的板底高度计算，不论实际需搭设单、双排脚手架，均按单排外脚手架定额项目执行。

[例 6-53] 某农村信用社共3层，自2层以上往外挑出，其尺寸如图 6-81 所示，除缩进墙体采用单排钢管架外，其余外墙均采用双排钢管架，计算外墙脚手架工程量及费用。

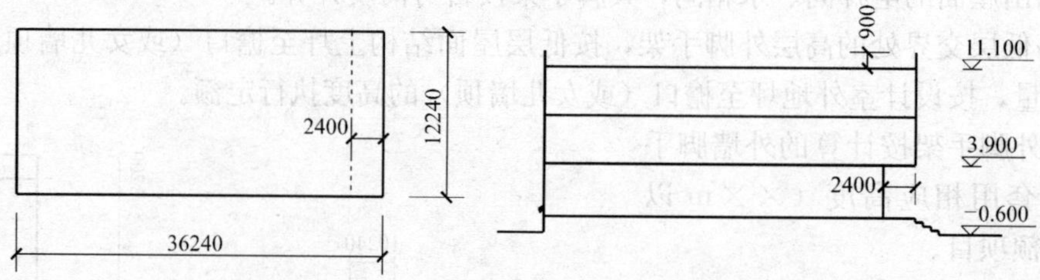


图 6-81

**解**：(1) 挑出部分外墙脚手架

$$工程量=12.24m\times(11.1+0.9+0.6)m=154.22m^2$$

$$挑出外墙脚手架高度=11.1m+0.9m+0.6m=12.6m$$

钢管架 15m 以内双排　套 10-1-5　基价 124.50 元/$10m^2$

直接工程费：(124.50×154.22÷10)元＝1920.04 元

(2) 缩入外墙脚手架

$$工程量=12.24m\times(3.9+0.6)m=55.08m^2$$

$$缩入外墙脚手架高度=(3.9+0.6)m=4.5m$$

钢管架 6m 以内单排　套 10-1-102（补充定额）　基价 58.12 元/$10m^2$

直接工程费：(58.12×55.08÷10)元＝320.12 元

(3) 其他三面外墙脚手架

$$工程量=(36.24\times2+12.24)m\times(11.1+0.9+0.6)m=1067.47m^2$$

钢管架 15m 以内双排　套 10-1-5　基价 124.50 元/$10m^2$

直接工程费：(1067.47×124.50÷10)元＝13290.00 元

若建筑物上部仅有几层挑出或挑出宽度小于 1.5m 时，应按施工组织设计确定的搭设方法，另行补充。

(7) 独立柱（现浇混凝土框架柱）按图示结构外围周长另加 3.6m，乘以设计柱高以平方米计算，套用单排外脚手架项目。

独立柱包括现浇混凝土独立柱、砖砌独立柱、石砌独立柱。混凝土构造柱不计算柱脚手架。

设计柱高：基础上表面或楼层上表面至上层楼板上表面或屋面板上表面的高度。

$$独立柱脚手架工程量=(柱图示结构外围周长+3.6m)\times设计柱高$$

[例 6-54] 某学校实训楼为现浇钢筋混凝土框架结构，其布置及尺寸如图 6-82 所示，柱子总高为 14.80m，计算独立柱脚手架费用。

**解**：柱脚手架工程量

$$(0.4\times4+3.60)m\times11\times4\times14.80m=3386.24m^2$$

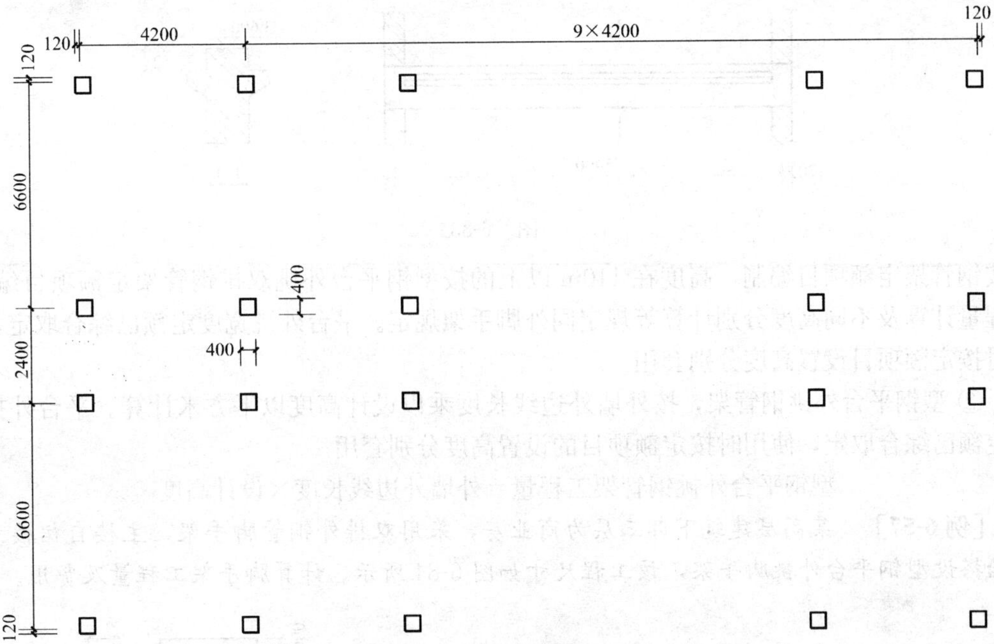


图　6-82

独立柱钢管架 15m 以内单排　套 10-1-4　基价 92.09 元/10m$^2$

直接工程费：(3386.24×92.09÷10) 元=31183.88 元

说明：若该实训楼施工组织设计规定，外墙为双排钢管架，其四周外围的现浇混凝土梁、框架梁、墙，以及砌筑的墙体，不另计算混凝土浇筑和墙体砌筑脚手架。

**[例 6-55]**　某营业大厅有现浇混凝土圆柱共 6 根，直径为 0.8m，柱高 6.50m，计算圆形柱脚手架工程量及费用。

**解：**圆形混凝土柱脚手架工程量

$$(\pi\times0.8+3.6)\text{m}\times6.50\text{m}\times6=238.42\text{m}^2$$

单排钢管脚手架 15m 以内　套 10-1-4　基价 92.09 元/10m$^2$

直接工程费：(238.42×92.09÷10)元=2195.61 元

(8) 现浇混凝土梁、墙，按设计室外地坪或楼板上表面至楼板底之间的高度，乘以梁、墙净长以平方米计算，套用双排外脚手架项目。

梁墙脚手架工程量=梁墙净长度×地坪（或板顶）至板底高度

**[例 6-56]**　某包装车间一层，共有花篮梁 4 根，尺寸如图 6-83 所示，采用木制脚手架，设计室外地坪为−0.45m，计算梁脚手架工程量及费用。

**解：**花篮梁脚手架工程量=(5.4−0.24)m×(3.6+0.45−0.13)m×4=80.91m$^2$

脚手架高度=3.6m+0.45m−0.13m=3.92m

木脚手架 15m 以内双排　套 10-1-2　基价 255.87 元/10m$^2$

直接工程费：(80.91×255.87÷10)元=2070.24 元

(9) 型钢平台外挑双排脚手架：

① 建筑物高度超过 30m 时，可根据工程情况按型钢挑平台双排脚手架计算。施工单位投标报价时，根据施工组织设计规定确定是否使用。编制标底时，外脚手架高度在 110m 以

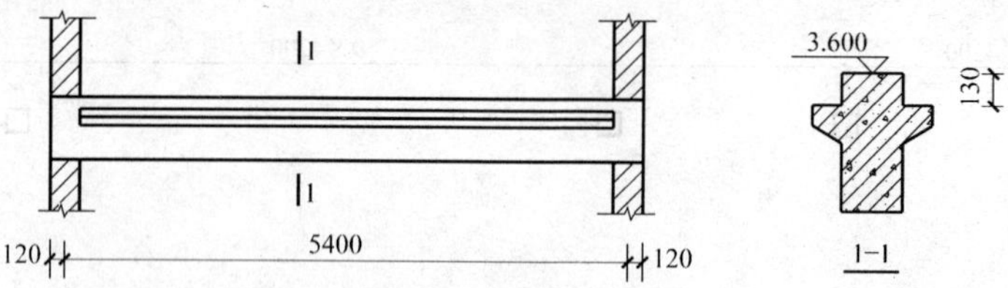


图 6-83

内按钢管架定额项目编制，高度在110m以上的按型钢平台外挑双排钢管架定额项目编制。工程量计算及不同高度分别计算等规定同外脚手架规定。平台外挑宽度定额已综合取定，使用时按定额项目设置高度分别套用。

② 型钢平台外挑钢管架，按外墙外边线长度乘以设计高度以平方米计算。平台外挑宽度定额已综合取定，使用时按定额项目的设置高度分别套用。

型钢平台外挑钢管架工程量＝外墙外边线长度×设计高度

［例6-57］ 某高层建筑下部三层为商业房，采用双排外钢管脚手架，主楼自裙楼上部开始搭设型钢平台外挑脚手架，该工程尺寸如图6-84所示。计算脚手架工程量及费用。

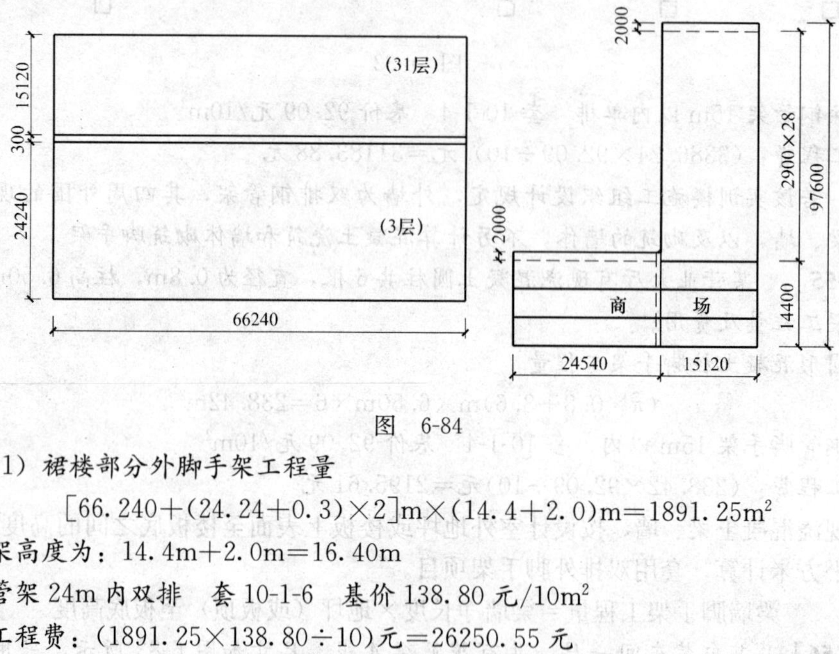


图 6-84

解：(1) 裙楼部分外脚手架工程量

$$[66.240+(24.24+0.3)\times 2]\text{m}\times(14.4+2.0)\text{m}=1891.25\text{m}^2$$

脚手架高度为：14.4m＋2.0m＝16.40m

外钢管架24m内双排 套10-1-6 基价138.80元/10m²

直接工程费：(1891.25×138.80÷10)元＝26250.55元

(2) 主楼下部三层脚手架工程量

$$(15.12\times 2+66.24)\text{m}\times 14.40\text{m}=1389.31\text{m}^2$$

外脚手架钢管架15m以内双排 套10-1-5 基价124.50元/10m²

直接工程费：(1389.31×124.50÷10)元＝17296.91元

(3) 主楼型钢平台外挑钢管脚手架工程量

$$(15.12+66.24)\text{m}\times 2\times(97.6-14.4)\text{m}=13538.30\text{m}^2$$

脚手架高度为：97.6m

型钢平台外挑双排钢管脚手架110m以内 套10-1-14 基价629.11元/10m²

直接工程费：(629.11×13538.30÷10)元＝851.71 元

**(三) 里脚手架**

(1) 建筑物内墙脚手架，凡设计室内地坪至顶板下表面（或山墙高度 1/2 处）的高度在 3.6m 以下（非轻质砌块墙）时，按单排里脚手架计算；高度超过 3.6m 小于 6m 时，按双排里脚手架计算；高度超过 6m 时，内墙（非轻质砌块墙）砌筑脚手架，执行单排外脚手架子目。轻质砌块墙砌筑脚手架，高度超过 6m 时，执行双排外脚手架子目。

(2) 里脚手架按墙面垂直投影面积计算，套用里脚手架项目。不能在内墙上留脚手架洞的各种轻质砌块墙等套用双排里脚手架项目。

内墙体里脚手架工程量＝内墙净长度×设计净高度

里脚手架高度自脚手架支撑点至顶板下表面计算（有山尖或坡度的高度折算）。计算面积时不扣除门窗洞口，混凝土圈梁、过梁、构造柱及梁头所占面积。

**[例 6-58]**　某教工宿舍楼平面图如图 6-85 所示，层高 3m，楼板厚 100mm，其中②、⑫和Ⓑ轴线内墙体为轻质砌块墙体，其余为实砌砖墙，本工程采用钢管架，计算该工程的里脚手架费用。

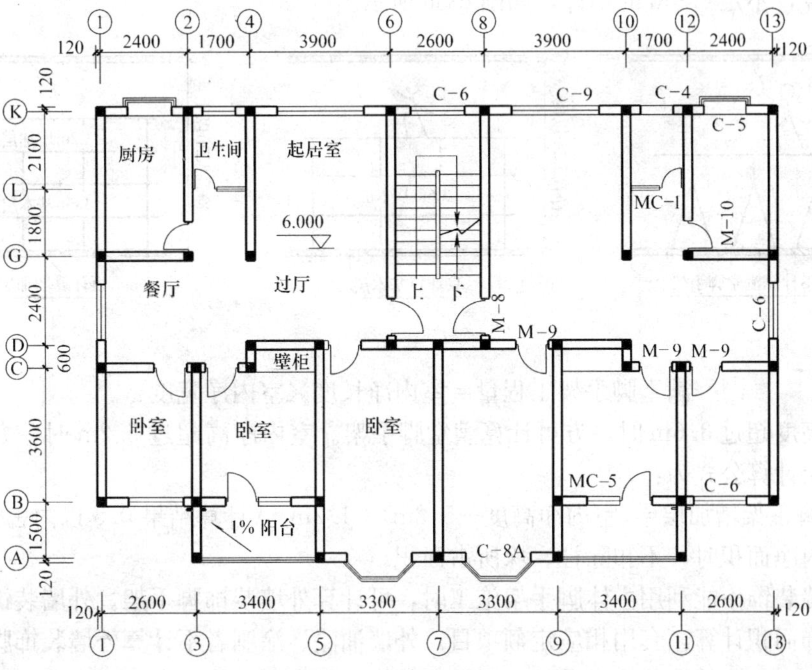


图　6-85

**解：**(1) 轻质砌块墙里脚手架

工程量＝(1.8＋2.1－0.24＋3.4－0.24)m×2×(3－0.1)m＝39.56m²

里脚手架高度：3m－0.1m＝2.9m

钢管架 3.6m 以内双排　套 10-1-22　基价 49.56 元/10m²

直接工程费：(49.56×39.56÷10)元＝196.06 元

(2) 实砌砖墙体里脚手架

C、D 轴线(2.6＋3.4＋3.3＋0.6－0.12)m×2×(3.0－0.1)m＝56.72m²

4、G 轴线(1.8+2.1+1.7+2.4−0.24)m×2×(3.0−0.1)m=45.01m²

3、5、6 轴线[(3.6−0.24)m+(1.5+3.6+0.6−0.24)m+(2.4+1.8+2.1−0.24)m]×2×(3.0−0.1)m=86.30m²

7 轴线(1.5+3.6+0.6−0.24)m×(3.0−0.1)m=15.83m²

合计:(56.72+45.01+86.30+15.83)m²=203.86m²

钢管架 3.6m 以内单排　套 10-1-21　基价 36.85 元/10m²

直接工程费(203.86×36.85÷10)元=751.22 元

**(四) 装饰脚手架**

(1) 高度超过 3.6m 的内墙面装饰不能利用原砌筑脚手架时，可按里脚手架计算规则计算装饰脚手架，即内墙装饰脚手架按装饰的结构面垂直投影面积（不扣除门窗洞口面积）计算。装饰脚手架按双排里脚手架乘以 0.3 系数计算。

内墙面装饰双排里脚手架工程量=内墙净长度×设计净高度×0.3

(2) 室内天棚装饰面距设计室内地坪在 3.6m 以上时，可计算满堂脚手架。满堂脚手架按室内净面积计算，其高度为 3.61～5.20m，计算基本层。超过 5.2m 时，每增加 1.2m 按增加一层计算，不足 0.6m 的不计，如图 6-86 所示。

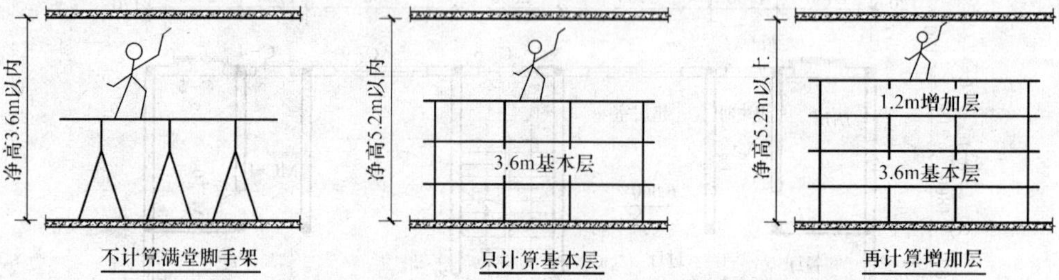


图 6-86

满堂脚手架工程量=室内净长度×室内净宽度

室内净高度超过 3.6m 时，方可计算满堂脚手架。室内净高超过 5.2m 时，方可计算增加层。增加层计算公式为：

满堂脚手架增加层=(室内净高度−5.2m)÷1.2m　(计算结果 0.5 以内舍去)

计算室内净面积时，不扣除柱、垛所占面积。

(3) 外墙装饰不能利用主体脚手架施工时，可计算外墙装饰脚手架。外墙装饰脚手架按设计外墙装饰面积计算，套用相应定额项目。外墙油漆、涂刷者不计算外墙装饰脚手架。

外墙装饰脚手架工程量=装饰面长度×装饰面高度

(4) 按规定计算满堂脚手架后，室内墙壁装饰不再计算装饰脚手架。

(5) 主体工程外脚手架和外装饰工程脚手架，其工程量计算执行外脚手架有关规定。

(6) 外墙面局部玻璃幕墙的外装饰工程脚手架，按幕墙宽度两侧各加 1m，乘以幕墙高度，以平方米计算工程量；按设计室外地坪至幕墙上边缘高度执行定额。

**[例 6-59]**　某学校餐厅学生就餐大厅共 2 层，尺寸如图 6-87 所示，计算满堂脚手架(钢管架) 工程量及费用。

**解：**(1) 底层满堂脚手架

工程量=(7.2×5+7.28×2−0.24)m×(9.08×2+9.0−0.24)m=1354.61m²

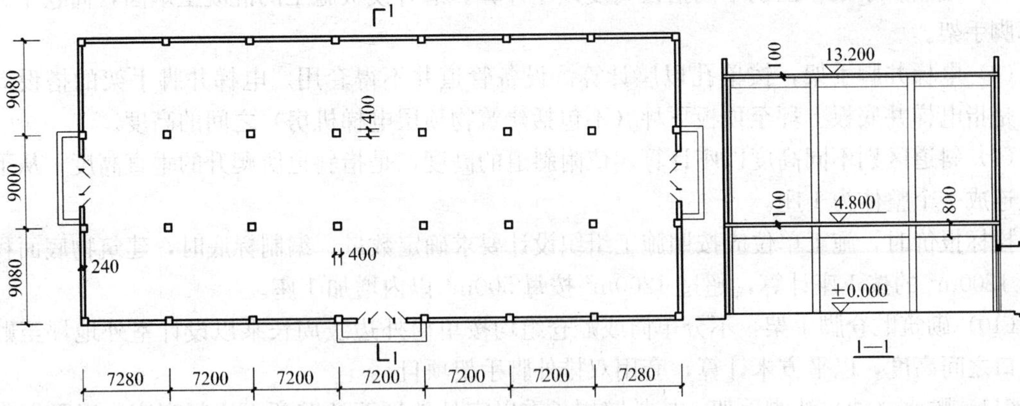


图　6-87

室内净高=(4.8−0.1)m=4.7m<5.2m

说明：室内净高度为室内地面地坪至室内天棚装饰面距离。

满堂脚手架钢管架基本层　套 10-1-27　基价 105.22 元/10m²

直接工程费：(1354.61×105.22÷10)元=14253.21 元

(2) 二层满堂脚手架

工程量=(7.2×5+7.28×2−0.24)m×(9.08×2+9.0−0.24)m=1354.61m²

室内净高度=(13.2−0.1−4.8)m=8.3m

满堂脚手架增加层=(8.3−5.2)m÷1.2m=3 层

二层满堂脚手架　套 10-1-27 和 10-1-28　基价（换）

(105.22+22.20×3)元/10m²=171.82 元/10m²

直接工程费：(1354.61×171.82÷10)元=23274.91 元

**(五) 其他脚手架**

(1) 围墙脚手架，按室外自然地坪至围墙顶面的砌筑高度乘长度以平方米计算。围墙脚手架套用单排脚手架相应项目。

围墙脚手架工程量=围墙长度×室外自然地坪至围墙顶面高度

(2) 石砌墙体，凡砌筑高度在 1.0m 以上时，按设计砌筑高度乘长度以平方米计算，套用双排里脚手架项目。

石砌墙体双排里脚手架工程量=砌筑长度×砌筑高度

(3) 水平防护架，按实际铺板的水平投影面积，以平方米计算。

水平防护架工程量=水平投影长度×水平投影宽度

(4) 垂直防护架，按自然地坪至最上一层横杆之间的搭设高度，乘以实际搭设长度以平方米计算。

垂直防护架工程量=实际搭设长度×自然地坪至最上一层横杆的高度

(5) 挑脚手架，按搭设长度和层数，以延长米计算。

挑脚手架工程量=实际搭设总长度

(6) 悬空脚手架，按搭设水平投影面积以平方米计算。

悬空脚手架工程量=水平投影长度×水平投影宽度

(7) 烟囱脚手架，区别不同搭设高度以座计算。滑升模板施工的混凝土烟囱，筒仓不另计算脚手架。

(8) 电梯井脚手架，按单孔以座计算。设备管道井不得套用。电梯井脚手架的搭设高度，是指电梯井底板上坪至顶板下坪（不包括建筑物顶层电梯机房）之间的高度。

(9) 斜道区别不同高度以座计算。依附斜道的高度，是指斜道所爬升的垂直高度，从下至上连成一个整体为1座。

投标报价时，施工单位应按照施工组织设计要求确定数量。编制标底时，建筑物底面积小于1200m² 的按1座计算，超过1200m² 按每500m² 以内增加1座。

(10) 砌筑贮仓脚手架，不分单筒或贮仓组均按单筒外边线周长乘以设计室外地坪至贮仓上口之间高度，以平方米计算，套用双排外脚手架项目。

(11) 贮水（油）池脚手架，按外壁周长乘以室外地坪至池壁顶面之间高度，以平方米计算。贮水（油）池凡距离地坪高度超过1.2m时，套用双排外脚手架项目。

(12) 设备基础脚手架，按其外形周长乘以地坪至外形顶面边线之间高度，以平方米计算，套用双排里脚手架项目。

(13) 建筑物垂直封闭工程量按封闭面的垂直投影面积计算。若采用交替向上倒用时，工程量按倒用封闭过的垂直投影面积计算，套用定额项目中的封闭材料乘以相应系数计算（竹席0.5、竹笆和密目网0.33），其他不变。

即：建筑物垂直封闭交替倒用时

定额价格＝定额原价格－封闭材料定额消耗量×（1－相应系数）×封闭材料价格

关于建筑物垂直封闭：报价时由施工单位根据施工组织设计要求确定。编制标底时，建筑物16层（檐高50m）以内的工程按固定封闭计算；建筑物层数在16层（檐高50m）以上的工程按交替封闭计算，封闭材料采用密目网。

建筑物垂直封闭工程量＝(外围周长＋1.50×8)×(建筑物脚手架高度＋1.5护栏高)

**[例6-60]** 某高层建筑物如图6-80所示，下部8层长期固定封闭，上部25层密目网交替倒用，计算垂直封闭密目网的工程量及费用。

**解：**(1) 低8层密目网固定部分

工程量＝[(56.24＋36.24)×2＋1.5×8]m×(36.4＋2.0＋1.50)m＝7858.70m²

建筑物密目网垂直封闭 套10-1-51 基价 103.56元/10m²

直接工程费：(7858.70×103.56÷10) 元＝81384.70元/10m²

(2) 高25层密目网交替倒用部分

工程量＝[(36.24＋26.24×2)＋1.50×6]m×(94.20－36.40＋2.00＋1.50)m＋
(36.24＋1.50×2)m×(94.20－36.40)m＋(10.24＋1.50×2)m×
(3.20－2.00)m
＝8274.20m²

建筑物垂直封闭密目网交替倒用 套10-1-51 基价（换）

定额基价＝[103.56－10.5×(1－0.33)×8.40]元/10m²＝44.47元/10m²

直接工程费：(8274.20×44.47÷10)元＝36795.37元

(14) 立挂式安全网按架网部分的实际长度乘以实际高度以平方米计算。

立挂式安全网工程量＝实际长度×实际高度

(15) 挑出式安全网按挑出的水平投影面积计算。

挑出式安全网工程量＝挑出总长度×挑出的水平投影宽度

平挂式安全网（脚手架与建筑物外墙之间的安全网）按水平挂设的投影面积计算，套用10-1-46立挂式安全网定额子目。

投标报价时，施工单位根据施工组织设计要求确定。编制标底时，按平挂式安全网计算，根据“扣件式钢管脚手架应用及安全技术规程”要求，随层安全网搭设数量按每层一道。平挂式安全网宽度按1.5m，工程量按下式计算。

平挂式安全网工程量＝(外围周长×1.50＋1.50×1.50×4)×(建筑物层数－1)

**［例6-61］** 某工程如图6-80所示，编制标底时计划每层搭设一道平挂式安全网，计算安全网的工程量及费用。

**解：**(1) 低8层部分工程量

$$[(56.24+36.24)\times 2\times 1.50+1.50\times 1.50\times 4]\times(8-1)=2005.08\text{m}^2$$

(2) 高25层部分工程量

上部层数＝25－8＝17层

$$[(36.24+26.24)\times 2\times 1.50+1.50\times 1.50\times 4]\times(25-8-1)+(36.24+1.5\times 2)\times 1.5=3201.90\text{m}^2$$

(3) 上部电梯间、水箱间工程量

$$(10.24+1.50\times 2)\times 1.50=19.86\text{m}^2$$

安全网工程量合计

$$2005.08+3201.90+19.86=5226.84\text{m}^2$$

平挂式安全网 套10-1-46 基价49.11元/10m²

直接工程费：5226.84×49.11÷10＝25669.01元

**［例6-62］** 某写字楼如图6-88所示，外墙采用双排钢管架，内墙单排钢管架，内外脚手架均自室外地坪搭设，楼板厚120mm，安全网每层一道，密目网固定封闭。计算外墙脚手架、里脚手架、安全网、密目网工程量及费用。

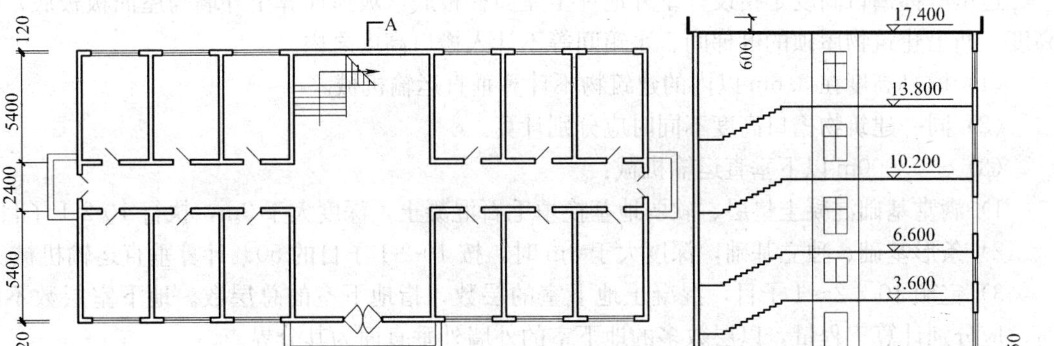


图 6-88

**解：**(1) 外墙脚手架

工程量=(3.6×6+7.2+0.24+5.4×2+2.4+0.24)m×2×(17.4+0.6+0.45)m

=1567.51m²

脚手架高度：(17.4+0.6+0.45)m=18.45m

外脚手架钢管架24m以内双排　套10-1-6　基价138.80元/10m²

直接工程费：(1567.51×138.80÷10)元=21757.04元

(2) 里脚手架

工程量：[(5.4−0.24)×12+3.6×6×2]m×(17.4−0.12×5+0.45)m=1813.32m²

里脚手架钢管架3.6m以内单排　套10-1-21　基价36.85元/10m²

直接工程费：(36.85×1813.32÷10)元=6682.08元

(3) 密目网

工程量=[(3.6×6+7.2+0.24+5.4×2+2.4+0.24)×2+1.5×8]m×

(17.4+0.6+0.45+1.5)m=1934.35m²

建筑物垂直封闭密目网　套10-1-51　基价103.56元/10m²

直接工程费：(103.56×1934.35÷10)元=20032.13元

(4) 安全网

工程量=[(3.6×6+7.2+0.24+5.4×2+2.4+0.24)×2×1.5+1.5×1.5×4]m²×(5−1)

=545.76m²

平式安全网　套10-1-46　基价49.11元/10m²

直接工程费：(49.11×545.76÷10)元=2680.23元

## 第十一节　垂直运输机械及超高增加

### 一、定额说明

#### (一) 建筑物垂直运输机械

这里所称檐口高度是指设计室外地坪至屋面板板底（坡屋面算至外墙与屋面板板底）的高度。凸出建筑物屋顶的电梯间、水箱间等不计入檐口高度之内。

(1) 檐口高度在3.6m以内的建筑物不计算垂直运输机械。

(2) 同一建筑物檐口高度不同时应分别计算。

(3) ±0.000m以下垂直运输机械：

1) 满堂基础混凝土垫层、软弱地基换填毛石混凝土，深度大于3m，执行10-2-1子目。

2) 条形基础、独立基础，深度大于3m时，按10-2-1子目的50%计算垂直运输机械。

3) 定额10-2-2～4子目，混凝土地下室的层数，指地下室的总层数。地下室层数不同时，应分别计算工程量，以层数多的地下室的外墙外垂直面为其分界。

4) 构筑物现浇混凝土基础，深度大于3m时，执行建筑物基础相关规定。

(4) 20m以下垂直运输机械：

1) 定额10-2-5～8子目，适用于檐高大于3.6m小于20m的建筑物。其中，10-2-5子目，适用于除现浇混凝土结构（10-2-6）、预制排架单层厂房（10-2-7）、预制框架多层厂房（10-2-8）以外的所有结构形式。

2）定额10-2-5、6子目，系指其预制混凝土（钢）构件，采用塔式起重机安装时的垂直运输机械情况；若用轮胎式起重机安装，子目中的塔式起重机乘以系数0.85。

3）定额10-2-7、8子目，定额仅列有卷扬机台班，系指预制混凝土（钢）构件安装（采用轮胎式起重机）完成后，维护结构砌筑、抹灰等所用的垂直运输机械。

（5）20m以上垂直运输机械：20m以上垂直运输机械除混合结构及影剧院、体育馆外，其余均以现浇框架外砌围护结构编制。若建筑物结构不同，按表6-20乘以相应系数。

**表6-20　垂直运输机械系数表**

| 结构类型 | 建筑物檐高/m（以内） | | |
|---|---|---|---|
| | 20～40 | 50～70 | 80～150 |
| 全现浇 | 0.92 | 0.84 | 0.76 |
| 滑模 | 0.82 | 0.77 | 0.72 |
| 预制框（排）架 | 0.96 | 0.96 | 0.96 |
| 内浇外挂 | 0.71 | 0.71 | 0.71 |

1）其他混合结构，适用于除影剧院混合结构以外的所有混合结构。

2）其他框架结构，适用于除影剧院、体育馆以外的所有框架结构。

3）垂直运输机械系数表中的结构类型。

① 全现浇：内、外墙及楼板均为现浇混凝土，局部内墙为砌体。

② 滑模：采用滑升钢模施工的内、外墙及楼板均为现浇混凝土，局部内墙为砌体。

③ 预制框（排）架：采用吊装机械（含塔式起重机）安装预制构件，墙体为框架间砌筑。

④ 内浇外挂：内墙为现浇混凝土剪力墙，外墙为预制混凝土挂板，局部内墙为砌体。

4）预制框（排）架结构中的预制混凝土（钢）构件，采用塔式起重机安装时，其垂直运输机械执行定额系数表中的系数0.96；采用轮胎式起重机安装时，执行10-2-7、8子目，并乘以系数1.05。

（6）同一建筑物，应区别不同檐高及结构形式，分别计算垂直运输机械工程量。以高层外墙外垂直面为其分界。

（7）预制钢筋混凝土柱、钢屋架的厂房按预制排架类型计算。

（8）轻钢结构中有高度大于3.6m的砌体、钢筋混凝土、抹灰及门窗安装等内容时，其垂直运输机械按各自工程量，分别套用本节中轻钢结构建筑物垂直运输机械的相应项目。轻钢结构建筑物垂直运输机械子目，仅适用于定额名称所列明的工程内容。

（9）构筑物垂直运输机械子目中，烟囱、水塔、筒仓的高度，是指设计室外地坪至其结构顶面的高度。

（10）对于先主体、后回填，或因地基原因，垂直运输机械必须坐落于设计室外地坪以下的情况，执行定额时，其高度自垂直运输机械的基础上坪算起。

（11）现浇混凝土贮水池的贮水量，是指设计贮水量。设计贮水量大于5000t时，按10-2-49子目，增加塔式起重机的下列台班数量：10000t以内，增加35台班；10000～15000t，增加75台班；15000t以上，增加120台班。

**（二）建筑物超高人工、机械增加**

（1）建筑物设计室外地坪至檐口高度超过20m时，即为“超高工程”。本节定额项目适用于建筑物檐口高度 20m 以上的工程。

(2) 本节各项降效系数包括完成建筑物 20m 以上（除垂直运输、脚手架外）全部工程内容的降效。

(3) 本节其他机械降效系数是指除垂直运输机械及其所含机械以外的，其他施工机械的降效。

(4) 建筑物内装修工程超高人工增加，是指无垂直运输机械，无施工电梯上下的情况。

(5) 檐高超过 20m 的建筑物，其超高人工、机械增加的计算基数为除下列工程内容之外的全部工程内容：

1）室内地坪（±0.000）以下的地面垫层、基础、地下室等全部工程内容；

2）±0.000 以上的构件制作（预制混凝土构件含：钢筋、混凝土搅拌和模板）及工程内容；

3）垂直运输机械、脚手架、构件运输工程内容。

为计算超高人工、机械增加，编制预、结算时，应将上列工程内容与其他工程量分列。

(6) 同一建筑物，檐口高度不同时，其超高人工、机械增加工程量，应分别计算。

(7) 单独施工的主体结构工程和外墙装饰工程，也应计算超高人工、机械增加；其计算方法和相应规定，同整体建筑物超高人工、机械增加。单独内装饰工程，不适用于上述规定。

(8) 建筑物内装饰超高人工增加，适用于建设单位单独发包内装饰工程的情况。

1）6 层以下的单独内装饰工程，不计算超高人工增加。

2）定额中“×层～×层之间”，指单独内装饰施工所在的层数，非指建筑物总层数。

**（三）建筑物分部工程垂直运输机械**

(1) 建筑物主体垂直运输机械项目、建筑物外墙装修垂直运输机械项目、建筑物内装修垂直运输机械项目，适用于建设单位单独发包的情况。建设单位将工程发包给一个施工单位（总包）承建时，应执行建筑物垂直运输机械子目，不得按建筑物分部工程垂直运输子目分别计算。

(2) 建筑物主体结构工程垂直运输机械，适用于±0.000 以上的主体结构工程。定额按现浇框架外砌围护结构编制，若主体结构为其他形式，按垂直运输系数表乘相应系数。

(3) 建筑物外墙装修工程垂直运输机械，适用于由外墙装修施工单位自设垂直运输机械施工的情况。外墙装修是指各类幕墙、镶贴或干挂各类板材等内容。

(4) 建筑物外墙装饰工程垂直运输机械子目中的外墙装修高度，是指设计室外地坪至外墙装饰顶面的高度。同一建筑物，外墙装饰高度不同时，应分别计算；高层与低层交界处的工程量，并入高层部分的工程量内。

(5) 建筑物内装修工程垂直运输机械，适用于建筑物主体工程完成后，由装修施工单位自设垂直运输机械施工的情况。

(6) 建筑物内装饰工程垂直运输机械子目中的层数，指建筑物（不含地下室）的总层数。同一建筑物，层数不同时，应分别计算工程量。

(7) 建筑物外墙局部装饰时，其垂直运输机械的外墙装修高度。自设计室外地坪算至外墙装饰顶面。

(8) 单独施工装饰类别为Ⅰ类的内装饰，其内装饰分部工程垂直运输机械乘以系数 1.2。

**（四）其他**

（1）建筑物主要构件柱、梁、墙（包括电梯井壁）、板施工时均采用泵送混凝土，其垂直运输机械子目中的塔式起重机乘以系数 0.8。若主要结构构件不全部采用泵送混凝土时，不乘此系数。

（2）垂直运输机械定额项目中的其他机械包括：排污设施及清理，临时避雷设施，夜间高空安全信号等内容。

## 二、工程计算规则

**（一）建筑物垂直运输机械**

（1）凡定额计量单位为平方米的，均按“建筑面积计算规则”规定计算。

（2）±0.000m 以上工程垂直运输，按“建筑面积计算规则”计算出建筑面积后，根据工程结构形式，分别套用相应定额。

（3）±0.000m 以下工程垂直运输机械按下列规定计算：

1）钢筋混凝土地下建筑，按其上口外墙（不包括采光井、防潮层及其保护墙）外围水平面积以平方米计算。

2）钢筋混凝土满堂基础，按其工程量计算出的立方米体积计算。

（4）构筑物垂直运输机械：构筑物垂直运输机械工程量以座为单位计算。构筑物高度超过定额时，按每增高 1m 项目累加计算。高度不足 1m 时，亦按 1m 计算。

**（二）建筑物超高人工、机械增加**

（1）人工、机械降效按 20m 以上的全部人工、机械（除脚手架、垂直运输机械外）数量乘以相应子目中的降效系数计算。

（2）建筑物内装修工程的人工降效，按施工层数的全部人工数量乘以定额内分层降效系数计算。

**（三）建筑物分部工程垂直运输机械**

（1）建筑物主体结构工程垂直运输机械，按“建筑面积计算规则”计算出面积后，套用相应定额项目。

（2）建筑物外装修工程垂直运输机械，按建筑物外墙装饰的垂直投影面积（不扣除门窗洞口，凸出外墙部分及侧壁也不增加）以平方米计算。

（3）建筑物内装修工程垂直运输机械按“建筑面积计算规则”计算出面积后，并按所装修建筑物的层数套用相应定额项目。

## 三、应用举例

**[例 6-63]**　某高层建筑物地下室为二层，局部三层，尺寸如图 6-89 所示，墙体全部为钢筋混凝土墙。计算地下室部分垂直运输机械费。

**解：**（1）地下室三层部分

工程量＝(6.6＋0.25＋0.185)m×(6.9×2＋3＋0.25×2)m×3＝365.12$m^2$

钢筋混凝土地下室三层　套 10-2-4　基价 210.26 元/10$m^2$

直接工程费：(210.26×365.12÷10)元＝7677.01 元

（2）地下室二层部分

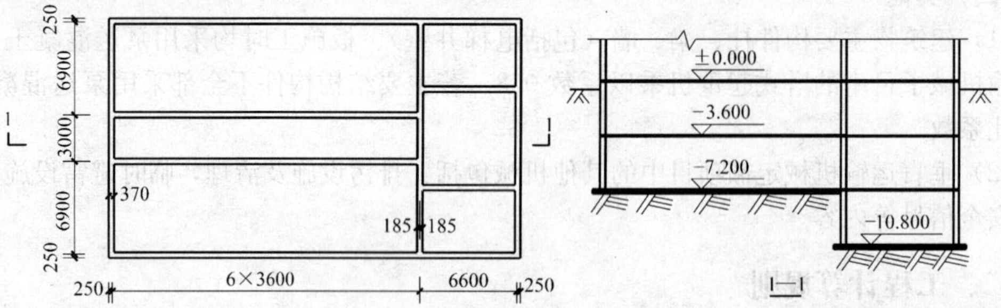


图 6-89

工程量=(6×3.6+0.25−0.185)m×(6.9×2+3.0+0.25×2)m×2=749.61m²

钢筋混凝土地下室二层　套 10-2-3　基价 269.81 元/10m²

直接工程费：(269.81×749.61÷10)元=20225.23 元

**[例 6-64]**　某教学楼 5 层，局部 6 层砖混结构，其平面图及立面图（简图）如图 6-90 所示。计算该工程的垂直运输机械费。

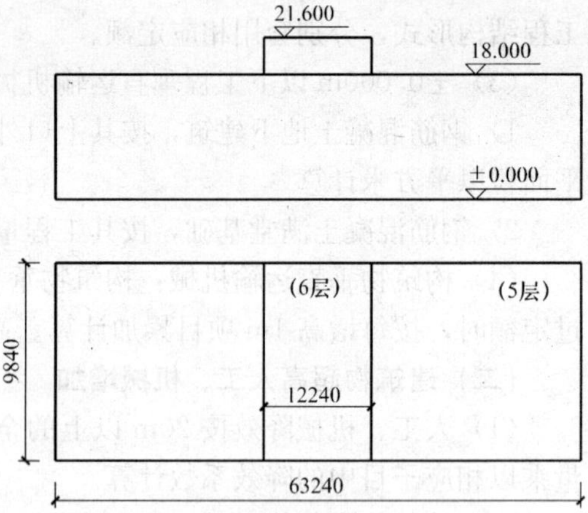


图　6-90

**解：**(1) 檐高 18m 五层部分

工程量=(63.24−12.24)m×9.84m×5

=2509.20m²

建筑物混合结构 20m 以下　套 10-2-5　基价 214.03 元/10m²

直接工程费：(214.03×2509.20÷10)元=53704.41 元

(2) 檐高 21.6m 六层部分

工程量=12.24m×9.84m×6=722.65m²

其他混合结构檐高 30m 以内　套 10-2-11　基价 272.66 元/10m²

直接工程费：(272.66×722.65÷10)元=19703.77 元

**[例 6-65]**　某高层建筑物檐高 75m，20m 以上人工费为 1346975.36 元，全部机械费为 3893465.72 元。计算超高人工、机械增加费。

**解：**建筑物檐高 75m

套 10-2-55　檐高 80m 以内

定额基价=(1346975.36+3893465.72)元×15%=786066.16 元

## 第十二节　构件运输及安装工程

### 一、定额说明

#### (一) 主要内容

混凝土构件运输及安装工程包括混凝土构件运输、金属构件运输、木门窗、铝合金、塑钢门窗运输、成型钢筋场外运输、预制混凝土构件安装、金属结构构件安装等内容。

**（二）构件运输**

（1）构件运输，包括场内运输和场外运输。即构件堆放场地至施工现场吊装点或构件加工厂至施工现场堆放点的运输。预制混凝土构件在吊装机械起吊点半径15m范围内的地面移动和就位，已包括在安装子目内。超过15m时的地面移动，按构件运输1km以内子目计算场内运输。起吊完成后，地面上各种构件的水平移动，无论距离远近，均不另行计算。

（2）门窗运输的工程量，以本章第五节门窗洞口面积为基数，分别乘以下列系数：木门，0.975；木窗，0.9715；铝合金门窗，0.9668。

（3）本节按构件的类型和外形尺寸划分类别。构件类型及分类见表6-21、表6-22。

**表6-21 预制混凝土构件分类表**

| 类 别 | 项 目 |
|---|---|
| Ⅰ | 4m内空心墙、实心板 |
| Ⅱ | 6m内的桩、屋面板、工业楼板、基础梁、吊车梁、楼梯休息板、楼梯段、阳台板 |
| Ⅲ | 6m以上至14m梁、板、柱、桩，各类屋架、桁架、托架（14m以上另行处理） |
| Ⅳ | 天窗架、挡风架、侧板、端壁板、天窗上下档、门框及单件体积在0.1m³以内的小型构件 |
| Ⅴ | 装配式内、外墙板、大楼板、厕所板 |
| Ⅵ | 隔墙板（高层用） |

**表6-22 金属结构构件分类表**

| 类 别 | 项 目 |
|---|---|
| Ⅰ | 钢柱、屋架、托架梁、防风桁架 |
| Ⅱ | 吊车梁、制动梁、型钢檩条、钢支撑、上下档、钢拉杆栏杆、盖板、垃圾出灰门、倒灰门、箅子、零星构件、平台、操作台、走道休息台、扶梯、钢吊车梯台、烟囱紧固箍 |
| Ⅲ | 墙架、挡风架、天窗架、组合檩条、轻型屋架、滚动支架、悬挂支架、管边支架 |

（4）本节定额综合考虑了城镇及现场运输道路等级、重车上下坡等各种因素。

构件运输过程中，如遇路桥限载（限高）而发生的加固、拓宽等费用，另行处理。

**（三）构件安装**

（1）混凝土构件安装项目中，凡注明现场预制的构件，其构件按本章第四节有关子目计算，本章第七节未包括的构件，按其商品价格计入安装项目内。天窗架、天窗端壁、上下档、支撑、侧板及檩条的灌缝套用10-3-148子目。

（2）金属构件安装项目中，未包括金属构件的消耗量。金属构件制作按本章第七节有关子目计算，本章第七节未包括的构件，按其商品价格计入工程造价内。

（3）本节定额的安装高度为20m以内。预制混凝土构件安装子目的安装高度，是指建筑物的总高度。

（4）本节定额中机械吊装是按单机作业编制的。

（5）本节定额是按机械起吊中心回转半径15m以内的距离编制的。

（6）本节中包括每一项工作循环中机械必要的位移。

（7）本节安装项目是以轮胎式起重机、塔式起重机（塔式起重机台班消耗量包括在垂直运输机械项目内）分别列项编制的。预制混凝土构件安装子目中，机械栏列出轮胎式起重机台班消耗量的，为轮胎式起重机安装；其余，除定额注明者外，为塔式起重机安装。如使用汽车式起重机时，按轮胎式起重机相应定额项目乘以系数 1.05。

(8) 预制混凝土构件的轮胎式起重机安装子目，定额按单机作业编制。双机作业时，轮胎式起重机台班数量乘以系数 2；三机作业时，乘以系数 3。

(9) 本节中不包括起重机械、运输机械行驶道路的修整、垫铺工作所消耗的人工、材料和机械。

(10) 其他混凝土构件安装及灌缝子目，适用于单体体积在 $0.1m^3$ 以内（人力安装）、或 $0.5m^3$（5t 汽车起重机安装）以内定额未单独列项的小型构件。

(11) 预制混凝土构件安装子目中，未计入构件的操作损耗。施工单位报价时，可根据构件、现场等具体情况，自行确定构件损耗率。编制标底时，预制混凝土构件按相应规则计算的工程量，乘以表 6-23 规定的工程量系数。

**表 6-23 预制混凝土构件分类表**

| 构件类别 \ 定额内容 | 运输 | 安装 | 构件类别 \ 定额内容 | 运输 | 安装 |
|---|---|---|---|---|---|
| 预制加工场预制 | 1.013 | 1.005 | 现场就地预制 | — | 1.005 |
| 现场（非就地）预制 | 1.010 | 1.005 | 成品构件 | — | 1.010 |

(12) 升板预制柱加固是指柱安装后至楼板提升完成前的预制混凝土柱的搭设加固。

(13) 钢屋架安装单榀重量在 1t 以下者，按轻钢屋架子目计算。

(14) 本节中的金属构件拼装和安装是按焊接编制的。

(15) 钢柱、钢屋架、天窗架安装子目中，不包括拼装工序，如需拼装时，按拼装子目计算。

(16) 预制混凝土构件和金属构件安装子目均不包括为安装工程所搭设的临时性脚手架及临时平台，发生时按有关规定计算。

(17) 钢柱安装在混凝土柱上时，其人工、机械乘以系数 1.43。

(18) 预制混凝土构件、钢构件必须在跨外安装就位时，按相应构件安装子目中的人工、机械台班乘系数 1.18，使用塔式起重机安装时，不再乘以系数。

(19) 预制混凝土（钢）构件安装机械的采用，编制标底时，按下列规定执行：

1）檐高 20m 以下的建筑物，除预制排架单层厂房、预制框架多层厂房执行轮胎式起重机安装子目外，其他结构执行塔式起重机安装子目。

2）檐高 20m 以上的建筑物，预制框（排）架结构可执行轮胎式起重机安装子目，其他结构执行塔式起重机安装子目。

## 二、工程量计算规则

(1) 预制混凝土构件运输及安装均按图示尺寸，以实体积计算；钢构件按构件设计图示尺寸以吨计算，所需螺栓、电焊条等量不另计算。木门窗、铝合金门窗、塑钢门窗按框外围面积计算；成型钢筋按吨计算。

(2) 构件运输：

1）构件运输项目的定额运距为 10km 以内，超出时按每增加 1km 子目累加计算。

2）加气混凝土板（块）、硅酸盐块运输每立方米折合混凝土构件体积 $0.4m^3$，按Ⅰ类构件运输计算。

（3）预制混凝土构件安装：

1）焊接成型的预制混凝土框架结构，其柱安装按框架柱计算；梁安装按框架梁计算。

2）预制钢筋混凝土工字形柱、矩形柱、空腹柱、双肢柱、空心柱、道管支架等的安装，均按柱安装计算。

3）组合屋架安装，以混凝土部分的实体积计算，钢杆件部分不另计算。

4）预制混凝土多层柱安装，首层柱按柱安装计算，二层及二层以上按柱接柱计算。

5）升板预制柱加固子目，其工程量按提升混凝土板的体积，以立方米计算。

（4）钢构件安装：

1）钢构件安装按图示构件钢材重量以吨计算。

2）依附于钢柱上的牛腿及悬臂梁等，并入柱身主材重量内计算。

3）金属构件中所用钢板，设计为多边形者，按矩形计算，矩形的边长以设计构件尺寸的最大矩形面积计算。如图 6-91 所示，最大矩形面积＝$A\times B$。

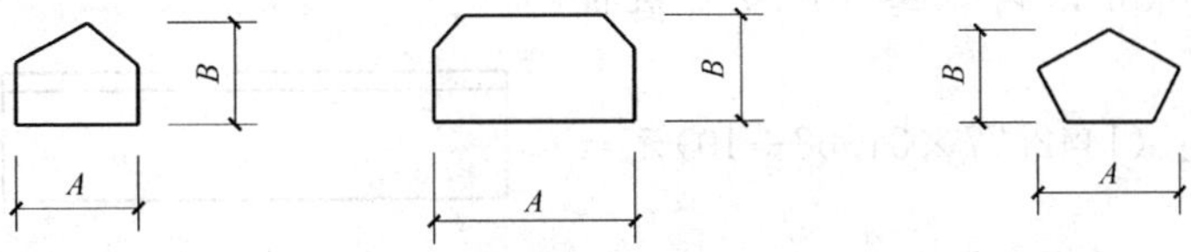


图　6-91

## 三、应用举例

**［例 6-66］**　某桩基工程采用预制钢筋混凝土桩共 50 根，尺寸如图 6-92 所示，桩预制距施工现场为 18km。试计算预制钢筋混凝土桩运输工程量及费用。

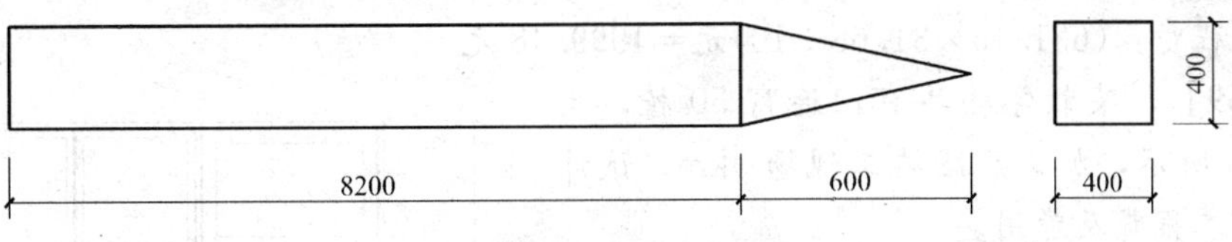


图　6-92

**解：**预制桩运输工程量＝0.4m×0.4m×(8.2＋0.6)m×50＝$70.40m^3$

查表 6-21 得：长度为 8.8m 预制桩为Ⅲ类构件

运输 18km 预制桩　套 10-3-11 和 10-3-12　基价（换）

$$(2794.14+181.60\times 8)\text{元}/10m^3=4246.94\text{ 元}/10m^3$$

直接工程费：(4246.94×70.40÷10)元＝29898.46 元

**［例 6-67］**　某单层工业厂房采用轮胎式起重机吊装柱子，柱子共 24 根，尺寸如图6-93所示，现场预制。试计算牛腿柱安装和灌缝的工程量及费用。

**解：**单根柱子的体积

$[0.4\times 0.4\times 3.3+0.6\times 0.4\times (6.3+0.5)+(0.25+0.25\times 2)\times 0.15\div 2\times 0.4]m^3=2.18m^3<6m^3$

（1）预制牛腿桩安装工程量＝$2.18m^3×24＝52.32m^3$

安装柱构件单根体积$6m^3$以内 套10-3-51 基价1086.05元/$10m^3$

预制桩灌缝（$6m^3$以内）套10-3-52，基价339.60元/$10m^3$。

直接工程费：(52.32×1086.05÷10)元＝5682.21元

（2）预制桩灌缝工程量＝$52.32m^3$

直接工程费：(52.32×339.60÷10)元＝1776.79元

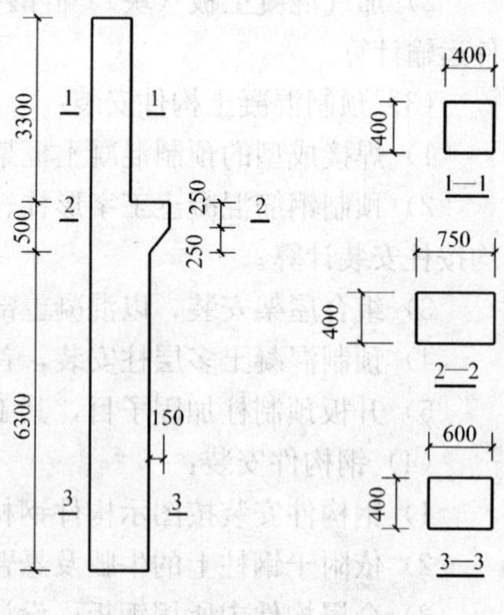


图 6-93

**[例6-68]** 某厂房需安装T形吊车梁（见图6-94）共22根，轮胎式起重机安装构件场外运输8km。试计算吊车梁运输、吊装和灌缝的工程量及费用。

**解：**单根吊车梁体积

$[(0.3×0.6+0.6×0.1)×5.98]m^3＝1.44m^3＜1.5m^3$

（1）吊车梁运输工程量＝$1.44m^3×22＝31.68m^3$

查表6-21知，预制梁为预制混凝土Ⅱ类构件

Ⅱ类构件10km以内 套10-3-7 基价1442.77元/$10m^3$

直接工程费：(1442.77×31.68÷10)元＝4570.70元

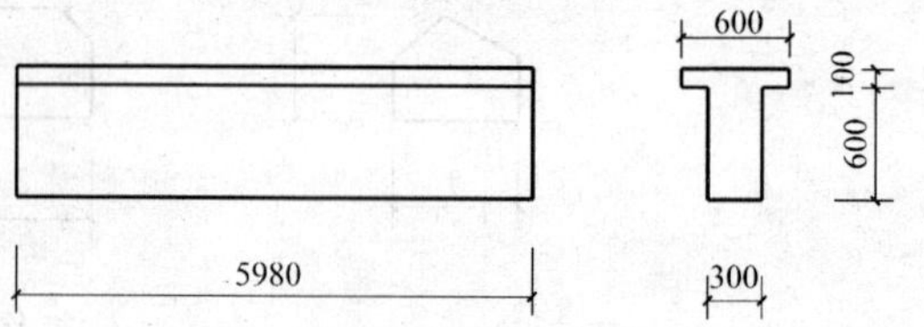


图 6-94

（2）吊车梁安装工程量＝$1.44m^3×22＝31.68m^3$

T形吊车梁（单体$1.5m^3$以内） 套10-3-83 基价740.77元/$10m^3$

直接工程费：(31.68×740.77÷10)元＝2346.76元

（3）吊车梁灌缝工程量＝$31.68m^3$

吊车梁灌缝 套10-3-85 基价631.15元/$10m^3$

直接工程费：(631.15×31.68÷10)元＝1999.48元

**[例6-69]** 某教学楼共有门连窗50樘，尺寸如图6-95所示，加工厂距施工现场9km。试计算构件运输工程费及费用。

**解：**门连窗运输工程量

$(0.9×2.1×0.975＋1.2×1.2×0.9715)m^2×50＝162.09m^2$

木门窗运输10km以内 套10-3-38 基价42.78元/$10m^2$

直接工程费：(162.09×42.78÷10)元＝693.42元

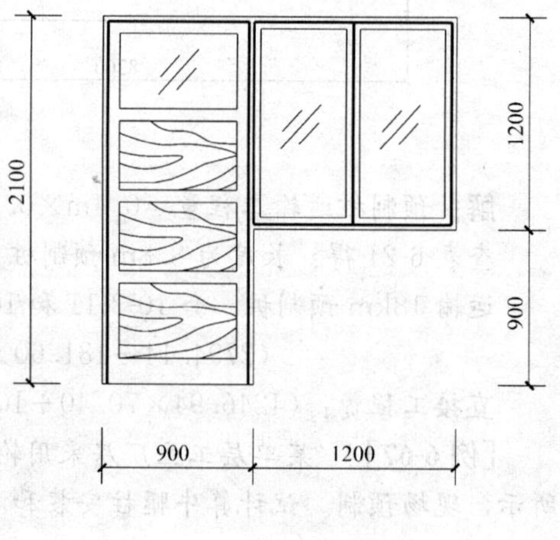


图 6-95

**[例6-70]** 某厂房牛腿柱（单式柱）上部柱间支撑如图6-96所示，共22组，其中∠70×7角钢线密度为7.398kg/m，厚8mm钢板的面密度为

62.8kg/m²，构件制作车间距施工现场为15km。试计算柱间支撑的制作运输和安装工程量及费用。

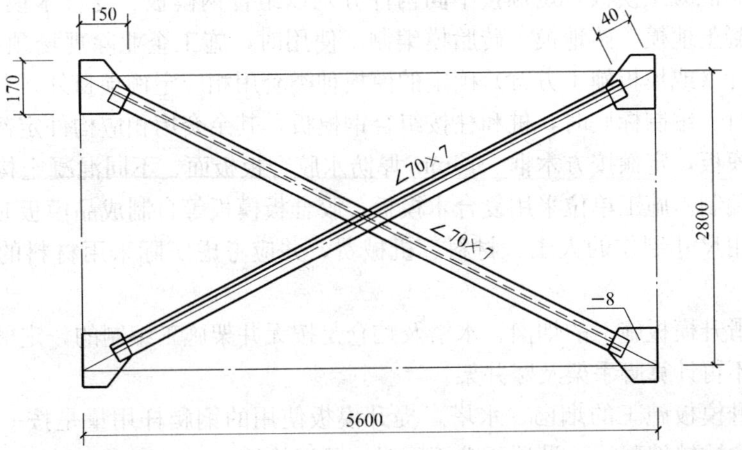


图　6-96

**解：**(1) 柱间支撑制作

$$\angle 70\times 7\ 角钢质量=[(\sqrt{5.6^2+2.8^2}-0.04\times 2)\times 7.398]\text{kg}\times 2=91.45\text{kg}$$

$$-钢板质量=(0.17\times 0.15\times 62.8)\text{kg}\times 4=6.41\text{kg}$$

$$制作工程量=(91.45+6.41)\text{kg}\times 22=2153\text{kg}=2.153\text{t}$$

柱间钢支撑制作　套7-4-1　基价7201.90元/t

直接工程费：(2.153×7201.90)元=15505.69元

(2) 柱间支撑运输

运输的工程量=2.153t

查表6-21知，柱间钢支撑为Ⅱ类构件

金属Ⅱ类构件运输15km　套10-3-31和10-3-32　基价（换）

(639.64+21.41×5)元/10t=746.69元/10t

直接工程费：(2.153×746.69÷10)元=160.76元

(3) 柱间支撑安装

每榀支撑工程量=(91.45+6.41)kg=97.86kg=0.098t<0.3t

柱间支撑安装工程量=2.153t

柱间支撑（0.3t以内）　套10-3-242　基价1572.08元/t

直接工程费：(2.153×1572.08)元=3384.69元

## 第十三节　混凝土模板及支撑工程

### 一、定额说明

(1) 现浇混凝土模板，定额按不同构件，分别以组合钢模板、钢支撑、木支撑；复合木模板、钢支撑、木支撑；胶合板模板、钢支撑、木支撑；木模板、木支撑编制。使用时，施工企业应根据具体工程的施工组织设计（或模板施工方案）确定的模板种类和支撑方式套用相应定额项目。编制标底时，一般可按组合钢模板、钢支撑套用相应定额项目。

(2) 现场预制混凝土模板，定额按不同构件分别以组合钢模板、复合木模板、木模板，并配置相应的混凝土地模、砖地模、砖胎模编制。使用时，施工企业除现场预制混凝土桩、柱按施工组织设计（或模板施工方案）确定的模板种类套用相应定额项目外。其余均按相应构件定额项目执行。编制标底时，桩和柱按组合钢模板，其余套用相应构件定额项目。

(3) 胶合板模板，定额按方木框、18mm 厚防水胶合板板面、不同混凝土构件尺寸完成加工的成品模板编制。施工单位采用复合木模板、胶合板模板等自制成品模板时，其成品价应包括按实际使用尺寸制作的人工、材料、机械费，并应考虑实际采用材料的质量和周转次数。

(4) 采用钢滑升模板施工的烟囱、水塔及贮仓是按无井架施工编制的，定额内综合了操作平台。使用时不再计算脚手架及竖井架。

(5) 用钢滑升模板施工的烟囱、水塔，提升模板使用的钢爬杆用量是按一次摊销编制的，贮仓是按两次摊销编制的，设计要求不同时，可以换算。

(6) 倒锥壳水塔塔身钢滑升模板项目，也适用于一般水塔塔身滑升模板工程。

(7) 烟囱钢滑升模板项目均已包括烟囱筒身、牛腿、烟道口；水塔钢滑升模板均已包括直筒、门窗洞口等模板用量。

(8) 钢筋混凝土直形墙、电梯井壁项目，模板及支撑是按普通混凝土考虑的，若设计要求防水、防油、防射线时，按相应子目增加止水螺栓及端头处理内容。

(9) 组合钢模板、复合木模板项目，已包括回库维修费用。回库维修费的内容包括：模板的运输费，维修的人工、材料、机械费用等。

## 二、工程量计算规则

(1) 现浇混凝土及预制钢筋混凝土模板工程量，除另有规定者外，应区别模板的材质，按混凝土与模板接触面的面积，以平方米计算。

(2) 定额附录中的混凝土模板含量参考表，系根据代表性工程测算而得，只能作为投标报价和编制标底时的参考。

(3) 现浇混凝土基础的模板工程量，按以下规定计算：

1) 现浇混凝土带形基础的模板，按其展开高度乘以基础长度，以平方米计算；基础与基础相交时重叠的模板面积不扣除；直形基础端头的模板，也不增加。

2) 杯形基础和高杯基础杯口内的模板，并入相应基础模板工程量内。杯形基础杯口高度大于杯口长度的，套用高杯基础定额项目。

3) 现浇混凝土无梁式满堂基础模板子目，定额未考虑下翻梁的模板因素。

**[例 6-71]** 某毛石混凝土基础工程如图 6-97 所示，模板采用胶合板木模板木支撑。试计算素混凝土垫层及毛石基础模板工程量及费用。

**解：**(1) 素混凝土垫层模板

$$工程量=[(3.6+3.3+6.6)\times2+6.6-1.1]\text{m}\times0.1\text{m}\times2=6.5\text{m}^2$$

混凝土垫层木模板　套 10-4-49　基价 290.24 元/10m²

直接工程费：(290.24×6.50÷10)元=188.66 元

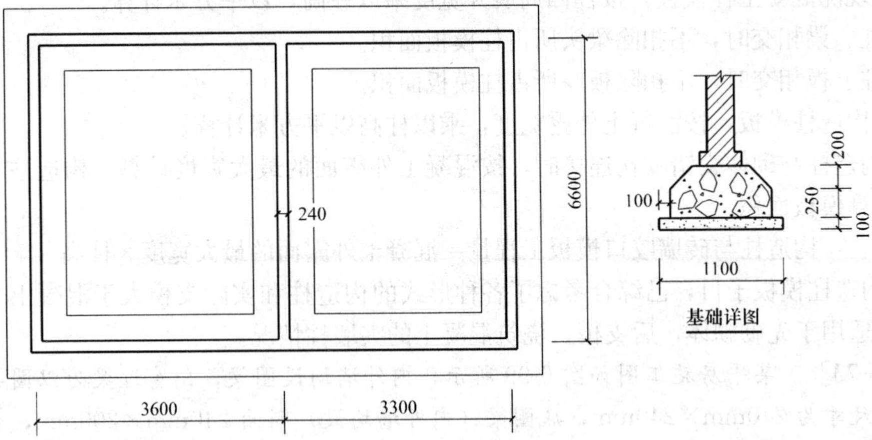


图 6-97

(2) 毛石混凝土基础模板

工程量$=[(3.6+3.3+6.6)\times2+6.6-(1.1-0.1\times2)]\text{m}\times0.25\text{m}\times2=16.35\text{m}^2$

毛石混凝土带形基础胶合板木支撑 套 10-4-6 基价 271.97 元/10m²

直接工程费：$(16.35\times271.97\div10)$元$=444.67$元

**[例 6-72]** 某单层工业厂房的杯型基础如图 6-98 所示，共 48 座，若采用复合木模板木支撑。试计算基础的模板工程量及费用。

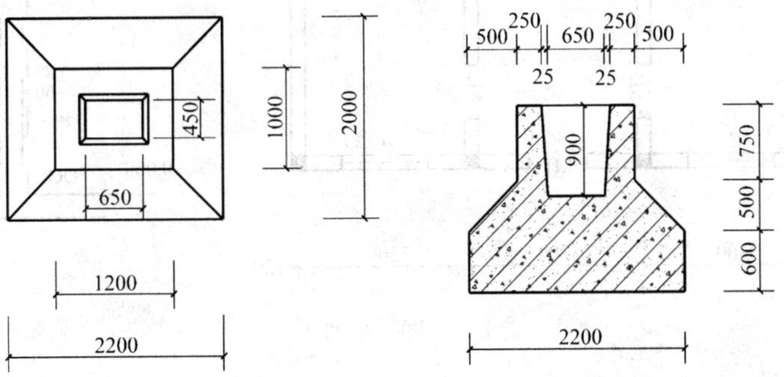


图 6-98

**解**：单个杯型基础外模

工程量$=(2.2+2)\text{m}\times2\times0.6\text{m}+(1.0+1.2)\text{m}\times2\times0.75\text{m}=8.34\text{m}^2$

单个杯型基础内模

工程量$=(0.45+0.025)\text{m}\times2\times\sqrt{0.9^2+0.025^2}\text{m}+(0.65+0.025)\text{m}\times2\times\sqrt{0.9^2+0.025^2}\text{m}$
$=2.07\text{m}^2$

杯型基础模板工程量合计为

$$(8.34+2.07)\text{m}^2\times48=499.68\text{m}^2$$

因为 $0.65\text{m}+0.025\text{m}\times2=0.7\text{m}<0.9\text{m}$

所以 应套用高杯基础定额

高杯基础定额复合木模板支撑 套 10-4-37 基价 363.33 元/10m²

直接工程费：$(499.68\times363.33\div10)$元$=18154.87$元

(4) 现浇混凝土柱模板，按柱四周展开宽度乘以柱高，以平方米计算。

1) 柱、梁相交时，不扣除梁头所占柱模板面积。

2) 柱、板相交时，不扣除板厚所占柱模板面积。

(5) 构造柱模板，按混凝土外露宽度，乘以柱高以平方米计算。

1) 构造柱与砌体交错咬茬连接时，按混凝土外露面的最大宽度计算。构造柱与墙的接触面不计算模板面积。

构造柱与砖墙咬口模板工程量=混凝土外露面的最大宽度×柱高

2) 构造柱模板子目，已综合考虑了各种形式的构造柱和实际支模大于混凝土外露面积等因素，适用于先砌砌体，后支模、浇筑混凝土的夹墙柱情况。

**[例6-73]** 某平房施工图如图6-99所示，内外墙均设圈梁，门窗过梁为以圈梁代替过梁，断面尺寸为240mm×240mm，底圈梁（内外墙均设）断面240mm×200mm，全部采用复合木模板木支撑，构造柱出槎宽度为60mm，高度为3.3m，M1=1000mm×2700mm，M2=900mm×2700mm，C=1800mm（宽）×2000mm（高）。计算过梁、构造柱、圈梁模板工程量及费用。

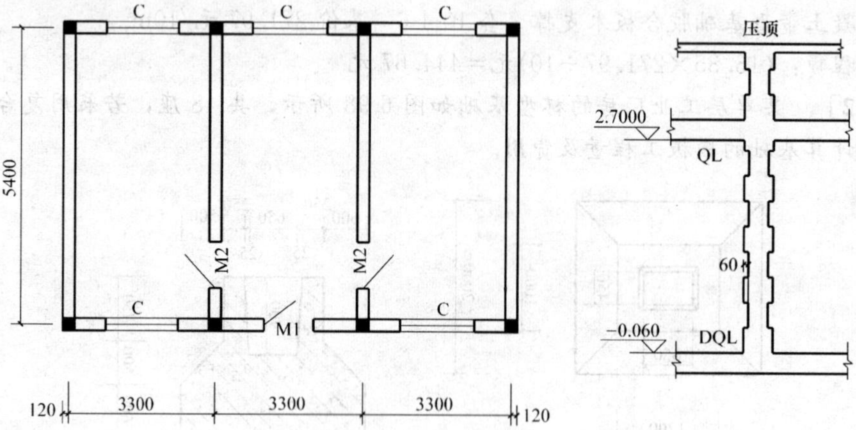


图 6-99

**解：**(1) 过梁

模板工程量=[(1.8+0.25×2)×2×0.24×5+(0.9+0.25×2)×0.24×4+(1+0.25×2)×0.24×2+(1.8×5+0.9×2+1)×0.24]$m^2$=10.42$m^2$

过梁复合木模板木支撑 套10-4-117 基价503.31元/10$m^2$

直接工程费：(10.42×503.31÷10)元=524.45元

(2) 构造柱

模板工程量=[(0.24+0.06×2)×12+0.06×16]m×3.3m=17.42$m^2$

构造柱 复合木模板木支撑 套10-4-101 基价407.63元/10$m^2$

直接工程费：(407.63×17.42÷10)元=710.09元

(3) 圈梁

$L_中$=(3.3×3+5.4)m×2=30.60m

$L_内$=(5.4-0.24)m×2=10.32m

底圈梁模板工程量=(30.6+10.32)m×0.2m×2=16.37$m^2$

顶圈梁模板工程量＝[(30.6＋10.32)－(1.8＋0.25×2)×5－(1＋0.25×2)×1－(0.9＋0.25×2)×2]m×2×0.24m－0.24m×12×0.24m＝11.37m²

圈梁模板工程量合计：(16.37＋11.37)m²＝27.74m²

圈梁复合木模板木支撑　套 10-4-126　基价 277.52 元/10m²

直接工程费：(27.74×277.52÷10)元＝769.84 元

说明：圈梁、构造柱、过梁整体现浇时，圈梁部分模板工程量应扣除圈梁与构造柱、过梁交接处模板的面积。

(6) 现浇混凝土梁（包括基础梁）模板，按梁三面展开宽度乘以梁长，以平方米计算。

1) 单梁，支座处的模板不扣除，端头处的模板不增加。

2) 梁与梁相交时，不扣除次梁梁头所占主梁模板面积。

3) 梁与板连接时，梁侧壁模板算至板下皮。

**[例 6-74]**　某实验楼共有花篮梁（图 6-100）39 根，采用胶合板模板木支撑。试计算花篮梁模板工程量及费用。

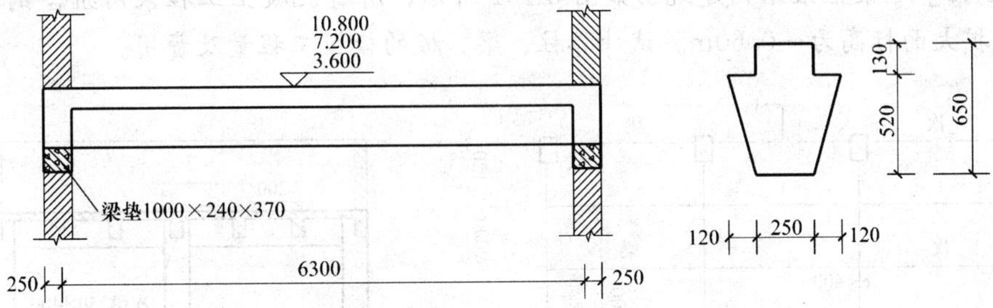


图　6-100

**解：** 花篮梁工程量＝$[0.25+(\sqrt{0.52^2+0.12^2}+0.13)\times2]$m×(6.3＋0.25×2)m×39＝418.31m²

梁垫工程量＝(1.0×0.24×4×39)m²＝37.44m²

模板工程量合计：(418.31＋37.44)m²＝455.75m²

异型梁胶合模板木支撑　套 10-4-124　基价 460.46 元/10m²

直接工程费：(460.46×455.75÷10)元＝20985.46 元

(7) 现浇混凝土墙壁模板，按混凝土与模板接触面积，以平方米计算。

1) 墙与柱连接时，柱侧壁按展开宽度，并入墙模板面积内计算。

2) 墙与梁相交时，不扣除梁头所占墙的模板面积。

3) 现浇混凝土墙模板中的对拉螺栓，定额按周转使用编制。若工程需要，对拉螺栓（或对拉钢片）与混凝土一起整浇时，按定额“附注”执行；对拉螺栓的端头处理，另行单独计算。

(8) 现浇混凝土板的模板，按混凝土与模板接触面积，以平方米计算。

1) 伸入梁、墙内的板头，不计算模板面积。

2) 周边带翻檐的板（如卫生间混凝土防水带等），底板的板厚部分不计算模板面积；翻檐两侧的模板，按翻檐净高度，并入板的模板工程量内计算。

3) 板与柱相交时，不扣除柱所占板的模板面积。但柱与墙相连时，柱与墙等厚部分

(柱的墙内部分）的模板面积，应予扣除。

(9) 现浇混凝土密肋板模板，按有梁板计算；斜板、折板模板，按平板模板计算；预制板板缝大于40mm时的模板，按平板后浇带模板计算。各种现浇混凝土板的倾斜度大于15°时，其模板子目的人工乘以系数1.30，其他不变。

(10) 现浇钢筋混凝土墙、板上单孔面积在0.3m² 以内的孔洞，不予扣除，洞侧壁模板亦不增加；单孔面积在0.3m² 以外时，应予扣除，洞侧壁模板面积并入墙、板模板工程量内计算。

钢筋混凝土模板＝混凝土与模板接触面积－0.3m² 以外单孔面积＋垛、孔洞侧面积

(11) 现浇钢筋混凝土框架及框架剪力墙分别按梁、板、柱、墙有关规定计算；附墙柱并入墙内工程量计算。

(12) 轻体框架柱（壁式柱）子目已综合轻体框架中的梁、墙、柱内容，但不包括电梯井壁、单梁、挑梁。轻体框架工程量按框架外露面积以平方米计算。

轻体框架模板工程量＝框架外露面积

**[例6-75]** 某框架结构建筑物如图6-101所示，所有混凝土工程采用组合钢模板钢支撑，柱基扩大面标高为－0.60m。试计算柱、梁、板的模板工程量及费用。

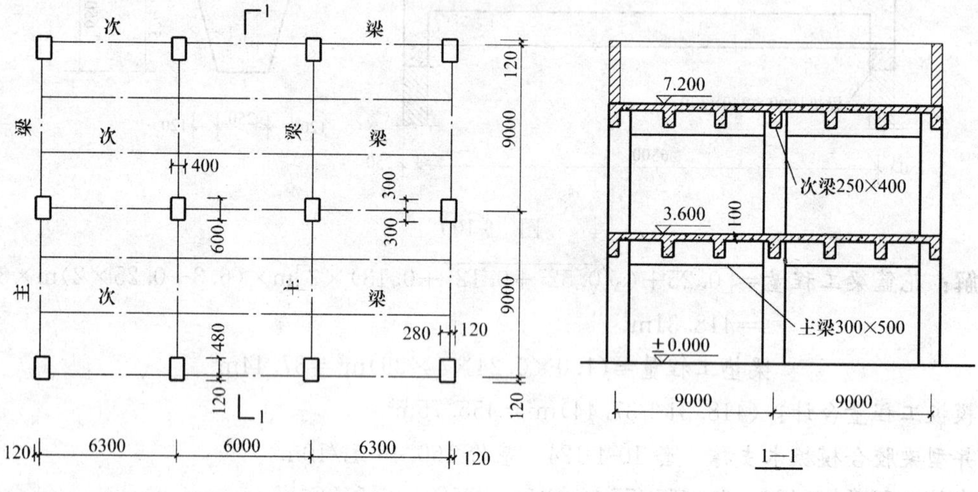


图 6-101

**解：**(1) 框架柱模板

工程量＝(0.4＋0.6)m×2×(7.2＋0.6)m×12＝187.20m²

矩形柱组合钢模板钢支撑 套10-4-84 基价414.35元/10m²

直接工程费：(187.20×414.35÷10)元＝7756.63元

(2) 有梁板模板

一层梁、板底工程量＝(6.3×2＋6.0＋0.24)m×(9.0×2＋0.24)m＝343.64m²

一层主梁梁侧工程量＝(0.5－0.1)m×(9－0.3－0.48)m×2×8
＝52.61m²

一层次梁梁侧工程量＝(0.4－0.1)m×[(6.3－0.2－0.28)×2×6＋(6－0.4)×2×3＋(6.3＋0.12－0.3－0.3/2)×2×8＋(6－0.3)×2×4]m
＝73.37m²

两层合计 $(343.64+52.61+73.37)\times 2=939.24m^2$

有梁板组合钢模板钢支撑　套 10-4-156　基价 426.52 元/$10m^2$

直接工程费：$939.24\times 426.52\div 10=40060.46$ 元

(13) 现浇混凝土悬挑板的翻檐，其模板工程量按翻檐净高计算，执行 10-4-211 子目；若翻檐高度超过 300mm 时，执行 10-4-206 子目。

(14) 混凝土后浇带二次支模工程量按混凝土与模板接触面积计算，套用后浇带项目。

后浇带二次支模工程量＝后浇带混凝土与模板接触面积

(15) 现浇钢筋混凝土悬挑板（雨篷、阳台）按图示外挑部分尺寸的水平投影面积计算。挑出墙外的牛腿梁及板边模板不另计算。

雨篷、阳台模板工程量＝外挑部分水平投影面积

**例 [6-76]**　某教学楼无柱雨篷如图 6-102 所示，计算雨篷板和翻檐的模板工程量及费用。

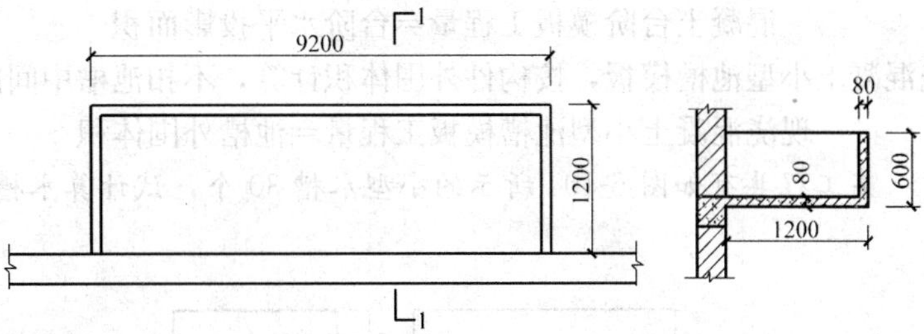


图　6-102

**解：**(1) 雨篷板

$$工程量=9.2\times 1.2=11.04m^2$$

直形雨篷板木模板支撑　套 10-4-203　基价 924.99 元/$10m^2$

直接工程费：$(11.04\times 924.99\div 10)$元$=1021.19$ 元

(2) 翻檐板

$$工程量=(9.2+1.2\times 2-2\times 0.08)m\times(0.6-0.08)m\times 2=11.90m^2$$

栏板木模板支撑　套 10-4-206　基价 587.68 元/$10m^2$

直接工程费：$(11.90\times 587.68\div 10)$元$=699.34$ 元

(16) 现浇钢筋混凝土楼梯，以图示露明面尺寸的水平投影面积计算，不扣除小于 500mm 楼梯井所占面积。楼梯的踏步、踏步板、平台梁等侧面模板，不另计算。

混凝土楼梯模板工程量＝钢筋混凝土楼梯工程量

**[例 6-77]**　某教工宿舍楼共 5 层，其楼梯平面图如图 6-103 所示，计算楼梯的模板工程量及费用。

**解：**楼梯模板

$$工程量=(1.7+2.7-0.12+0.2)m\times(2.6-0.24)m\times 4=42.29m^2$$

**说明：**混凝土楼梯（含直形或旋转形）与楼板的分界线，以楼梯顶部与楼板的连接梁为界，连接梁以外为楼板，以内为楼梯。

直形楼梯木模板支撑　套 10-4-201　基价 1141.70 元/$10m^2$

直接工程费：$(1141.70\times 42.29\div 10)$元$=4828.25$ 元

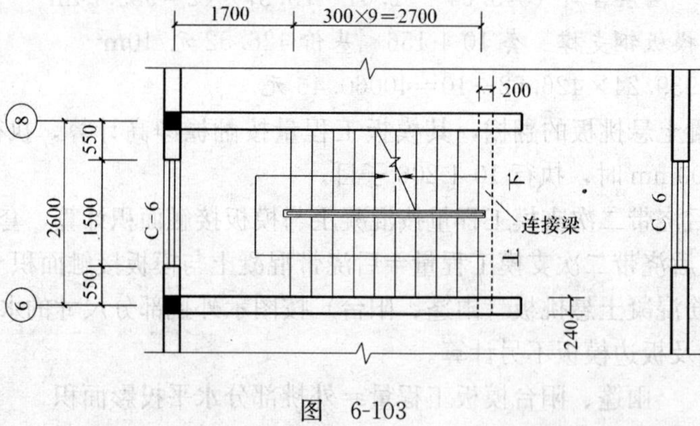


图 6-103

(17) 混凝土台阶（不包括梯带），按图示台阶尺寸的水平投影面积计算，台阶端头两侧不另计算模板面积。

混凝土台阶模板工程量=台阶水平投影面积

(18) 现浇混凝土小型池槽模板，按构件外围体积计算，不扣池槽中间的空心部分。

现浇混凝土小型池槽模板工程量=池槽外围体积

**[例 6-78]** 某工程共有如图 6-104 所示的小型水槽 30 个，试计算水槽的模板工程量及费用。

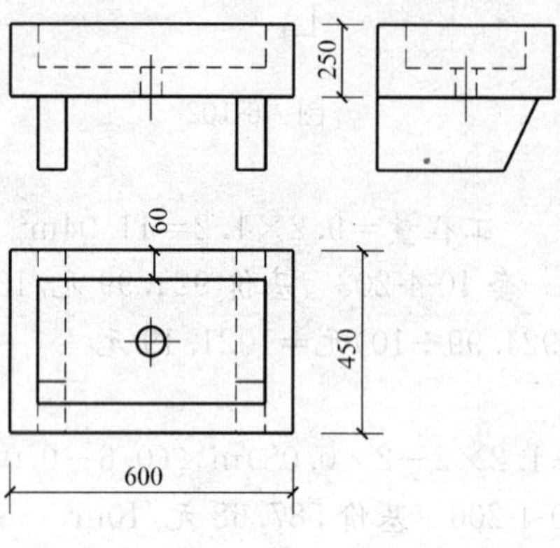


图 6-104

**解：** 水槽的模板工程量=0.6m×0.45m×0.25m×30=2.03m$^3$

小型池槽木模板木支撑 套 10-4-214 基价 5525.66 元/10m$^3$

直接工程费：(2.03×5525.66÷10)元=1121.71 元

## 想一想，算一算

1. 想一想，沟槽、地坑如何区分？工程量如何计算？
2. 地面、基础垫层如何计算工程量？
3. 现浇混凝土柱、梁、板工程量计算规则有哪些？
4. 试述屋面防水、保温工程量计算规则。
5. 木门窗采用三、四类木种时应如何计算？

6. 楼地面采用块料面层时如何计算工程量?

7. 建筑物外脚手架工程量如何计算?

8. 现浇混凝土有梁板模板如何计算?

9. 认真阅读教材后附录某单位职工宿舍楼施工图，并计算指定部分工程量。

(1) 若该工程为坚土，采用挖掘机大开挖，待基槽坑边及房心回填后再考虑运土，计算挖土工程量。

(2) 若基础大开挖后，从基底（−1.750m）以上 0.450m 全部做成 3∶7 灰土垫层，就地取土，计算基础垫层直接工程费。

(3) 若该工程采用（C25）毛石混凝土基础，计算 370mm 厚墙体的毛石混凝土工程量，确定定额项目。

(4) 已知 GL7 尺寸为 240mm×180mm×1500mm，采用 M5 混凝土砂浆砌筑，计算标准层墙体工程量。

(5) 如果建筑物外墙窗户全部采用塑料窗带纱窗，计算 C6、C7、C8 工程量及费用。

(6) 计算建筑物一层墙体水平防潮工程量，确定定额项目。

# 第七章　建筑工程预算、结算书编制

**学习目标**

- ➢ 了解施工图预算书编制步骤。
- ➢ 掌握工程量计算的步骤、顺序。
- ➢ 学会填写各种预、结算表格。

## 第一节　工程预算书的编制

### 一、工程预算书的编制依据

（1）经过批准和会审的全部施工图设计文件。

（2）经过批准的工程设计概算文件。

（3）经过批准的项目管理实施规划或施工组织设计。

（4）建设工程预算定额或计价规范。

（5）单位估价表或价目表。

（6）人工工资标准、材料预算价格、施工机械台班单价。

（7）建筑工程费用定额。

（8）预算工作手册。

（9）工程承发包合同文件。

### 二、单位工程施工图预算书编制内容

**1. 预算书封面**

预算书的封面应有统一的格式，在编制人位置加盖造价师或预算员印章，在公章位置加盖单位公章。预算书封面见表 7-1。

**2. 编制说明**

编制说明一般应包括：本工程按几类工程取费；所采用的预算定额、单位估价表和费用定额；施工组织设计方案；设计变更或图样会审记录；图样存在的问题及处理方法。

**3. 取费程序表**

按建筑工程费用计算程序进行取费，注意次序不能颠倒，详见本书第三章第三节。

**4. 单位工程预算表**

填写工程预算表时，应按定额编号从小到大依次填写，各部分之间留一定空行，以便增添遗漏项目，单位应和定额单位统一，工程量的小数位数按规定保留。工程预算表见表7-2。

表 7-1 预算书封面

| 工程预（ ）算书 |
| --- |
| 建设单位______________ |
| 工程名称______________ |
| 结构类型______________ |
| 建筑面积______________（平方米） |
| 结算造价 ______________（元） |
| 施工单位（公章）______________ |
| 审核单位（公章）______________ |
| 审核人______________ |
| 编制人______________ |
| 编制日期______________ |

表 7-2 工程预算表

单位工程__________　　　　年　月　日　　　　共　页　第　页

| 定额编号 | 分部分项工程名称 | 单位 | 数量 | 省定额价 | | 地区（市）价 | |
| --- | --- | --- | --- | --- | --- | --- | --- |
| | | | | 单价 | 合价 | 单价 | 合价 |
| | | | | | | | |
| | | | | | | | |
| | | | | | | | |

5. **工程量计算表**

工程量应采用表格形式计算，其中定额编号、工程项目名称要和定额保持一致。工程量计算表见表 7-3。

表 7-3 工程量计算表

单位工程名称：××××××　　　　共　页　第　页

| 序号 | 定额编号 | 分项工程名称 | 单位 | 工程量 | 计算式 |
| --- | --- | --- | --- | --- | --- |
| 9 | 1-4-3 | 竣工清理 | $10m^3$ | 1172.79 | 24.68×6.6×7.2=1172.79 |
| | | | | | |
| | | | | | |
| | | | | | |

负责人 ×××　　　　审核 ×××　　　　计算 ×××

6. **工料分析及工日、材料、机械台班汇总表**

工料分析表的前半部分与工程量计算表相同，后半部分按先人工、后材料顺序依次填写，注意和定额顺序保持一致。工料分析表见表 7-4，工日、材料、机械台班汇总表见表 7-5。

**表 7-4　工料分析表**

单位工程名称：××××××　　　　　　　　　　　　共　页　第　页

<table>
<tr><th rowspan="2">序号</th><th rowspan="2">定额编号</th><th rowspan="2">分项工程名称</th><th rowspan="2">单位</th><th rowspan="2">工程量</th><th colspan="2">工　日</th><th colspan="4">材料用量</th></tr>
<tr><th>单位用工</th><th>小计</th><th>C15 现浇混凝土</th><th>水</th><th></th><th></th></tr>
<tr><td>13</td><td>2-1-13</td><td>素混凝土垫层</td><td>10m³</td><td>72.79</td><td>10.21</td><td>743.19</td><td>10.10/735.18</td><td>5.00/363.95</td><td></td><td></td></tr>
<tr><td></td><td></td><td></td><td></td><td></td><td></td><td></td><td></td><td></td><td></td><td></td></tr>
<tr><td></td><td></td><td></td><td></td><td></td><td></td><td></td><td></td><td></td><td></td><td></td></tr>
<tr><td></td><td></td><td></td><td></td><td></td><td></td><td></td><td></td><td></td><td></td><td></td></tr>
</table>

注：分数中，分子为定额用量，分母为工程量乘以分子后的结果。

**表 7-5　工日、材料、机械台班汇总表**

工程名称：××××××

| 序号 | 名　称 | 单位 | 数量 | 其　中 |
|---|---|---|---|---|
| 一 | 综合工日 | 工日 | 872.79 | 土石方：150.03，砌筑：246.56，混凝土：56.23，楼地面：53.20，屋面：60.45…… |
| 二 | 材料 | | | |
| … | … | | | |
| 12 | 普通砖 | 千块 | 82.23 | 基础：25.69，墙体：56.54 |
| … | … | | | |
| 三 | 机械 | | | |
| … | … | | | |
| 5 | 混凝土搅拌机 400L | 台班 | 15.70 | 基础：2.35，圈梁：3.85，柱：2.37…… |
| … | … | | | |

## 三、单位工程施工图预算书编制步骤

**1. 收集编制预算的基础文件和资料**

编制预算的基础文件和资料主要包括：施工图设计文件、施工组织设计文件、设计概算文件、建筑安装工程消耗定额、建筑工程费用定额、工程承包合同文件、材料预算价格及设备预算价格表、人工和机械台班单价以及造价工作手册等文件和资料。

**2. 熟悉施工图设计文件**

(1) 首先熟悉图样目录及总说明，了解工程性质、建筑面积、建筑单位名称、设计单位名称、图样张数等，做到对工程情况有一个初步了解。

(2) 按图样目录检查各类图样是否齐全；建筑、结构、设备图样是否配套；施工图与说明书是否一致；各单位工程施工图之间有无矛盾。

(3) 熟悉建筑总平面图，了解建筑物的地理位置、高程、朝向以及有关建筑情况；掌握工程结构形式、特点和全貌；了解工程地质和水文地质资料。

(4) 熟悉建筑平面图，了解房屋的长度、宽度、轴线尺寸、开间大小、平面布局，并核对分尺寸之和是否等于总尺寸。然后再看立面图和剖面图，了解建筑做法、标高等。同时要核对平、立、剖面图之间有无矛盾。如发现错误，应及时与设计部门联系，以取得设计变更通知单，作为编制预算的依据。

(5) 根据索引查看详图，如做法不明，应及时提出问题、解决问题，以便于施工。

(6) 熟悉建筑构件、配件、标准图集及设计变更。根据施工图中注明的图集名称、编号及编制单位，查找选用图集。阅读图集时要注意了解图集的总说明，了解编制该图集的设计依据，使用范围，选用标准构件、配件的条件，施工要求及注意事项。同时还要了解图集编号及表示方法。

**3. 熟悉施工组织设计和施工现场情况**

为了编制合格的建筑工程预算书，工程造价师或预算员必须熟悉施工组织设计文件，另外还要掌握施工现场的情况。如施工现场障碍物的拆除情况，场地平整情况，工程地质和水文状况，土方开挖和基础施工状况等。这些对工程预算的准确性影响很大，必须随时观察和掌握，并做好记录以备应用。

**4. 划分工程项目与计算工程量**

根据建筑工程预算定额和施工技术合理地划分工程项目，确定分部分项工程。在一般情况下，项目内容、排列顺序和计量单位应与消耗量定额一致，这样不仅能避免重复和漏项，也便于套用消耗量定额和价目表来计算分项工程单价。

**5. 工料分析及工日、材料、机械台班汇总表**

工料分析是单位工程预算书的重要组成部分，也是施工企业内部经济核算和加强经营管理的重要措施；工料分析是建筑安装企业施工管理工作中必不可少的一项技术经济指标。

分部工程的工料分析，首先根据单位工程中的分项工程，逐项从消耗量定额中查出定额用工量和定额材料用量等数据并将其分别乘以相应分项工程量，得出该分项工程各工种和各材料消耗量，然后将人工、材料、机械台班消耗数量按种类分别汇总。

**6. 计算各项费用**

计算人工费、材料费、机械费，计算单位工程总造价和各项经济指标。

**7. 编制说明、填写封面**

**8. 复核、装订、审批**

工程预算书经复查、审核无误后，一式多份，装订成册，报送建设单位、财政或审计部门审核批准。

## 第二节　工程量计算

### 一、工程量的作用和计算依据

#### (一) 工程量的作用

工程量是以规定的计量单位表示的工程数量。它是编制建设工程招投标文件和编制建筑安装工程预算、施工组织设计、施工作业计划、材料供应计划、建筑统计和经济核算的依据，也是编制基本建设计划和基本建设财务管理的重要依据。在编制单位工程预算过程中，计算工程量是既费力又费时间的工作，其计算快慢和准确程度，直接影响预算速度和质量。因此，必须认真、准确、迅速地进行工程量计算。

### （二）工程量的计算依据

工程量是根据施工图所标注的分项工程尺寸和数量，以及构配件和设备名细表等数据，按照施工组织设计和工程量计算规则的要求，逐个分项进行计算，并最后汇总。具体依据有以下几个方面：

（1）施工图设计文件。

（2）项目管理实施规划（施工组织设计）文件。

（3）建设工程定额说明。

（4）建设工程工程量计算规则。

（5）建设工程消耗量定额。

（6）造价工程手册。

## 二、工程量计算的要求和步骤

### （一）工程量计算的要求

（1）工程量计算应采取表格形式，定额编号要正确，项目名称要完整，单位要用国际单位制表示，如 m、t 等，还要在工程量计算表中列出计算公式，以便于计算和审查。

（2）工程量计算是根据设计图规定的各个分部分项工程的尺寸、数量，以及构件、设备明细表等，以物理计量单位或自然单位计算出来的各个具体工程和结构配件的数量。工程量的计量单位应与消耗量定额中各个项目的单位一致，一般应以每延长米、平方米、立方米、公斤、吨、个、组、套等为计量单位。即使有些计量单位一样，其含义也有所不同，如抹灰工程的计量单位大部分按平方米计算，但有的项目按水平投影面积计算，有的按垂直投影面积计算，还有的按展开面积计算。因此，对定额中的工程量计算规则应有很好的理解。

（3）必须在熟悉和审查图样的基础上进行，要严格按照定额规定和工程量计算规则，结合施工图所注位置与尺寸进行计算，不能人为地加大或缩小构件的尺寸，以免影响工程量计算的准确性。施工图设计文件上的标志尺寸通常有两种：标高均以米为单位，其他尺寸均以毫米为单位。为了简单明了和便于检查核对，在列计算式时，应将图样上标明的毫米数换算成米数。各个数据应按宽、高（厚）、长、数量、系数的次序填写，尺寸一般要取图样所注的尺寸（可读尺寸），计算式一定要注明轴线或部位。

（4）数字计算要精确。在计算过程中，小数点要保留三位。汇总时一般可以取小数点后两位，应本着单位大、价值较高的可多保留几位，单位小、价值低的可少保留几位的原则。如钢材、木材及使用贵重材料的项目其结果可保留三位小数。小数位数的保留应按照有关要求去确定。

（5）要按一定的顺序计算。为了便于计算和审核工程量，防止重复和漏算，计算工程量时除了按定额项目的顺序进行计算外，对于每一个工程分项也要按一定的顺序进行计算。在计算过程中，如发现新项目，要随时补进去，以免遗忘。

（6）要结合图样，尽量做到结构按分层计算，内装饰按分层分房间计算，外装饰按分立面计算或按施工方案的要求分段计算；有些要按使用材料的不同分别进行计算。如钢筋混凝土框架工程量要一层层计算；外装饰可先计算出正立面，再计算背立面，其次计算侧立面等。这样做可以避免漏项，同时也为编制工料分析和施工时安排进度计划及人工、材料计划创造有利条件。

(7) 计算底稿要整齐，数字清楚，数值准确，切忌潦草凌乱，辨认不清。工程量计算表是预算的原始单据，计算书要考虑可修改和补充的余地，一般每一个分部工程计算完后，可留部分空白，各分部工程量计算之间不要挤得太紧。

### (二) 工程量计算的步骤

计算工程量的具体步骤：大体上可分为熟悉图样、基数计算、计算分项工程量、计算其他不能用基数计算的项目、整理与汇总等五个步骤。

在掌握了基础资料、熟悉了图样之后，不要急于计算，应该先把在计算工程量中需要的数据统计并计算出来，其内容包括以下几项。

(1) 计算出基数：所谓基数，是指在工程量计算中需要反复使用的基本数据。如在土建工程预算中主要项目的工程量计算，一般都与建筑物中心线长度有关，因此它是计算和描述许多分项工程量的基数，在计算中要反复多次地使用，为了避免重复使用，一般都事先把它们计算出来，随用随取。

(2) 编制统计表：所谓统计表，在土建工程中主要是指门窗洞口面积统计表和墙体构件体积统计表。另外，还应统计好各种预制混凝土构件的数量、体积以及所在的位置。

(3) 编制预制构件加工委托计划：为了不影响正常的施工进度，一般需要把预制构件加工或订购计划提前编出来。这项工作多数由预算员来做，也有施工技术员来做的。需要注意的是：此项委托计划应把施工现场自己加工的、委托预制构件厂加工的或去厂家订购的分开编制，以满足施工实际需要。

以上三项内容是属于为工程量计算所准备的工作，做好了这些工作，则可计算工程量。

(4) 计算工程量：计算工程量要按照一定的顺序进行，根据各项工程的相互关系，统筹安排，既能保证不重复、不漏算，还能加快预算速度。

(5) 计算其他项目：不能用线面技术计算的其他项目工程量，如水槽、水池、炉灶、楼梯扶手和栏杆、花台、阳台、台阶等，这些零星项目应该分别计算，列入各项章节内，要特别注意清点，防止遗漏。

(6) 工程量整理、汇总：最后按章节对工程量进行整理、汇总，核对无误，为套用定额或单价做准备。

## 三、工程量计算顺序

### (一) 单位工程工程量计算顺序

(1) 按图样顺序计算：根据图样排列的先后顺序，由建施到结施；每个专业图样由前到后，先算平面，后算立面，再算剖面；先算基本图，再算详图。用这种方法计算工程量的要求是，对消耗量定额的章节内容要很熟，否则容易出现项目间的混淆及漏项。

(2) 按消耗量定额的分部分项顺序计算：按消耗量定额的章、节、子目次序，由前到后，逐项对照，定额项与图样设计内容对上号时就计算。这种方法一是要先熟悉图样，二是要熟练掌握定额。使用这种方法要注意，工程图样是按使用要求设计的，其平立面造型、内外装修、结构形式以及内部设施千变万化，有些设计采用了新工艺、新材料，或有些零星项目可能套不上定额项目，在计算时，应单列出来，待以后编补充定额或补充单位估价表，不要因定额缺项而漏掉。

(3) 按施工顺序计算：按施工顺序计算工程量，就是先施工的先算，后施工的后算，即由平整场地、基础挖土算起，直到装饰工程等全部施工内容结束为止。如带形基础工程，它一般是由挖基槽土方、做垫层、砌基础和回填土等四个分项工程组成，各分项工程量计算顺序可采用：挖基槽土方——做垫层——砌基础——回填土。用这种方法计算工程量，要求编制人具有一定的施工经验，能掌握组织施工的全过程，并且要求对定额及图样内容要十分熟悉，否则容易漏项。

(4) 按统筹图计算：工程量运用统筹法计算时，必须先行编制“工程量计算统筹图”和工程量计算手册，其目的是将定额中的项目、单位、计算公式以及计算次序，通过统筹安排后反映在统筹图上，既能看到整个工程计算的全貌及其重点，又能看到每一个具体项目的计算方法和前后关系。编好工程量计算手册，且将多次应用的一些数据，按照标准图册和一定的计算公式，先行算出，纳入手册中。这样可以避免临时进行复杂的计算，以缩短计算过程，节省时间，并做到一次计算，多次应用。

工程量计算统筹图的优点是既能反映一个单位工程中工程量计算的全部概况和具体的计算方法，又做到了简化使用，有条不紊，前后呼应，规律性强，有利于具体计算工作，提高工作效率。这种方法能大量减少重复计算，加快计算进度，提高运算质量，缩短预算的编制时间。统筹图一般采用网络图的形式表示。

(5) 按造价软件程序计算：计算机计算工程量的优点是快速、准确、简便、完整。现在的造价软件大多都能计算工程量。工程量计算及钢筋算量软件在工程量计算方面提供了适合于造价人员习惯的上机环境，将五花八门的工程量计算草稿按统一表格形式输出，从而实现由计算草稿到各种预算表格的全过程电子表格化。钢筋算量模块加入了图形功能，并增加了平法（建筑结构施工图平面整体设计方法）和图法（结构施工图法）输入功能，造价人员在抽取钢筋时只需将平法施工图中的相关数据，依照图纸中的标注形式，直接输入到软件中，便可自动抽取钢筋长度及重量。

(6) 管线工程一般按下列顺序进行：水暖和电器照明工程中的管道和线路系统总是有来龙去脉。因此，应由进户管线开始，沿着管线的走向，先主管线，后支管线，最后设备，依次进行计算。

(7) 此外，计算工程量，还可以按先平面，后立面；先地下，后地上；先主体，后一般；先内墙，后外墙的顺序计算。住宅也可按建筑设计对称规律及单元个数计算。因为单元组合住宅设计，一般是由一个到两个单元平面布置类型组合的，所以在这种情况下，只需计算一个或两个单元的工程量，最后乘以单元的个数，把各相同单元的工程量汇总，即得该栋住宅的工程量。这种算法，要注意山墙和公共墙部位工程量的调整，计算时可灵活处理。

应当指出，建施图之间、结施图之间、建施图与结施图之间都是相互关联、相互补充的。无论是采用哪种计算顺序，在计算一项工程量，查找图样中的数据时，都要互相对照着看图，多数项目凭一张图样是计算不了的。如计算墙砌体，就要利用建施的平面图、立面图、剖面图、墙身详图及结施图的结构平面布置图和圈梁布置图等，要注意图样的连贯性。

**(二) 分项工程工程量计算顺序**

在同一分项工程内部各个组成部分之间，为了防止重复计算或漏算，也应该遵循一定的计算顺序。分项工程工程量计算通常采用以下四种不同的顺序。

(1) 按照顺时针方向计算：它是从施工图左上角开始，按顺时针方向计算，当计算路线绕图一周后，再重新回到施工图左上角的计算方法。这种方法适用于外墙挖地槽、外墙墙基垫层、外墙砖石基础、外墙砖石墙、圈梁、过梁、楼地面、天棚、外墙粉饰、内墙粉饰等。

(2) 按照横竖分割计算：横竖分割计算是采用先横后竖、先左后右、先上后下的计算顺序。在同一施工图上，先计算横向工程量，后计算竖向工程量。在横向采用先左后右、从上到下；在竖向采用先上后下，从左至右。这种方法适用于：内墙挖地槽、内墙墙基垫层、内墙砖石基础、内墙砖石墙、间壁墙、内墙面抹灰等。

(3) 按照图样注明的编号、分类计算：这种方法主要用于图样上进行分类编号的钢筋混凝土结构、金属结构、门窗、钢筋等构件工程量的计算。如钢筋混凝土工程中的桩、框架、柱、梁、板等构件，都可按图样注明的编号、分类计算。

(4) 按照图样轴线编号计算：为计算和审核方便，对于造型或结构复杂的工程，可以根据施工图轴线编号确定工程量计算顺序，因为轴线一般都是按国家制图标准编号的，可以先算横轴线上的项目，再算纵轴线上的项目。同一轴线按编号顺序计算。

## 四、工程量计算方法

### (一) 工程量计算技巧

(1) 熟记消耗量定额说明和工程量计算规则。在建筑安装工程消耗量定额中，除了最前面的总说明之外，各个分部、分项工程都有相应说明。在《建筑工程工程量清单计价规范》和《山东省建筑工程量计算规则》内还有专门的工程量计算规则，这些内容都应牢牢记住。在计算开始之前，先要熟悉有关分项工程规定内容，将所选定编号记下来，然后开始工程量计算工作。这样既可以保证准确性，也可以加快计算速度。

(2) 准确而详细地填列工程内容。工程量计算表中各项内容填列的准确和详细程度，对于整个单位工程预算编制的准确性和速度快慢影响很大。因此，在计算每项工程量的同时，要准确而详细地填列工程量计算表中的各项内容，尤其要准确填写各分项工程名称。对于钢筋混凝土工程，要填写现浇、预制、断面形式和尺寸等字样；对于砌筑工程，要填写砌体类型、厚度和砂浆强度等级等字样；对于装饰工程，要填写装饰类型、材料种类等字样。以此类推，目的是为选套定额和单位估价表项目提供方便，加快预算编制速度。

(3) 结合设计说明看图样。在计算工程量时，切不可忘记建施及结施图的设计总说明，每张图样的说明以及选用标准图集的总说明和分项说明等。因为很多项目的做法及工程量来自于这里。另外，对于初学预算者来说，最好是在计算每项工程量的同时，随即套用定额项，这样可以防止因不熟悉消耗量定额而造成的计算结果与定额规定或计算单位不符而发生的返工。还要找出设计与定额不相符的部分，在计算的同时将定额计价换算过来或写出换算要求，以防止漏换。

(4) 统筹主体兼顾其他工程。主体结构工程量计算是全部工程量计算的核心。在计算主体工程时，要积极地为其他工程计算提供基本数据。这不但能加快预算编制速度，还会收到事半功倍的效果。例如：在计算现浇钢筋混凝土密肋型楼盖时，不仅要算出混凝土、钢筋和模板工程量，而且要同时算出梁的侧表面积，为天棚装饰工程量计算提供方便；在计算外墙砌筑体积时，除了计算外墙砌筑工程量外，还应按施工组织设计文件规定，同时计算出外墙装饰工程量和脚手架工程量等。

### （二）工程量计算的一般方法

在建筑工程中，计算工程量的原则是“先分后合，先零后整”。分别计算工程量后，如果各部分均套同一定额，可以合并套用。如果工程量合并计算，而各部分必须分别套定额，就必须重新计算工程量，造成返工。在建筑工程中，各部分的建筑结构和建筑做法不完全相同，要求也不一样，必须分别计算工程量。

工程量计算的一般方法有分段法、分层法、分块法、补加补减法、平衡法或近似法。

（1）分段法：如果基础断面不同时，所有基础垫层和基础等都应分段计算。又如内外墙各有几种墙厚，或者各段采用的砂浆强度等级不同时，也应分段计算。高低跨单层工业厂房，由于山墙的高度不同，墙体也应分段计算。

（2）分层法：如果有多层建筑物的各楼层建筑面积不等，或者各层的墙厚及砂浆强度等级不同时，要分层计算。有时为了按层进行工料分析、编制施工预算、下达施工任务书、备工备料等，则均可采用上述类同的办法，分层、分段、分面计算工程量。

（3）分块法：如果楼地面、天棚、墙面抹灰等有多种构造和做法时，应分别计算。即先计算小块，然后在总的面积中减去这些小块的面积，得最大的一种面积。对复杂的工程，可用这种方法进行计算。

（4）补加补减法：如每层的墙体都相同，只是顶层多（或少）一个隔墙，可先按照每层都无（或有）这一隔墙的情况计算，然后在顶层补加（或补减）这一隔墙。

（5）平衡法或近似法：当工程量不大或因计算复杂难以正确计算时，可采用平衡抵消或近似计算的方法。如复杂地形土方工程就可以采用近似法计算。

## 五、运用统筹法原理计算工程量

### （一）统筹法在计算工程量中的运用

统筹法是按照事物内部固有的规律性，逐步、系统、全面地解决问题的一种方法。利用统筹法原理计算工程量，能使计算工作快、准、好地完成。统符法是抓住工程量计算的主要矛盾解决问题的方法。

工程量计算中有许多共性的因素，如外墙条形基础垫层工程量按外墙中心线长度乘垫层断面计算，而条形基础工程量按外墙中心线长度乘以设计断面计算；地面垫层按室内主墙间净面积乘以设计厚度以立方米计算，而楼地面找平层和整体面层均按主墙间净面积以平方米计算等。可见，有许多子项工程量的计算都会用到外墙中心线长度和主墙间净面积等，即“线”、“面”可以作为许多工程量计算的基数，它们在整个工程量计算过程中要反复多次被使用。因此，在工程量计算之前，就可以根据工程图样尺寸将这些基数先计算好，在工程量计算时利用这些基数分别计算与它们各自有关子项的工程量。各种型钢、圆钢，只要计算出长度，就可以查表求出其质量；混凝土标准构件，只要列出其型号，就可以查标准图，知道其构件的重量、体积和各种材料的用量等，都可以列“册”表示。总之，利用“线、面、册”计算工程量，就是运用统筹法的原理，在编制预算中，以减少不必要的重复工作的一种简捷方法，亦称“四线”、“二面”、“一册”计算法。

所谓“四线”是指在建筑设计平面图中外墙中心线的总长度（代号 $L_{中}$）；外墙外边线的总长度（代号 $L_{外}$）；内墙净长线长度（代号 $L_{内}$）；内墙基槽或垫层净长度（代号 $L_{净}$）。

“二面”是指在建筑设计平面图中底层建筑面积（代号 $S_{底}$）和房心净面积（代号 $S_{房}$）。

“一册”是指与各种计算工程量有关的系数；标准钢筋混凝土构件、标准木门窗等个体工程量计算手册（造价手册）。它是根据各地区具体情况自行编制的，以补充“四线”、“二面”的不足，扩大统筹范围。

**（二）统筹法计算工程量的基本要求**

统筹法计算工程量的基本要点是：统筹程序、合理安排；利用基数、连续计算；一次算出、多次应用；结合实际、灵活机动。

（1）统筹程序、合理安排：按以往的习惯，工程量大多数是按施工顺序或定额顺序进行计算。例如，按定额顺序应先计算墙体，后计算门窗。在计算墙体时要扣除门窗面积，在计算门窗面积时又要重新计算。统筹法计算时，可以先计算门窗，后计算墙体，合理安排顺序，避免重复劳动，加快计算速度。

（2）利用基数、连续计算：就是根据图样的尺寸，把“四条线”、“二个面”的长度和面积先算好，作为基数，然后利用基数分别计算与它们各自有关的分项工程量。例如，同外墙中心线长度计算有关的分项工程有：外墙基础垫层、外墙基础、外墙现浇混凝土圈梁、外墙身砌筑等项目。

利用基数把与它有关的许多计算项目串起来，使前面的计算项目为后面的计算项目创造条件，后面的计算项目利用前面的计算项目的数量连续计算，彼此衔接，就能减少许多重复劳动，提高计算速度。

（3）一次算出、多次应用：就是把不能用“线”、“面”基数进行连续计算的项目，如常用的定型混凝土构件和建筑构件项目的工程量，以及那些有规律性的项目的系数，预先组织力量，一次编好，汇编成工程量计算手册，供计算工程量时使用。如某一型号的混凝土板的块数知道了，就可以用块数乘以系数得出砂子、石子、水泥、钢筋的数量；又如定额需要换算的项目，一次换算出，以后就可以多次使用，因此这种方法方便易行。

（4）结合实际、灵活机动：由于建筑物的造型，各楼层的面积大小，以及它的墙厚、基础断面、砂浆强度等级、各部位的装饰标准等都可能不同，不一定都能用上“线、面、册”进行计算，在具体的计算中要结合图样的情况，分段、分层等灵活计算。

工程量运用统筹法计算时，应先行编制工程量计算统筹图和工程量计算手册。其目的是将定额中的项目、单位、计算公式以及计算次序，通过统筹安排后反映在统筹图上，既能看到整个工程计算的全貌及其重点，又能看到每一个具体项目的计算方法和前后关系。编好工程量计算手册，且将多次应用的一些数据，按照标准图册和一定的计算公式，先行算出，纳入手册中。这样可以避免临时进行复杂的计算，以缩短计算过程，节省时间，并做到一次计算，多次应用。

## 第三节　工程结算书的编制

### 一、工程结算

工程结算亦称工程竣工结算，是指单位工程竣工后，施工单位根据施工实施过程中实际发生的变更情况，对原施工图预算工程造价或工程承包价进行调整、修正，重新确定工程造价的经济文件。

虽然承包商与业主签订了工程承包合同，按合同价支付工程价款，但施工过程中往往会发生地质条件的变化、设计变更、业主新的要求、施工情况发生了变化等。这些变化通过工程索赔已确认，那么工程竣工后就要在原承包合同价的基础上进行调整，重新确定工程造价。这一过程就是编制工程结算的主要过程。

## 二、工程结算与竣工决算的联系和区别

（1）工程结算是由施工单位编制的，一般以单位工程为对象；竣工决算是由建设单位编制的，一般以一个建设项目或单项工程为对象。

（2）工程结算如实反映了单位工程竣工后的工程造价；竣工决算综合反映了竣工项目建设成果和财务情况。

（3）竣工决算由若干个工程结算和费用概算汇总而成。

## 三、工程结算书包括的内容

（1）封面。内容包括：工程名称、建设单位、建筑面积、结构类型、结算造价、编制日期等，并设有施工单位、审核单位以及编制人、审核人签字盖章的位置。

（2）编制说明。内容包括：编制依据、结算范围、变更内容、双方协商处理的事项及其他必须说明的问题。

（3）工程结算直接费计算表。内容包括：定额编号、分项工程名称、单位、工程量、定额基价、合价、人工费、机械费等。

（4）工程结算费用计算表。内容包括：费用名称、费用计算基础、费率、计算式、金额等。

（5）附表。内容包括：工程量增减计算表、材料价差计算表、补充基价分析表等。

## 四、工程结算书编制依据

编制工程结算书除了应具备全套竣工图、预算定额、材料价格、人工单位、取费标准外，还应具备以下资料：

（1）工程施工合同。

（2）施工图预算书。

（3）设计变更通知单。

（4）施工技术核定单。

（5）隐蔽工程验收单。

（6）材料代用核定单。

（7）分包工程结算书。

（8）经业主、监理工程师同意确认的应列入工程结算的其他事项。

## 五、工程结算书的编制程序和方法

单位工程竣工结算书的编制，是在施工图预算的基础上，根据业主和监理工程师确认的设计变更资料、修改后的竣工图、其他有关工程索赔资料，先进行直接费的增减调整计算，

再按取费标准计算各项费用，最后汇总为工程结算造价。其编制程序和方法概述为：

（1）收集、整理、熟悉有关原始资料。

（2）深入现场，对照观察竣工工程。

（3）认真检查复核有关原始资料。

（4）计算调整工程量。

（5）套定额基价，计算调整直接费。

（6）计算结算造价。

## 想一想

1. 想一想，编制工程预算书需要哪些基础文件和资料？
2. 工程量计算有哪些技巧？分几步进行计算？
3. 试填写一份工程预算书封面。

# 第八章　建筑工程计量与计价综合应用

**学习目标**

- ➢ 学会利用定额编制工料分析表。
- ➢ 领会工程量计算的技巧和方法。
- ➢ 学会编制工程预算书。

## 第一节　工程量计算及工料分析实例

某工程为二层办公楼，施工图、建筑设计说明及做法如下。

### 一、图样

一层平面图，见图 8-1。

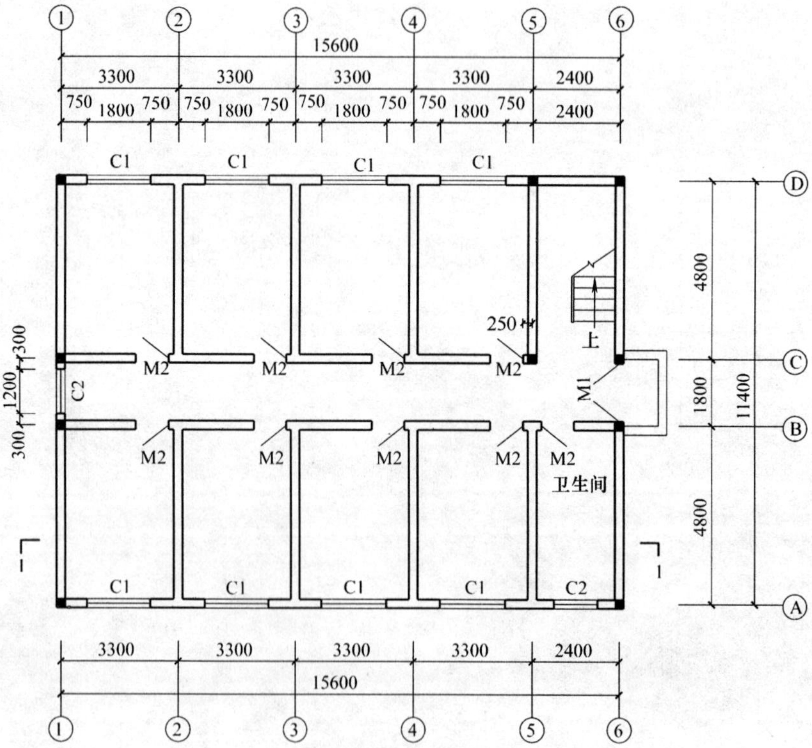


一层平面图

图　8-1

二层平面图，见图 8-2。

正立面图，见图 8-3。

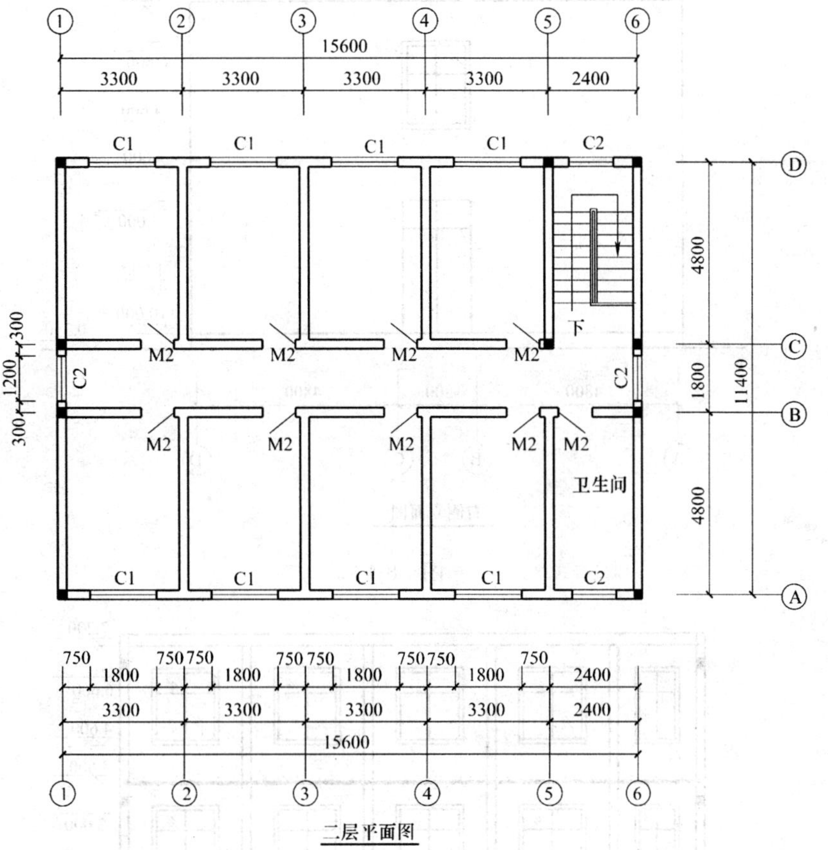


图　8-2

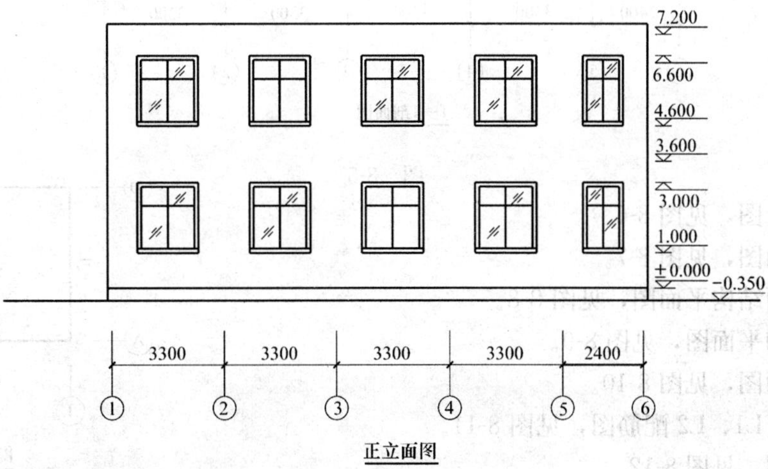


图　8-3

右侧立面图，见图 8-4。

1-1 剖面图，见图 8-5。

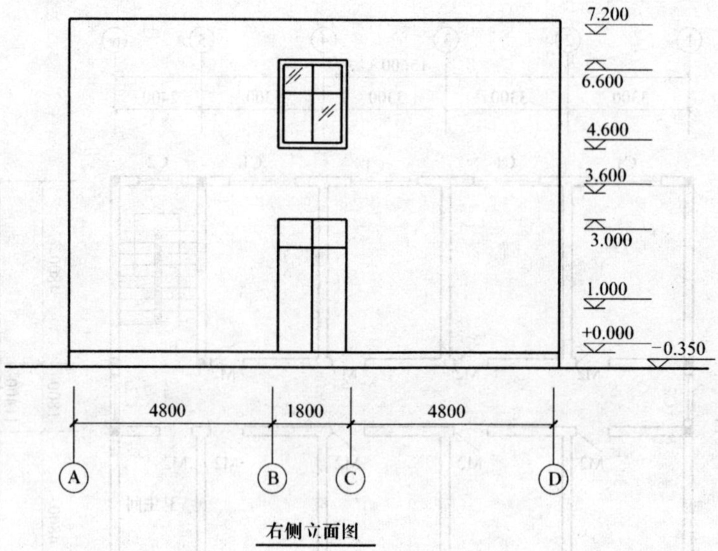


图 8-4

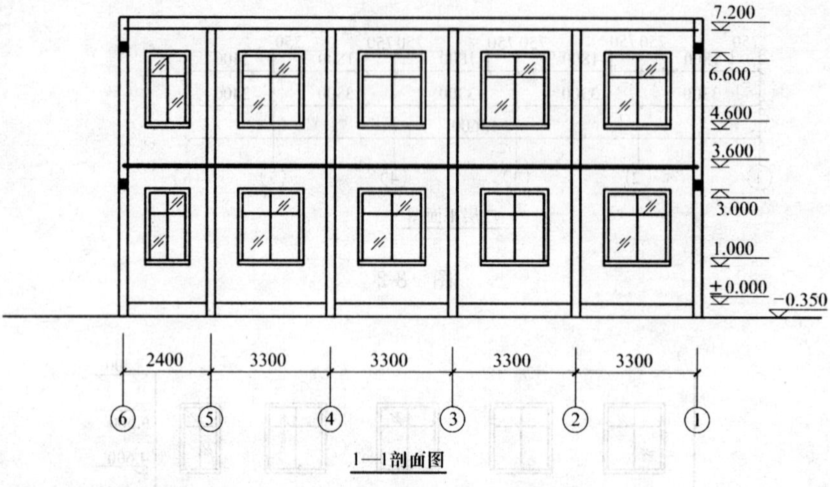


图 8-5

圈梁布置图，见图 8-6。

基础平面图，见图 8-7。

二层楼面结构平面图，见图 8-8。

屋面结构平面图，见图 8-9。

屋面平面图，见图 8-10。

构造柱、L1、L2 配筋图，见图 8-11。

基础详图，见图 8-12。

过梁、女儿墙檐沟详图，见图 8-13。

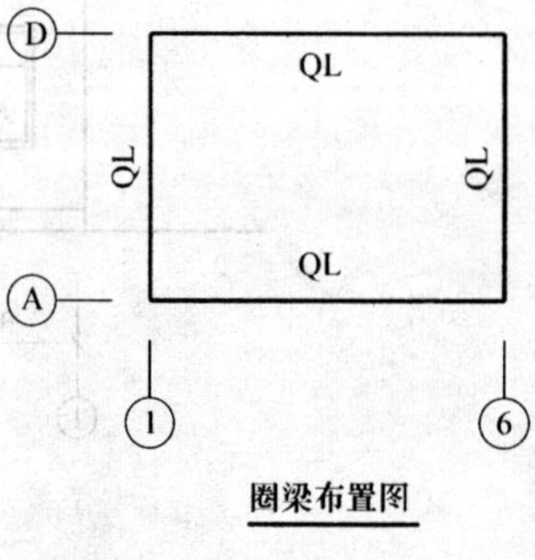


图 8-6

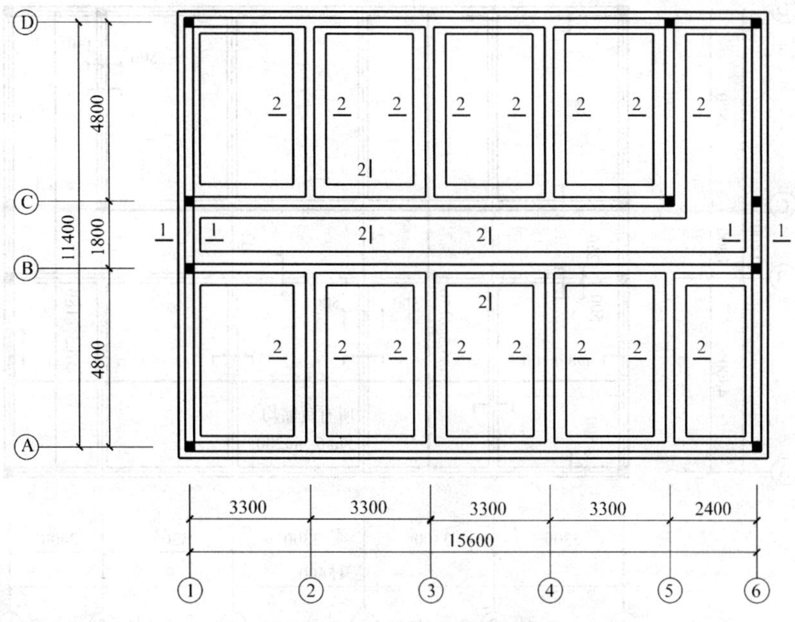


图　8-7

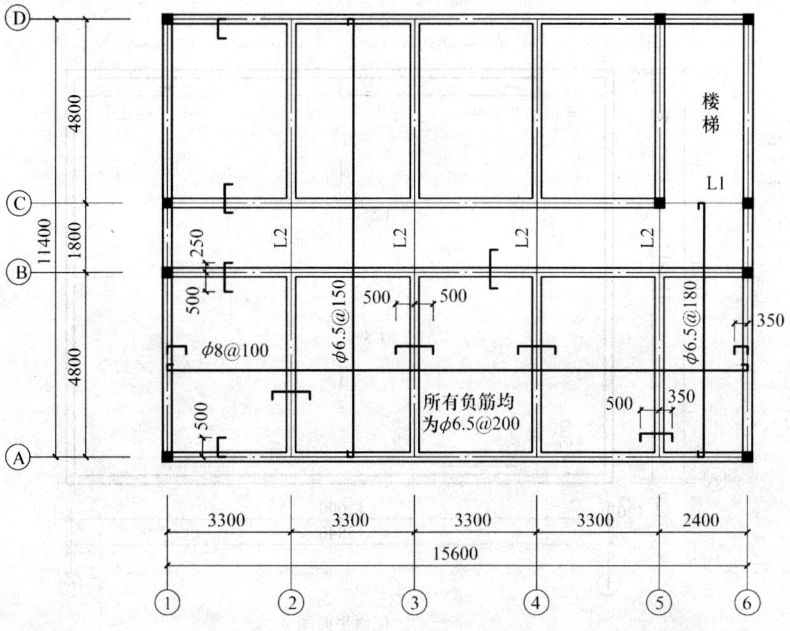


图　8-8

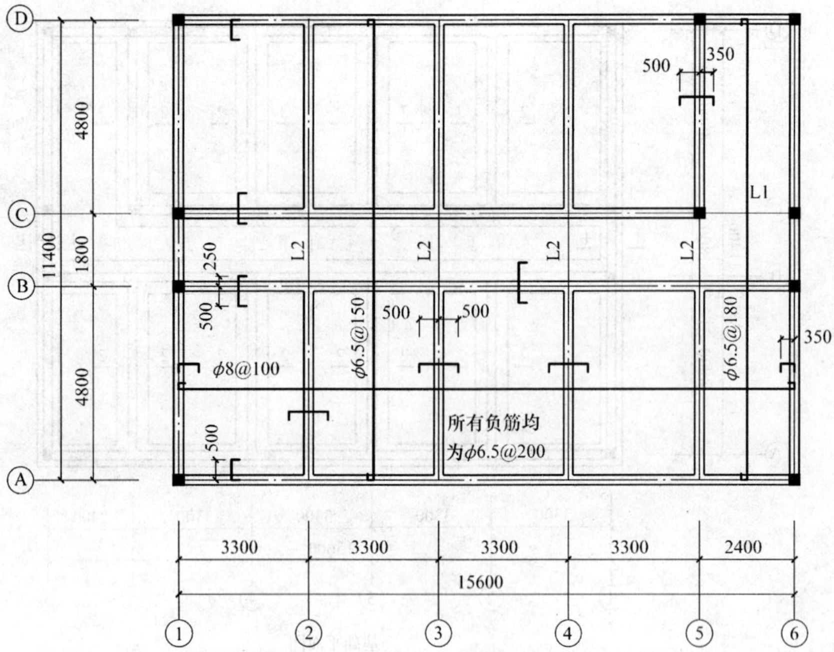


屋面结构平面图

图 8-9

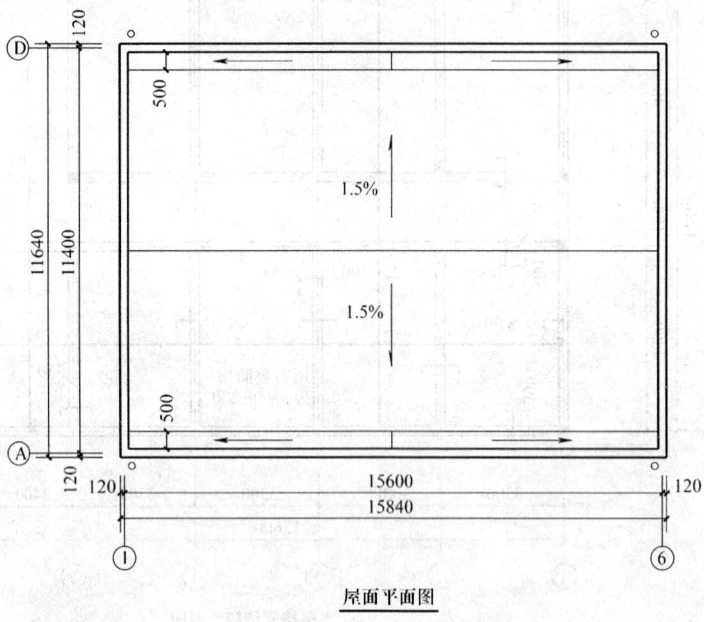


屋面平面图

图 8-10

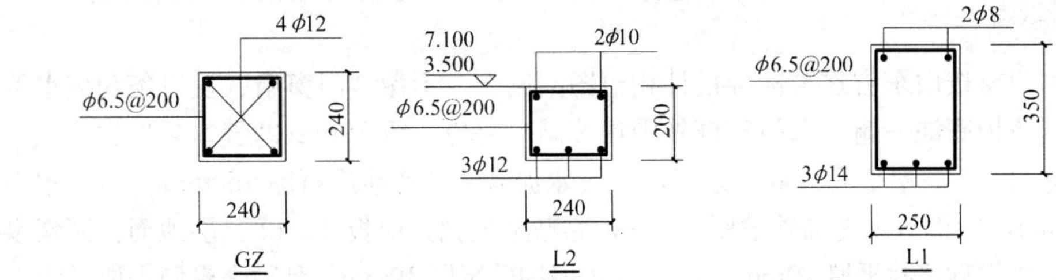


图　8-11

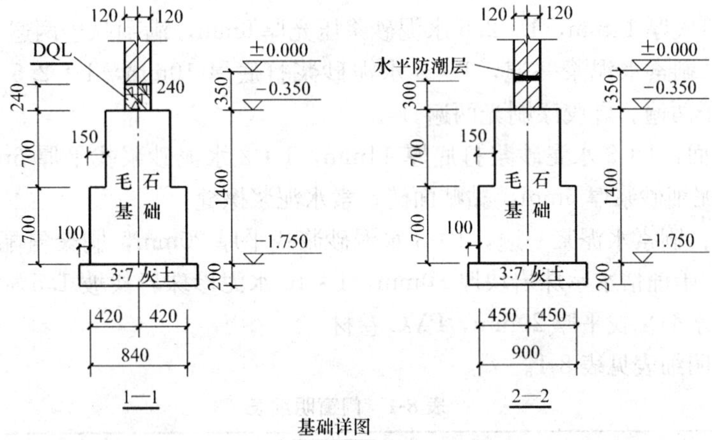


图　8-12

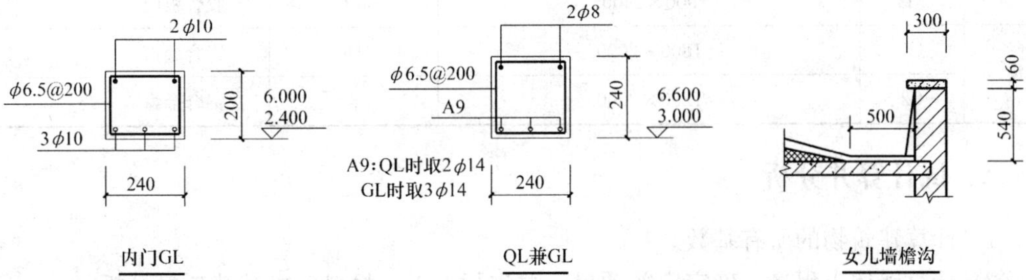


图　8-13

## 二、建筑设计说明及做法

（1）土为一类土，无地下水，人工挖槽，人工夯填土，人力车余土运输 150m。

（2）砌体与砂浆：毛石与烧结普通砖条形基础，烧结普通砖墙，均为 M5 混合砂浆砌筑。

（3）混凝土：现浇混凝土梁、板、构造柱均为 C25，圈梁为 C20，构造柱马牙槎伸入砖墙 60mm。圈梁遇构造柱整浇。外墙构造柱至女儿墙顶，其余至二层板顶。所有混凝土均为现场搅拌。模板为组合钢模板，木支撑。

（4）梁柱受力筋保护层为 25mm，板保护层为 15mm；现浇板厚 100mm。

（5）外墙圈梁（内墙不设）兼过梁，内门上设现浇混凝土过梁，断面为240mm×200mm。

（6）木门窗按山东省建筑标准设计相应图集制作，不做纱门窗扇、盖口条和披水条，制作完成后刷防护底油一遍。木门窗框外围均按洞口每边各留10mm塞缝，后塞框安装。

（7）地面。①一层地面：素土夯实，1∶3水泥砂浆灌铺地瓜石厚150mm，1∶3水泥砂浆找平厚20mm，1∶2.5水泥细砂浆厚10mm，黏贴全瓷抛光地板砖。②二层地面：刷素水泥浆一遍，1∶3水泥砂浆找平厚20mm，1∶2.5水泥细砂浆厚10mm，黏贴全瓷抛光地板砖。

（8）内墙面：卫生间，1∶3水泥砂浆打底厚6mm，1∶2.5水泥砂浆找平厚6mm，1∶1水泥细砂浆厚6mm，黏贴瓷砖152mm×152mm，高1500mm，白水泥浆擦缝；其余，1∶3水泥砂浆打底厚14mm，1∶2.5水泥砂浆压光厚6mm，满刮腻子两遍。乳胶漆刷两遍。

（9）天棚：刷素水泥浆一遍，1∶3水泥砂浆打底厚10mm，1∶2.5水泥砂浆压光厚7mm，满刮腻子两遍。乳胶漆刷光两遍。

（10）外墙面：1∶3水泥砂浆打底厚14mm，1∶2水泥砂浆找平厚6mm，刷素水泥浆一遍，1∶1水泥细砂浆厚5mm，黏贴面砖，素水泥浆擦缝。

（11）屋面：刷素水泥浆一遍，1∶3水泥砂浆找平厚20mm，刷聚氨酯防水涂膜（刷至压顶底）两遍，干铺憎水珍珠岩块厚80mm，1∶10水泥珍珠岩找坡1.5%。1∶2防水砂浆（掺无机铝盐防水剂）找平厚20mm，PVC卷材。

（12）门窗明细表见表8-1。

**表8-1 门窗明细表**

| 分类 | | 洞口尺寸（宽/mm×高/mm） | 个数 | 备注 |
|---|---|---|---|---|
| 门 | M1 | 1500×3000 | 1 | 铝合金自由门 |
| | M2 | 900×2400 | 18 | 胶合板门 |
| 窗 | C1 | 1800×2000 | 16 | 铝合金窗 |
| | C2 | 1200×2000 | 6 | 铝合金窗 |

## 三、试计算并分析

（1）计算建筑物的所有基数。

（2）计算墙体工程量，确定定额项目，并进行人工、材料、机械消耗量分析。

（3）计算土石方、垫层、基础工程量，确定定额项目。

（4）计算过梁、圈梁钢筋、混凝土、模板工程量，完成下列3项计算。

1）计算内门现浇过梁钢筋工程量，确定定额项目。

2）计算过梁、圈梁混凝土工程量，确定定额项目及其人工消耗量。

3）计算过梁、圈梁模板工程量，确定定额项目及其人工消耗量。

（5）计算屋面工程量及人工消耗量。

**解**：（1）基数计算：

$$L_{中}=(3.3\times4+2.4+4.8\times2+1.8)\text{m}\times2=54\text{m}$$

或

$$(15.6+11.4)\text{m}\times2=54\text{m}$$

$$L_{外}=(15.6+11.4+0.24\times2)\text{m}\times2=54.96\text{m}$$

或 $54m+0.24m\times4=54.96m$

$L_{内}=(4.8-0.24)m\times7+(15.6-0.24)m+3.3m\times4+4.8m-0.24m=65.04m$

或 $(4.8-0.24)m\times8+(15.6-0.24)m\times2-2.4m+0.24m=65.04m$

$L_{净}=(4.8-1.04\div2-1.1\div2)m\times7+(15.6-1.04)m+(3.3\times4+4.8-1.04)m=57.63m$

或 $(4.8-1.04\div2-1.1\div2)m\times8+(15.6-1.04)m\times2-2.4m+1.1m\div2+1.04m\div2=57.63m$

$S_{底建}=(15.6+0.24)m\times(11.4+0.24)m=184.38m^2$

$S_{房}=S_{底建}-(L_{中}+L_{内})\times0.24m=184.38m-(54+65.04)m\times0.24m=155.81m^2$

(2) 计算墙体工程量，确定定额项目，并进行人工、材料、机械消耗量分析。

外墙工程量$=[(54-0.24\times9-0.06\times9)\times(0.35-0.24+7.2+0.54-0.24\times2)-(1.5\times3+1.8\times2\times16+1.2\times2\times6)]m^2\times0.24m=72.38m^3$

内墙工程量$=[(65.04-0.24\times1-0.06\times3)\times(7.2-0.1\times2)-0.9\times2.4\times18]m^2\times0.24m-(0.9+0.5)m\times0.24m\times0.2m\times18=98.02m^3$

合计：$72.38m^3+98.02m^3=170.40m^3=17.040\times10m^3$

M5 混合砂浆混水砖墙 240 套 3-1-14 基价 2809.78 元/$10m^3$

砖墙的人工、材料、机械消耗量分析见表 8-2。

**表 8-2 ××办公楼砖墙的人工、材料、机械消耗量分析表**

| 定额编号 | | | 3-1-14 | 工料消耗 |
|---|---|---|---|---|
| 项目 | | | 240 混水砖墙 | 工程量 |
| 名称 | | 单位 | $10m^3$ | 17.040 |
| 人工 | 综合工日 | 工日 | 15.38 | 262.08 |
| 材料 | 混合砂浆 M5 | $m^3$ | 2.25 | 38.34 |
| | 机制红砖 | 千块 | 5.314 | 90.55 |
| | 水 | $m^3$ | 1.06 | 18.06 |
| 机械 | 灰浆搅拌机 200L | 台班 | 0.281 | 4.79 |

(3) 计算土石方、垫层、毛石基础工程量，确定定额项目，并分析人工、主材消耗量。

① 土石方：

挖土深度：$H=1.75m-0.35m+0.2m=1.6m$，因 3∶7 灰土不放坡，故放坡深度 $H=1.75m-0.35m=1.4m>1.2m$，基础土为普通土（土类）放坡，$K=0.5$。

外墙挖土：$V_{外垫挖}=[(0.84+0.2)\times0.2\times54]m^3=11.23m^3$

$V_{外基挖}=[(0.84+0.15\times2+0.5\times1.4)\times1.4\times54]m^3=139.10m^3$

内墙挖土：$V_{内垫挖}=[(0.9+0.2)\times0.2\times57.63]m^3=12.68m^3$

$V_{内基挖}=[(0.9+0.15\times2+0.5\times1.4)\times1.4\times57.63]m^3=153.30m^3$

人工挖槽工程量（合计）：$(11.23+139.10+12.68+153.30)m^3=316.31m^3$

人工挖槽（普通土2m以内）普通土　套1-2-10　基价171.15元/10m$^3$

② 3∶7灰土垫层：

工程量=[(0.84+0.2)×0.2×54+(0.9+0.2)×0.2×57.63]m$^3$=23.91m$^3$

条形基础3∶7灰土垫层　套2-1-1　基价（换）

[1268.41+(443.61+12.05)×0.05]元/10m$^3$=1291.19元/10m$^3$

③ 毛石基础：

$V_{外基}$=[(0.84×2−0.15×2)×0.7×54]m$^3$=52.16m$^3$

$V_{内基}$=[(0.9×2−0.15×2)×0.7×65.04]m$^3$=68.29m$^3$

毛石基础合计：(52.16+68.29)m$^3$=120.45m$^3$

M5混合砂浆毛石基础　套3-2-1　基价（换）

[1890.99−3.9289×(156.95−164.25)]元/10m$^3$=1919.67元/10m$^3$

土石方、垫层、毛石基础工料分析见表8-3。

**表8-3　土石方、垫层、毛石基础工料分析表**

| 序号 | 定额编号 | 分项工程名称 | 单位 | 工程量 | 工日 | | 材料用量 | | | |
|---|---|---|---|---|---|---|---|---|---|---|
| | | | | | 单位用工 | 小计 | 3∶7灰土 | 混合砂浆M5 | 毛石 | 水 |
| 1 | 1-2-10 | 人工挖沟槽 | 10m$^3$ | 31.631 | 3.22 | 101.85 | | | | |
| 2 | 2-1-1 | 3∶7灰土垫层 | 10m$^3$ | 2.391 | 8.37 | 20.01 | $\frac{10.1}{24.15}$ | | | |
| 3 | 3-2-1 | 毛石基础 | 10m$^3$ | 12.045 | 11.81 | 142.25 | | $\frac{3.9289}{47.324}$ | $\frac{9.7434}{117.36}$ | $\frac{0.7900}{9.516}$ |

注：分数中，分子为定额用量，分母为工程量乘以分子后的结果。

(4) 计算过梁、圈梁钢筋、混凝土、模板工程量，完成下列3项计算。

1) 计算内门现浇过梁钢筋工程量，确定定额项目。

5$\phi$10：

[(0.9+0.5−0.025×2+12.5×0.01)×5×18×0.617]kg=81.91kg=0.082t

现浇构件$\phi$10　套4-1-4　基价5176.05元/t

箍筋$\phi$6.5@200：

{[(0.9+0.5−0.025×2)÷0.2+1]×[(0.24+0.2)×2−0.05]×18×0.26}kg

=(8×0.83×18×0.26)kg=31kg

现浇构件箍筋　套4-1-52　基价6178.62元/t

2) 计算过梁、圈梁混凝土工程量，确定定额项目及其人工消耗量。

① 过梁：M1=[0.24$^2$×(1.8−0.24)]m$^3$=0.09m$^3$

$M2=[0.24\times0.2\times(0.9+0.5)\times18]m^3=1.21m^3$

$C1=[(1.8+0.5)\times0.24^2\times16]m^3=2.12m^3$

$C2=[(1.2+0.5)\times0.24^2\times3+(1.8-0.24)\times0.24^2\times3]m^3=0.56m^3$

合计：$(0.09+1.21+2.12+0.56)m^3=3.98m^3$

现浇混凝土过梁（C20）　套 4-2-27　基价（换）

$[3606.10-10.15\times(219.42-205.16)]$元$/10m^3=3461.36$元$/10m^3$

人工消耗量：$(23.67\times3.98\div10)$工日$=9.42$工日

② 混凝土圈梁：

$[0.24^2\times(54-9\times0.24)\times2-(0.09+2.12+0.56)+0.24^2\times54]m^3=6.31m^3$

圈梁　套 4-2-26　基价（换）

$[3431.04-10.15\times(219.42-205.16)]$元$/10m^3=3286.30$元$/10m^3$

人工消耗量：$(21.61\times6.31\div10)$工日$=13.64$工日

3）计算过梁、圈梁模板工程量，确定定额项目及其人工消耗量。

① 过梁模板：$(1.5+0.9\times18+1.8\times16+1.2\times6)m\times0.24m+[1.8-0.24+1.4\times18+2.3\times16+1.7\times3+(1.8-0.24)\times3]m\times0.24m\times2=48.09m^2$

现浇过梁组合钢模板支撑　套 10-4-116　基价 579.77 元$/10m^2$

人工消耗量：$(5.86\times48.09\div10)$工日$=28.18$工日

② 圈梁模板：

$54m\times0.24m\times2-[(1.8-0.24)+(1.8+0.5)\times16+1.7\times3+(1.8-0.24)\times3]m\times0.24m\times2+54m\times0.24m\times2=28.73m^2$

现浇圈梁组合钢模板　套 10-4-125　基价 341.95 元$/10m^2$

人工消耗量：$(3.61\times28.73\div10)$工日$=10.37$工日

(5) 计算屋面工程量及人工消耗量。

1）刷素水泥浆一遍，1∶3 水泥砂浆找平厚 20mm：

工程量$=(15.60-0.24)m\times(11.40-0.24)m=171.42m^2$

1∶3 水泥砂浆找平（20mm）　套 9-1-1　基价 96.92 元$/10m^2$

人工消耗量$=(0.78\times171.42\div10)$工日$=13.37$工日

2）刷聚氨酯防水涂膜两遍：

工程量$=[171.42+(54-4\times0.24)\times0.54]m^2=200.06m^2$

聚氨酯两遍　套 6-2-71　基价 611.92 元$/10m^2$

人工消耗量$=(0.41\times200.06\div10)$工日$=8.20$工日

3）干铺憎水珍珠岩块厚 80mm：

工程量$=[(15.6-0.24)\times(11.4-0.24-0.5\times2)\times0.08]m^3=12.48m^3$

憎水珍珠岩块　套 6-3-5　基价 4721.38 元$/10m^3$

人工消耗量$=(15.20\times12.48\div10)$工日$=18.97$工日

4) 1∶10 水泥珍珠岩找坡 1.5%：

工程量=(15.6−0.24)m×(11.4−0.24)m×(11.4−0.24)m÷4×1.5%=7.17m³

现浇水泥珍珠岩　套 6-3-15　基价 2027.93 元/10m³

人工消耗量=(7.17×7.19÷10)工日=5.16 工日

5) 1∶2 防水砂浆（掺无机铝盐防水剂）找平厚 20mm：

工程量=[(15.6−0.24)×(11.4−0.24)]m²+[(54−4×0.24)×0.54]m²=200.06m²

掺无机铝盐防水剂防水砂浆 20mm 厚　套 6-2-7　基价 141.51 元/10m²

人工消耗量=(1.05×200.06÷10)工日=21.01 工日

6) PVC 卷材：

工程量=200.06m²

PVC 橡胶卷材平面　套 6-2-44　基价 584.19 元/10m²

人工消耗量=(0.73×200.06÷10)工日=14.60 工日

## 第二节　施工图预算书编制实例

### 一、建筑施工图及说明

#### (一) 施工说明

(1) 墙体采用 75 号机制烧结砖，墙厚均为 240mm。

(2) 基础（内外墙相同）采用 M5 水泥砂浆砌筑，墙体采用 M5 混合砂浆砌筑。

(3) 垫层采用 3∶7 灰土，圈梁及现浇屋面板采用 C20 混凝土。

(4) 外墙抹灰做法：1∶3 水泥砂浆打底厚 14mm，1∶2 水泥砂浆抹光厚 6mm。外墙涂料做法：满刮腻子两遍，刷丙烯酸外墙涂料（一底二涂）；外墙装饰分格条（价格 0.5 元/m）两道。

(5) 内墙做法：1∶1∶4 混浆打底厚 14mm，1∶1∶6 混浆抹面厚 6mm，满刮腻子两遍，刮仿瓷涂料两遍。

(6) 顶棚做法：采用水泥砂浆抹面，满刮腻子两遍，刮瓷两遍，墙角贴石膏线宽 100mm。

(7) 室内地面：3∶7 灰土 220mm 厚，C20 混凝土 40mm 厚，30 厚 1∶2.5 水泥砂浆黏贴 600mm×600mm 普通地面砖（地面砖厚 10mm），地面砖假定价格每块 3.5 元。

(8) 散水：素土夯实，C20 混凝土 60mm 厚，边打边抹光。

(9) 混凝土坡道：1∶1 水泥砂浆抹光，C20 混凝土垫层厚 60mm，素土夯实。

(10) 圈梁遇门窗洞口另加 1Φ14 钢筋，内外墙均设圈梁，梁的保护层为 25mm，现浇板的保护层为 15mm。

(11) 屋面板配筋时，紧贴所有负筋下边加配⑩6$\phi$6.5 通长分布筋。

(12) 内墙踢脚板为彩釉砖，水泥砂浆黏贴，高度为 150mm。

(13) M1 为铝合金平开门，带上亮，玻璃 5mm 厚，带普通锁。M2 为无纱镶木板门，带上亮，不上锁，用马尾松制作，刷调合漆三遍。窗户为铝合金推拉窗，带上亮，玻璃

5mm 厚，纱窗 690mm×1180mm。

（14）屋面做法：SBS 改性沥青卷材（满铺）一遍；刷石油沥青一遍，冷底子油两遍；1∶3水泥砂浆找平层厚 20mm；1∶10 现浇水泥珍珠岩找坡最薄处 20mm；干铺水泥珍珠岩块厚 100mm；现浇钢筋混凝土屋面板。

**（二）施工组织设计**

（1）土石方工程：

1）使用挖掘机挖沟槽（普通土），挖土弃于槽边 1m 以外，待室内外回填用土完成后，若有余土，用人工装车，自卸汽车外运 2km，否则同距离内运。

2）沟槽边要人工夯填，室内地坪机械夯填。

3）人工平整场地，基底钎探眼单排，探眼每米 1 个。

（2）砌体脚手架采用钢管脚手架。

（3）混凝土模板采用胶合板模板，钢管支撑。

（4）门窗在公司基地加工制作，运距 10km 以内。

（5）本工程座落在县城以内。

## 二、建筑施工图预算书

预算书编写说明：

根据所提供的楼管室施工图样（图 8-14～图 8-16），编制一份完整的建筑施工图预算书。编制时采用：

（1）山东省价目表采用 2011 年 6 月省统一颁布的价目表。

（2）地区价目表采用 2011 年 12 月淄博市颁布的价目表。

（3）本工程不计取二次搬运费、已完工设备保护费、总承包服务费，安全施工费费率 2.0%，环境保护费费率 0.11%，文明施工费费率 0.29%，临时设施费费率 0.72%，社会保障费费率 2.6%。

（4）建筑工程部分费用计取：夜间施工费费率 0.7%，冬、雨季施工增加费费率 0.8%，工程排污费为 37.30 元，住房公积金为 74.60 元，危险作业意外伤害保险为 124.34 元。

（5）装饰工程部分费用计取：夜间施工费费率 4.0%，冬、雨季施工增加费费率 4.5%，工程排污费为 11.80 元，住房公积金为 23.60 元，危险作业意外伤害保险为 11.80 元。

**（一）计算基数**

（1）$L_{中}=(3.3+2.5+3.4)\text{m}\times2=18.40\text{m}$

（2）$L_{外}=(6.04+3.64)\text{m}\times2=19.36\text{m}$

或　$L_{外}=18.4\text{m}+4\times0.24\text{m}=19.36\text{m}$

（3）$L_{内}=3.4\text{m}-0.24\text{m}=3.16\text{m}$

（4）$S_{建(底)}=6.04\text{m}\times3.64\text{m}=21.99\text{m}^2$

（5）$S_{房}=(2.5-0.24+3.3-0.24)\text{m}\times(3.4-0.24)\text{m}=16.81\text{m}^2$

或　$S_{房}=S_{建(底)}-(L_{中}+L_{内})\times0.24\text{m}=21.99\text{m}-(18.4+3.16)\text{m}\times0.24\text{m}=16.82\text{m}^2$

（6）$L_{净}=(3.4-0.6)\text{m}=2.8\text{m}$

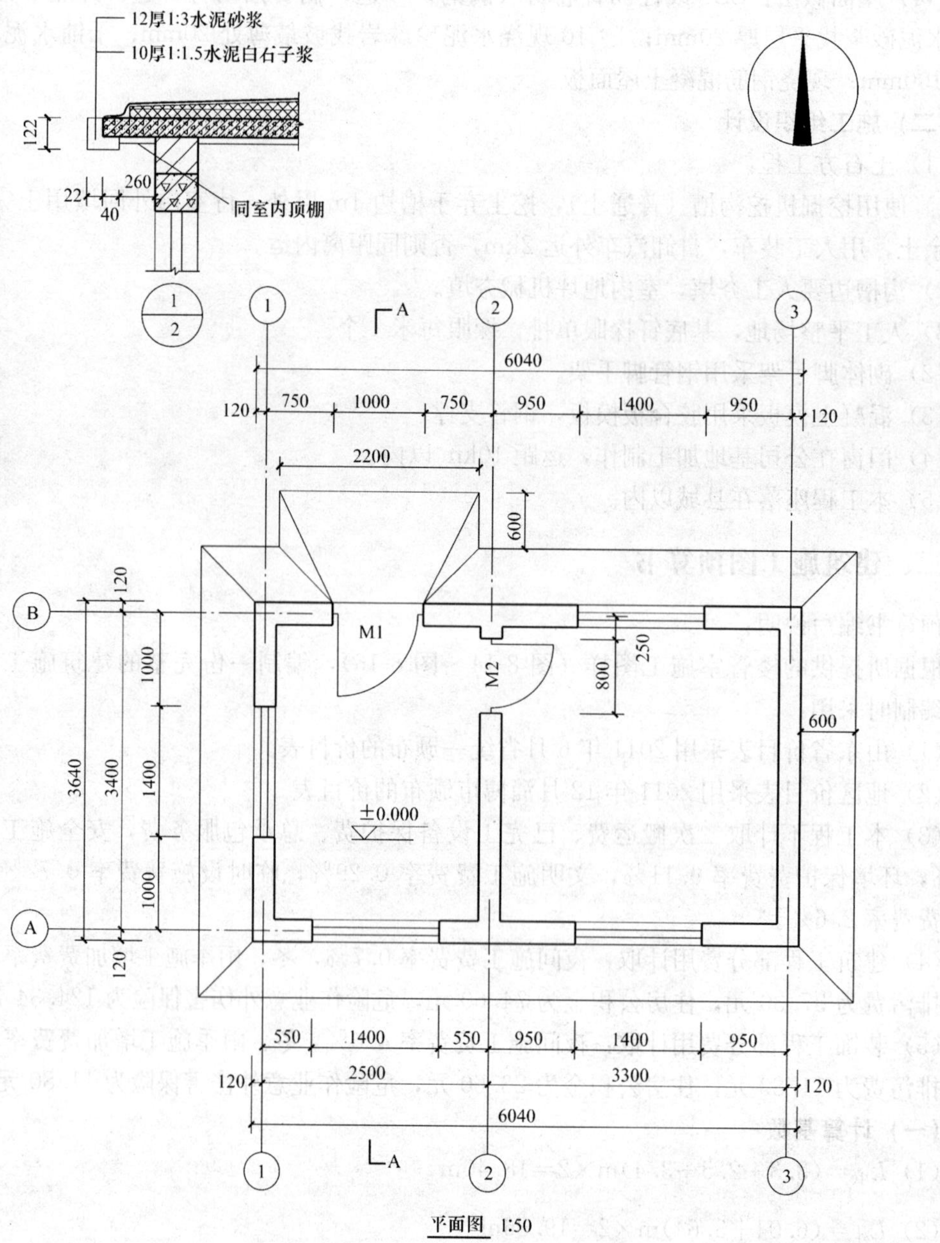


| ××建筑工程学校 | | 图号 | 建施1 |
|---|---|---|---|
| 设计 | | 比例 | 1:50 |
| 审核 | 楼管室 | 日期 | |
| | | 共3页 第1页 | |

图 8-14

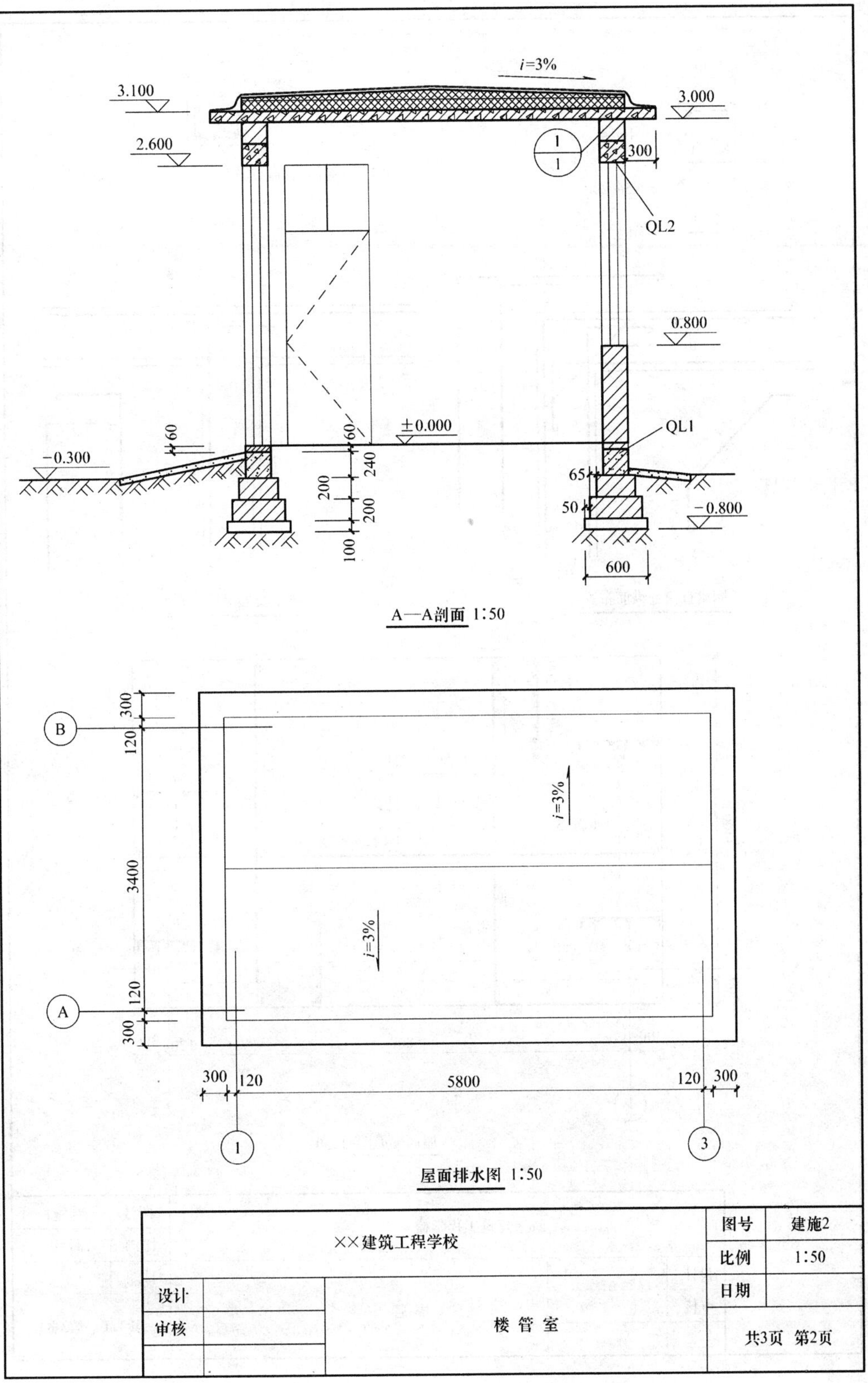

i=3%
3.100
3.000
2.600
1
1
300
QL2
0.800
60
60
±0.000
QL1
-0.300
240
65
200
50
-0.800
200
100
600
A—A剖面 1:50
B
300
120
i=3%
3400
i=3%
A
120
300
300
120
5800
120
300
1
3
屋面排水图 1:50
××建筑工程学校
图号
建施2
比例
1:50
日期
设计
审核
楼 管 室
共3页 第2页


图　8-15

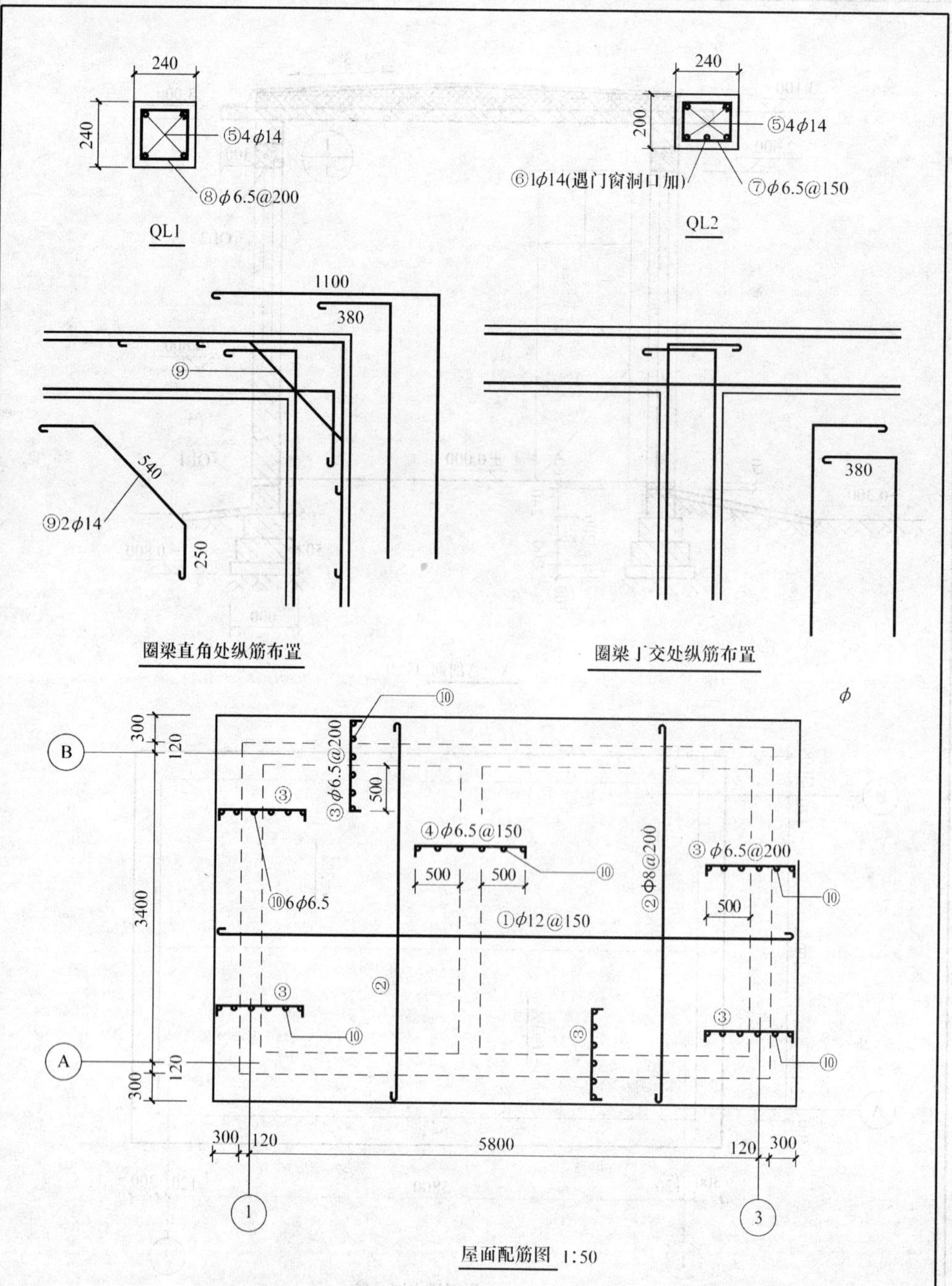


| ××建筑工程学校 | | 图号 | 结施1 |
|---|---|---|---|
| | | 比例 | 1:50 |
| 设计 | 楼管室 | 日期 | |
| 审核 | | 共3页 | 第3页 |

图 8-16

## （二）工程量计算

工程量计算表见表 8-4。

表 8-4　工程量计算表

单位工程名称：建筑工程学校楼管室　　　　　　共 6 页　第 1 页

| 序号 | 定额编号 | 分项工程名称 | 单位 | 工程量 | 计 算 式 |
|---|---|---|---|---|---|
| | | | | | （一）土石方工程 |
| 1 | 1-3-12 | 挖掘机挖沟槽 | $10m^3$ | 0.846 | 开挖沟槽（普通土）<br>挖土深度：0.8m−0.3m=0.5m<1.2m（允许放坡深度），不需放坡。<br>（1）垫层部分挖土量<br>[18.4($L_中$)+2.8($L_净$)]m×0.6m×0.1m=1.27$m^3$<br>（2）砖基部分挖土量<br>(0.6−0.05×2+0.2×2)m×[18.40($L_中$)+2.80($L_净$)]m×(0.5−0.1)m=7.63$m^3$<br>挖普通土挖土合计：(1.27+7.63)$m^3$=8.90$m^3$<br>（3）其中机械（挖掘机）挖土<br>8.90$m^3$×0.95=8.46$m^3$ |
| 2 | 1-2-10 | 人工挖沟槽 | $10m^3$ | 0.045 | 人工挖土：8.90$m^3$×0.05=0.45$m^3$ |
| 3 | 1-4-12 | 槽边夯填土 | $10m^3$ | 0.388 | 条基垫层体积<br>0.6m×0.1m×[18.4($L_中$)+2.8($L_净$)]m=1.27$m^3$<br>室外地坪以下砖基础体积<br>(0.6−0.05×2+0.24+0.065×2)m×0.2m×[18.4($L_中$)+3.16($L_内$)]m=3.75$m^3$<br>槽边回填：8.90$m^3$−(1.27+3.75)$m^3$=3.88$m^3$ |
| 4 | 1-4-11 | 室外斜坡道 | $10m^3$ | 0.016 | 室外斜坡道夯填工程量（按三棱柱计算，并扣除散水部分）：(1.2−0.06)m×(0.3−0.06×2)m÷2×(2.2−0.6)m=0.16$m^3$ |
| 5 | 1-2-56 | 人工装车 | $10m^3$ | 0.153 | 取运土<br>（1）室内回填用黏土<br>16.81 ($S_房$) ×0.22×1.01（$10m^3$3∶7 灰土垫层定额含 10.1$m^3$ 灰土）×1.15（拌制 1$m^3$3∶7 灰土用 1.15$m^3$ 黏土）=4.30$m^3$<br>（2）基础垫层 3∶7 灰土中黏土含量<br>1.27m×1.01m×1.15m=1.48$m^3$<br>（3）取运土：8.9$m^3$−(3.88+0.16)$m^3$×1.15−(1.48+4.30)$m^3$=−1.53$m^3$（取土内运） |
| 6 | 1-3-57 | 自卸汽车运输 | $10m^3$ | 0.153 | 自卸汽车运土方 1km 以内工程量=1.53$m^3$ |
| 7 | 1-3-58 | 自卸汽车运输增运 1km | $10m^3$ | 0.153 | 自卸汽车运土方每增运 1km，工程量=1.53$m^3$ |

负责人　×××　　　　审核　×××　　　　计算　×××

（续）

单位工程名称：建筑工程学校楼管室 共6页 第2页

| 序号 | 定额编号 | 分项工程名称 | 单位 | 工程量 | 计 算 式 |
|---|---|---|---|---|---|
| （一）土石方工程 | | | | | |
| 8 | 1-4-4 | 基底钎探 | 10眼 | 2.20 | {[18.4($L_{中}$)+3.16($L_{内}$)]÷1}眼=22眼 |
| 9 | 1-4-17 | 钎探灌砂 | 10眼 | 2.20 | 22眼 |
| 10 | 1-4-1 | 人工场地平整 | $10m^2$ | 7.671 | (6.04+4)m×(3.64+4)m=76.71$m^2$ |
| 11 | 1-4-3 | 竣工清理 | $10m^3$ | 6.817 | 21.99$m^2$($S_{底}$)×3.1m=68.17$m^3$ |
| （二）地基处理与防护工程 | | | | | |
| 12 | 2-1-1 | 条形基础3：7灰土垫层 | $10m^3$ | 0.127 | 0.6m×0.1m×[18.4($L_{中}$)+2.8($L_{净}$)]m=1.27$m^3$ |
| 13 | 2-1-1 | 室内地面3：7灰土垫层 | $10m^3$ | 0.370 | 16.81$m^2$($S_{房}$)×0.22m=3.70$m^3$ |
| （三）砌筑工程 | | | | | |
| 14 | 3-1-1 | 条形砖基础 | $10m^3$ | 0.406 | [18.4($L_{中}$)+3.16($L_{内}$)]m×[(0.60−0.05×2+0.24+0.065×2)×0.20+0.24×0.06]$m^2$=4.06$m^3$ |
| 15 | 3-1-14 | 混浆砌筑砖墙 | $10m^3$ | 1.095 | {[18.4($L_{中}$)+3.16($L_{内}$)]×(3.0−0.2)−1.0×2.6×1−0.8×2.6×1−1.4×1.8×4}$m^2$×0.24m=10.95$m^3$ |
| （四）钢筋及混凝土工程 | | | | | |
| 16 | 4-1-5 | 现浇构件圆钢筋（$\phi$12） | t | 0.174 | 屋面板钢筋：① $\phi$12@150<br>根数 $n$=[(3.64+0.3×2−0.015×2)÷0.15+1]根=29根<br>单根 $L$=(6.04+0.3×2−0.015×2+2×6.25×0.012)m=6.76m<br>工程量=(29×6.76×0.888)kg=174kg=0.174t |
| 17 | 4-1-3 | 现浇构件圆钢筋（$\phi$8） | t | 0.058 | 屋面板钢筋：② $\phi$8@200<br>根数 $n$=[(6.04+0.3×2−0.015×2)÷0.2+1]根=34根<br>单根 $L$=(3.64+0.3×2−0.015×2+2×6.25×0.008)m=4.31m<br>工程量=(34×4.31×0.395)kg=58kg=0.058t |
| 18 | 4-1-2 | 现浇构件圆钢筋（$\phi$6.5） | t | 0.087 | 屋面板钢筋：③ $\phi$6.5@200<br>根数 $n$=[(3.64+0.3×2−0.015×2)÷0.2+1]根×2+[(6.04+0.3×2−0.015×2)÷0.2+1]根×2=(22×2+34×2)根=112根<br>单根 $L$=[0.5+0.24+0.3−0.015+(0.1−0.015)×2]m=1.20m<br>工程量=(1.20×112×0.260)kg=35kg<br>④ $\phi$6.5@150<br>根数 $n$=[(3.64+0.3×2−0.015×2)÷0.15+1]根=29根<br>单根 $L$=[0.5×2+0.24+(0.1−0.015)×2]m=1.41m<br>工程量=(29×1.41×0.260)kg=11kg<br>屋面板负筋下边加配⑩6$\phi$6.5分布筋<br>[(3.4+0.12×2+0.3×2−0.015×2+2×6.25×0.0065)×18×0.26+(5.8+0.12×2+0.3×2−0.015×2+2×6.25×0.0065)×12×0.26]kg=41kg<br>$\phi$6.5钢筋工程量合计(35+11+41)kg=87kg=0.087t |

负责人 ××× 审核 ××× 计算 ×××

（续）

单位工程名称：建筑工程学校楼管室　　　　共6页　第3页

| 序号 | 定额编号 | 分项工程名称 | 单位 | 工程量 | 计　算　式 |
|---|---|---|---|---|---|
| （四）钢筋及混凝土工程 | | | | | |
| 19 | 4-1-6 | 现浇构件圆钢筋（$\phi$14） | t | 0.330 | 过梁、圈梁钢筋：⑤4$\phi$14<br>①、③ 轴线单根长 $L=(3.4+0.12\times2-0.025\times2+0.38+1.1+2\times6.25\times0.014)\text{m}=5.25\text{m}$<br>② 轴线单根长度 $L=(3.4+0.12\times2-0.025\times2+0.38\times2+2\times6.25\times0.014)\text{m}=4.53\text{m}$<br>A、B 轴线单根长度 $L=(5.8+0.12\times2-0.025\times2+0.38+1.1+2\times6.25\times0.014)\text{m}=7.65\text{m}$<br>⑥1$\phi$14<br>总长度 $L=[(1.4+0.5-0.025\times2+2\times6.25\times0.014)\times4+(1+0.5-0.025\times2+2\times6.25\times0.014)\times1+(0.8+0.5-0.025\times2+2\times6.25\times0.014)\times1]\text{m}=11.15\text{m}$<br>⑨$\phi$14 附加筋<br>单根长度 $L=[0.54+(0.25+6.25\times0.014)\times2]\text{m}=1.22\text{m}$<br>⑤、⑥、⑨$\phi$14 钢筋工程量合计<br>$[(5.25\times4\times4+4.53\times4\times2+7.65\times4\times4+11.15+1.22\times16)\times1.208]\text{kg}=330\text{kg}=0.330\text{t}$ |
| 20 | 4-1-52 | 现浇构件圆箍筋（$\phi$6.5） | t | 0.058 | 过梁、圈梁箍筋：⑦$\phi$6.5@150<br>根数 $n=[(5.8+3.4)\times2\div0.15+(3.4\div0.15+1)]$根$=(123+24)$根$=147$ 根<br>单根 $L=[(0.24+0.20)\times2-0.050]\text{m}=0.83\text{m}$<br>⑧$\phi$6.5@200<br>根数 $n=[(5.8+3.4)\times2\div0.20+(3.4\div0.20+1)]$根$=(92+18)$根$=110$ 根<br>单根 $L=(0.24\times4-0.050)\text{m}=0.91\text{m}$<br>⑦、⑧$\phi$6.5 箍筋工程量合计<br>$[(147\times0.83+110\times0.91)\times0.26]\text{kg}=58\text{kg}=0.058\text{t}$ |
| 21 | 4-2-27 | C20 现浇混凝土过梁 | $10\text{m}^3$ | 0.050 | $\{0.24\times0.2\times[(1.0+0.5)\times1+(0.8+0.5)\times1+(1.4+0.5)\times4]\}\text{m}^3=0.50\text{m}^3$ |
| 22 | 4-2-26 | C20 现浇混凝土圈梁 | $10\text{m}^3$ | 0.178 | $\{0.24\times0.24\times[18.4(L_{中})+3.16(L_{内})]+0.24\times0.20\times[18.4(L_{中})+3.16(L_{内})]\}\text{m}^3-0.50\text{m}^3=1.78\text{m}^3$ |
| 23 | 4-2-38 | C20 现浇混凝土屋面板 | $10\text{m}^3$ | 0.220 | $(6.04\times3.64\times0.1)\text{m}^3=2.20\text{m}^3$ |
| 24 | 4-2-56 | C20 现浇混凝土挑檐 | $10\text{m}^3$ | 0.062 | $[(19.36(L_{外})+4\times0.3)\times0.3\times0.1]\text{m}^3=0.62\text{m}^3$ |
| 25 | 4-4-16 | 现场搅拌混凝土 | $10\text{m}^3$ | 0.518 | $[(0.5+1.78+2.20+0.62)\times10.15\div10]\text{m}^3=5.18\text{m}^3$ |

负责人　×××　　　　审核　×××　　　　计算　×××

（续）

单位工程名称：建筑工程学校楼管室　　　　　　　　　　　　　　　　　　　　共6页 第4页

| 序号 | 定额编号 | 分项工程名称 | 单位 | 工程量 | 计 算 式 |
|---|---|---|---|---|---|
| | | （五）门窗及木结构工程 | | | |
| 26 | 5-1-9 | 无纱木门框（单扇带亮）制作 | $10m^2$ | 0.208 | $(0.8\times2.6\times1)m^2=2.08m^2$ |
| 27 | 5-1-10 | 无纱木门框（单扇带亮）安装 | $10m^2$ | 0.208 | $(0.8\times2.6\times1)m^2=2.08m^2$ |
| 28 | 5-1-33 | 无纱镶木板门（单扇带亮）制作 | $10m^2$ | 0.208 | $(0.8\times2.6\times1)m^2=2.08m^2$ |
| 29 | 5-1-34 | 无纱镶木板门（单扇带亮）安装 | $10m^2$ | 0.208 | $(0.8\times2.6\times1)m^2=2.08m^2$ |
| 30 | 5-9-1 | 无纱镶木板门配件 | 10樘 | 0.100 | 1樘 |
| 31 | 5-5-23 | 单扇平开铝合金门带上亮 | $10m^2$ | 0.260 | M1为铝合金带上亮平开门制作安装<br>$(1.0\times2.6\times1)m^2=2.6m^2$ |
| 32 | 5-9-48 | 铝合金单扇平开门配件 | 10樘 | 0.100 | 配件工程量：1樘 |
| 33 | 5-5-29 | 铝合金推拉窗制作安装 | $10m^2$ | 1.008 | $(1.4\times1.8\times4)m^2=10.08m^2$ |
| 34 | 5-9-49 | 铝合金推拉窗配件 | 10樘 | 0.400 | 4樘 |
| 35 | 5-5-36 | 铝合金纱窗扇制作安装 | $10m^2$ | 0.326 | $(0.69\times1.18\times4)m^2=3.26m^2$ |
| | | （六）屋面防水工程 | | | |
| 36 | 6-3-5 | 保温层珍珠岩块 | $10m^3$ | 0.220 | 屋面保温层：$(3.64\times6.04\times0.1)m^3=2.20m^3$ |
| 37 | 6-3-15 | 找坡层现浇珍珠岩 | $10m^3$ | 0.146 | 找坡层：$[0.02+0.03\times(3.64+0.3\times2)\div4]m\times(3.64+0.3\times2)m\times(6.04+0.3\times2)m=1.46m^3$ |
| 38 | 6-2-72 | 刷石油沥青一遍（含第一遍冷底子油）平面 | $10m^2$ | 2.815 | 石油沥青隔气层：$(6.04+0.6)m\times(3.64+0.6)m=28.15m^2$ |

负责人 ×××　　　　　　　　审核 ×××　　　　　　　　　　　　　　　　计算 ×××

（续）

单位工程名称：建筑工程学校楼管室　　　　共 6 页　第 5 页

| 序号 | 定额编号 | 分项工程名称 | 单位 | 工程量 | 计算式 |
|---|---|---|---|---|---|
| （六）屋面防水工程 | | | | | |
| 39 | 6-2-63 | 第二遍冷底子油平面 | $10m^2$ | 2.815 | 结合层：$(6.04+0.6)m\times(3.64+0.6)m=28.15m^2$ |
| 40 | 6-2-30 | SBS 改性沥青卷材（满铺）一遍 | $10m^2$ | 2.815 | $28.15m^2$ |
| （七）构筑物及其他工程 | | | | | |
| 41 | 8-7-49 | 混凝土散水 | $10m^2$ | 1.210 | $[19.36(L_{外})+0.6\times4]m\times0.6m-(2.2-0.6)m\times0.6m=12.10m^2$ |
| 42 | 8-7-53 | 混凝土坡道 | $10m^2$ | 0.228 | $(2.2\times1.2-0.6\times0.6)m^2=2.28m^2$ |
| （八）装饰工程 | | | | | |
| 43 | 9-1-1 | 地面水泥砂浆找平层 | $10m^2$ | 1.681 | $S_{房}=16.81m^2$ |
| 44 | 9-1-2 | 屋面水泥砂浆找平层 | $10m^2$ | 2.815 | $(6.04+0.6)m\times(3.64+0.6)m=28.15m^2$ |
| 45 | 9-1-4 | C20 细石混凝土找平层 | $10m^2$ | 1.681 | $S_{房}=16.81m^2$ |
| 46 | 9-1-114 | 全瓷地板砖面层 | $10m^2$ | 1.712 | $[16.81(S_{房})+0.24\times0.8+0.12\times1]m^2=17.12m^2$ |
| 47 | 9-1-86 | 踢脚线 | 10m | 2.140 | $[(3.4-0.24)\times4-0.8\times2+(2.5+3.3-0.24\times2)\times2-1+0.12\times6]m=21.4m$ |
| 48 | 9-2-20 | 外墙水泥砂浆 | $10m^2$ | 5.121 | $[19.36(L_{外})\times(3+0.3)-(1\times2.6+1.4\times1.8\times4)]m^2=51.21m^2$ |
| 49 | 9-4-211 | 外墙满刮腻子 | $10m^2$ | 5.005 | $[19.36(L_{外})\times(3+0.24)-(1\times2.6+1.4\times1.8\times4)]m^2=50.05m^2$ |
| 50 | 9-4-184 | 外墙丙烯酸涂料 | $10m^2$ | 5.005 | $50.05m^2$ |
| 51 | 9-2-110 | 外墙分格嵌缝 | $10m^2$ | 5.121 | $[19.36(L_{外})\times(3+0.3)-(1\times2.6+1.4\times1.8\times4)]m^2=51.21m^2$ |
| 52 | 9-2-31 | 内墙抹混合砂浆 | $10m^2$ | 5.300 | $\{[(3.4-0.24)\times4+(3.3+2.5-0.24\times2)\times2]\times3-(1\times2.6+0.8\times2.6\times2+1.4\times1.8\times4)\}m^2=53.00m^2$ |
| 53 | 9-3-3 | 顶棚抹水泥砂浆 | $10m^2$ | 2.211 | $\{16.81(S_{房})+[19.36(L_{外})+4\times0.26]\times0.26\}m^2=22.11m^2$ |
| 54 | 9-4-164 | 内墙、顶棚刮瓷 | $10m^2$ | 7.511 | $(53.00+22.11)m^2=75.11m^2$ |

负责人　×××　　　　审核　×××　　　　计算　×××

（续）

单位工程名称：建筑工程学校楼管室　　　　共6页　第6页

| 序号 | 定额编号 | 分项工程名称 | 单位 | 工程量 | 计算式 |
|---|---|---|---|---|---|
| （八）装饰工程 | | | | | |
| 55 | 9-4-209 | 内墙、顶棚满刮腻子 | $10m^2$ | 7.511 | $(53.00+22.11)m^2=75.11m^2$ |
| 56 | 9-4-6 | M2调合漆 | $10m^2$ | 0.208 | $0.8m\times2.6m\times1.0$(油漆系数)$=2.08m^2$ |
| 57 | 9-5-83 | 顶棚石膏线 | 10m | 2.328 | $(3.4-0.24)m\times4+(3.3+2.5-0.24\times2)m\times2=23.28m$ |
| 58 | 9-2-77 | 屋面檐口水刷石 | $10m^2$ | 0.352 | $\{[19.36(L_{外})+8\times0.3]\times0.122+[19.36(L_{外})+8\times(0.3-0.02)]\times0.04\}m^2=3.52m^2$ |
| （九）施工技术措施项目 | | | | | |
| 59 | 10-1-4 | 外墙钢管脚手架 | $10m^2$ | 6.582 | $[19.36(L_{外})\times(3.1+0.3)]m^2=65.82m^2$ |
| 60 | 10-1-21 | 内墙钢管脚手架 | $10m^2$ | 0.948 | $[3.16(L_{内})\times3]m^2=9.48m^2$ |
| 61 | 10-3-38 | 木门运输 | $10m^2$ | 0.203 | $[0.8\times2.6\times0.975$(运输系数)$]m^2=2.03m^2$ |
| 62 | 10-3-41 | 铝合金门运输 | $10m^2$ | 0.251 | $[1\times2.6\times0.9668$(运输系数)$]m^2=2.51m^2$ |
| 63 | 10-3-44 | 铝合金（带纱）推拉窗运输 | $10m^2$ | 0.975 | $[4\times1.4\times1.8\times0.9668$(运输系数)$]m^2=9.75m^2$ |
| 64 | 10-4-118 | 过梁胶合板模板木支撑 | $10m^2$ | 0.594 | $\{[1+0.5+0.8+0.5+(1.4+0.5)\times4]\times0.2\times2+(1+0.8+1.4\times4)\times0.24\}m^2=5.94m^2$ |
| 65 | 10-4-127 | 圈梁胶合板模板 | $10m^2$ | 1.481 | $\{[18.4(L_{中})+3.16(L_{内})]\times2\times0.24+[18.4(L_{中})+3.16(L_{内})]\times0.2\times2-[1+0.5+0.8+0.5+(1.4+0.5)\times4]\times0.2\times2\}m^2=14.81m^2$ |
| 66 | 10-4-172 | 现浇屋面板模板 | $10m^2$ | 1.681 | $S_{房}=16.81m^2$ |
| 67 | 10-4-211 | 现浇混凝土挑檐 | $10m^2$ | 0.617 | $[19.36(L_{外})+4\times0.3]m\times0.3m=6.17m^2$ |
| | | | | | |
| | | | | | |
| | | | | | |
| | | | | | |
| | | | | | |
| | | | | | |

负责人　×××　　　　审核　×××　　　　计算　×××

## （三）计算工程直接费

该楼管室建筑工程依据《山东省建筑工程消耗量定额》计算得出建筑工程预算表（见表 8-5）。

**表 8-5　建筑工程预算表**

工程编号：12-008 建筑

工程名称：楼管室　　　　建筑面积：21.99 m²

| 序号 | 定额编号 | 定额名称 | 单位 | 工程量 | 淄博 11 单价 | 淄博 11 合价 | 省价 11 单价 | 省价 11 合价 | 省人工费合计 |
|---|---|---|---|---|---|---|---|---|---|
| （一）土石方工程 | | | | | | | | | |
| 1 | 1-3-12 | 挖掘机挖沟槽普通土 | 10m³ | 0.846 | 27.67 | 23.41 | 27.72 | 23.45 | 5.38 |
| 2 | 1-2-10 | 人工挖沟槽（槽深）2m 以内普通土 | 10m³ | 0.045 | 342.30 | 15.40 | 342.30（换 1） | 15.40 | 15.36 |
| 3 | 1-4-12 | 夯填土（沟槽、地坑）人工 | 10m³ | 0.388 | 106.53 | 41.33 | 106.68 | 41.39 | 41.13 |
| 4 | 1-4-11 | 夯填土（地坪）机械 | 10m³ | 0.016 | 44.91 | 0.72 | 44.91 | 0.72 | 0.45 |
| 5 | 1-2-56 | 人工装车土方 | 10m³ | 0.153 | 82.68 | 12.65 | 82.68 | 12.65 | 12.65 |
| 6 | 1-3-57 | 自卸汽车运输土方运距 1km 以内 | 10m³ | 0.153 | 68.16 | 10.43 | 68.41 | 10.47 | 0.24 |
| 7 | 1-3-58 | 自卸汽车运输土方每增运 1km | 10m³ | 0.153 | 11.91 | 1.82 | 11.94 | 1.83 | — |
| 8 | 1-4-4 | 基底钎探 | 10 眼 | 2.20 | 60.42 | 132.92 | 60.42 | 132.92 | 132.92 |
| 9 | 1-4-17 | 钎探灌砂 | 10 眼 | 2.20 | 2.26 | 4.97 | 2.19 | 4.82 | 2.57 |
| 10 | 1-4-1 | 人工场地平整 | 10m² | 7.671 | 33.39 | 256.13 | 33.39 | 256.13 | 256.13 |
| 11 | 1-4-3 | 竣工清理 | 10m³ | 6.817 | 8.48 | 57.81 | 8.48 | 57.81 | 57.81 |
| （二）地基处理与防护工程 | | | | | | | | | |
| 12 | 2-1-1 | 3∶7 灰土垫层（条形基础） | 10m³ | 0.127 | 1442.49 | 183.20 | 965.97（换 2） | 122.68 | 59.16 |
| 13 | 2-1-1 | 3∶7 灰土垫层 | 10m³ | 0.370 | 1419.71 | 525.29 | 943.19（换 3） | 348.98 | 164.14 |
| （三）砌筑工程 | | | | | | | | | |
| 14 | 3-1-1 | M5.0 水泥砂浆砌普通砖基础 | 10m³ | 0.406 | 3173.77 | 1288.55 | 2605.28 | 1057.74 | 262.09 |
| 15 | 3-1-14 | M5.0 混合混水砖墙（墙厚 240mm） | 10m³ | 1.095 | 3410.94 | 3734.98 | 2809.78 | 3076.71 | 892.58 |

单位名称：

编制日期：2012 年 1 月 18 日

（续）

工程编号：12-008 建筑

工程名称：楼管室　　　　建筑面积：21.99 $m^2$

| 序号 | 定额编号 | 定额名称 | 单位 | 工程量 | 淄博 11 单价 | 淄博 11 合价 | 省价 11 单价 | 省价 11 合价 | 省人工费合计 |
|---|---|---|---|---|---|---|---|---|---|
| | | （四）钢筋及混凝土工程 | | | | | | | |
| 16 | 4-1-5 | 现浇构件圆钢筋（$\phi$12） | t | 0.174 | 5510.08 | 958.75 | 5192.59 | 903.51 | 85.4 |
| 17 | 4-1-3 | 现浇构件圆钢筋（$\phi$8） | t | 0.058 | 5643.84 | 327.34 | 5405.29 | 313.51 | 44.02 |
| 18 | 4-1-2 | 现浇构件圆钢筋（$\phi$6.5） | t | 0.087 | 6098.55 | 530.57 | 5864.87 | 510.24 | 101.9 |
| 19 | 4-1-6 | 现浇构件圆钢筋（$\phi$14） | t | 0.330 | 5247.53 | 1731.68 | 5102.57 | 1683.85 | 138.17 |
| 20 | 4-1-52 | 现浇构件箍筋（$\phi$6.5） | t | 0.058 | 6412.3 | 3719.13 | 6178.62 | 3583.6 | 859.8 |
| 21 | 4-2-27 | C20 现浇混凝土过梁 | 10$m^3$ | 0.050 | 3881.1（换 4） | 194.06 | 3461.36（换 5） | 173.07 | 62.57 |
| 22 | 4-2-26 | C20 现浇混凝土圈梁 | 10$m^3$ | 0.178 | 3691.74（换 6） | 657.13 | 3286.3（换 7） | 584.96 | 203.87 |
| 23 | 4-2-38 | C20 现浇混凝土平板 | 10$m^3$ | 0.220 | 3243.91（换 8） | 713.66 | 2827.2（换 9） | 621.98 | 128.49 |
| 24 | 4-2-56 | C20 现浇混凝土挑檐、天沟 | 10$m^3$ | 0.062 | 3905.8 | 242.16 | 3485.59 | 216.11 | 74.89 |
| 25 | 4-4-16 | 现场搅拌混凝土 | 10$m^3$ | 0.518 | 230.55 | 119.42 | 238.81 | 123.7 | 62.87 |
| | | （五）门窗及木结构工程 | | | | | | | |
| 26 | 5-1-9 | 单扇带亮木门框制作 3-4 类材 | 10$m^2$ | 0.208 | 497.86 | 103.55 | 460.26（换 10） | 95.73 | 12.32 |
| 27 | 5-1-10 | 单扇带亮木门框安装 3-4 类材 | 10$m^2$ | 0.208 | 185.9 | 38.67 | 178.76（换 11） | 37.18 | 21.88 |
| 28 | 5-1-33 | 单扇带亮木门扇制作 3-4 类材 | 10$m^2$ | 0.208 | 932.25 | 193.91 | 866.46（换 12） | 180.22 | 35.25 |

单位名称：

编制日期：2012 年 1 月 18 日

（续）

工程编号：12-008 建筑

工程名称：楼管室　　　　　　　　　　　　　　　　　　　　建筑面积：21.99 $m^2$

| 序号 | 定额编号 | 定额名称 | 单位 | 工程量 | 淄博 11 单价 | 淄博 11 合价 | 省价 11 单价 | 省价 11 合价 | 省人工费合计 |
|---|---|---|---|---|---|---|---|---|---|
| | | （五）门窗及木结构工程 | | | | | | | |
| 29 | 5-1-34 | 单扇带亮木门扇安装 3-4 类材 | 10$m^2$ | 0.208 | 128.83 | 26.8 | 136.99（换 13） | 28.49 | 22.77 |
| 30 | 5-9-1 | 无纱镶板纤维胶合门单扇带亮配件 | 10 樘 | 0.100 | 301.11 | 30.11 | 358.76 | 35.88 | — |
| 31 | 5-5-23 | 铝合金单扇平开门带上亮制作、安装 | 10$m^2$ | 0.260 | 3637.34 | 945.71 | 3534.71 | 919.02 | 136.97 |
| 32 | 5-9-48 | 铝合金门单扇平开门配件 | 10 樘 | 0.100 | 200.49 | 20.05 | 223.41 | 22.34 | — |
| 33 | 5-5-29 | 铝合金双扇推拉窗带亮制作、安装 | 10$m^2$ | 1.008 | 3192 | 3217.54 | 3123.94 | 3148.93 | 518.75 |
| 34 | 5-9-49 | 铝合金推拉窗双扇配件 | 10 樘 | 0.400 | 223 | 89.2 | 224 | 89.6 | — |
| 35 | 5-5-36 | 铝合金纱扇制作、安装 | 10$m^2$ | 0.326 | 973.54 | 317.37 | 943.87 | 307.7 | 69.28 |
| | | （六）屋面防水工程 | | | | | | | |
| 36 | 6-3-5 | 混凝土板上保温憎水珍珠岩块 | 10$m^3$ | 0.220 | 5236.86 | 1152.11 | 4721.38 | 1038.7 | 177.23 |
| 37 | 6-3-15 | 混凝土板上保温现浇水泥珍珠岩 1∶10 | 10$m^3$ | 0.146 | 2107.7 | 307.72 | 2027.93 | 296.08 | 55.64 |
| 38 | 6-2-72 | 涂膜防水石油沥青一遍平面 | 10$m^2$ | 2.815 | 147.57 | 415.41 | 111.63 | 314.24 | 19.4 |
| 39 | 6-2-63 | 涂膜防水冷底子油第二遍 | 10$m^2$ | 2.815 | 35.23 | 99.17 | 31.53 | 88.76 | 19.4 |
| 40 | 6-2-30 | SBS 改性沥青卷材（满铺）一层平面 | 10$m^2$ | 2.815 | 427.72 | 1204.03 | 437.36 | 1231.17 | 59.68 |
| | | （七）构筑物及其他工程 | | | | | | | |
| 41 | 8-7-49 | 混凝土散水 3∶7 灰土垫层 | 10$m^2$ | 1.210 | 488.56（换 14） | 591.16 | 438.81（换 15） | 530.96 | 239.2 |

单位名称：

编制日期：2012 年 1 月 18 日

（续）

工程编号：12-008 建筑

工程名称：楼管室　　　　建筑面积：21.99 m²

| 序号 | 定额编号 | 定额名称 | 单位 | 工程量 | 淄博11单价 | 淄博11合价 | 省价11单价 | 省价11合价 | 省人工费合计 |
|---|---|---|---|---|---|---|---|---|---|
| | | （七）构筑物及其他工程 | | | | | | | |
| 42 | 8-7-53 | 混凝土坡道 3∶7 灰土垫层混凝土厚 100mm | 10m² | 0.228 | 398.19（换16） | 90.79 | 369.72（换17） | 84.3 | 48.22 |
| | | （八）装 饰 工 程 | | | | | | | |
| 43 | 9-1-1 | 地面 1∶3 水泥砂浆找平层 | 10m² | 1.618 | 156.68（换18） | 253.51 | 145.31（换19） | 235.11 | 90.9 |
| 44 | 9-1-2 | 屋面 1∶3 水泥砂浆找平 | 10m² | 2.815 | 113.75 | 320.21 | 105.74 | 297.66 | 119.36 |
| 45 | 9-1-4 | 细石混凝土 40mm | 10m² | 1.681 | 166.77 | 280.34 | 159.02 | 267.31 | 91.77 |
| 46 | 9-1-114 | 地面全瓷地板砖周长 2400mm 内 | 10m² | 1.712 | 332.73（换20） | 569.63 | 331.32（换21） | 567.22 | 316.67 |
| 47 | 9-1-86 | 踢脚线 | 10m | 2.140 | 89.13 | 190.74 | 99.38 | 212.67 | 108.88 |
| 48 | 9-2-20 | 外墙面 1∶3 水泥砂浆 | 10m² | 5.121 | 144.17 | 738.29 | 136.63 | 699.68 | 393.55 |
| 49 | 9-4-211 | 外墙抹灰面满刮腻子两遍 | 10m² | 5.005 | 39.59 | 198.15 | 38.87 | 194.54 | 143.24 |
| 50 | 9-4-184 | 丙烯酸外墙涂料抹灰墙面 | 10m² | 5.005 | 140.06 | 701 | 149.2 | 746.75 | 214.86 |
| 51 | 9-2-110 | 分格嵌缝分格 | 10m² | 5.121 | 30.74 | 157.42 | 30.74 | 157.42 | 157.42 |
| 52 | 9-2-31 | 内墙面 1∶1∶6 混合浆 | 10m² | 5.300 | 132.25 | 700.93 | 121.85 | 645.81 | 384.83 |
| 53 | 9-3-3 | 混凝土面顶棚水泥砂浆 | 10m² | 2.211 | 140.67 | 311.02 | 134.26 | 296.85 | 185.15 |
| 54 | 9-4-164 | 内墙、顶棚抹灰面刷仿瓷涂料 | 10m² | 7.511 | 83.5 | 627.17 | 82.9 | 622.66 | 230.89 |
| 55 | 9-4-209 | 顶棚、内墙抹灰面满刮腻子 | 10m² | 7.511 | 30.16 | 226.53 | 31.69 | 238.02 | 175.16 |
| 56 | 9-4-6 | 调和漆三遍　单层木门 M2 | 10m² | 0.208 | 331.73 | 69 | 332.69 | 69.2 | 39.91 |

单位名称：

编制日期：2012 年 1 月 18 日

（续）

工程编号：12-008 建筑

工程名称：楼管室　　　　建筑面积：21.99 $m^2$

| 序号 | 定额编号 | 定额名称 | 单位 | 工程量 | 淄博 11 单价 | 淄博 11 合价 | 省价 11 单价 | 省价 11 合价 | 省人工费合计 |
|---|---|---|---|---|---|---|---|---|---|
| | | （八）装饰工程 | | | | | | | |
| 57 | 9-5-83 | 石膏阴阳角线宽度 100mm 以内 | 10m | 2.328 | 70.27 | 163.59 | 91.87 | 213.87 | 62.93 |
| 58 | 9-2-77 | 水刷白石子　厚 12mm+10mm 零星项目 | 10m² | 0.352 | 596.68 | 210.03 | 589.54 | 207.52 | 166.41 |
| | | （九）施工技术措施项目 | | | | | | | |
| 59 | 10-1-102 | 单排外钢管脚手架 6m 以内 | 10m² | 6.582 | 58.19 | 383.01 | 58.12 | 382.55 | 146.52 |
| 60 | 10-1-21 | 里脚手架钢管架 3.6m 以内 单排 | 10m² | 0.948 | 36.4 | 34.51 | 36.85 | 34.93 | 19.6 |
| 61 | 10-3-38 | 木门窗运输 10km 以内 | 10m² | 0.203 | 42.68 | 8.66 | 42.78 | 8.68 | 1.61 |
| 62 | 10-3-41 | 不带纱铝合金门窗运输 10km 内 | 10m² | 0.251 | 54.33 | 13.64 | 52.99 | 13.3 | 1.06 |
| 63 | 10-3-44 | 带纱铝合金门窗运输 10km 内 | 10m² | 0.975 | 55.34 | 53.96 | 54.00 | 52.65 | 4.13 |
| 64 | 10-4-118 | 过梁胶合板模板木支撑 | 10m² | 0.594 | 426.09 | 253.1 | 438.13 | 260.25 | 128.13 |
| 65 | 10-4-127 | 直形圈梁胶合板模板木支撑 | 10m² | 1.481 | 254.84 | 377.42 | 270.08 | 399.99 | 189.17 |
| 66 | 10-4-172 | 平板胶合板模板钢支撑 | 10m² | 1.681 | 259.62 | 436.42 | 270.12 | 454.07 | 212.04 |
| 67 | 10-4-211 | 挑檐、天沟木模板木支撑 | 10m² | 0.617 | 510.25 | 314.82 | 497.23 | 306.79 | 175.28 |
| | | | | | | | | | |
| | | | | | | | | | |
| | | | | | | | | | |

单位名称：

编制日期：2012 年 1 月 18 日

建筑工程预算表价格换算说明（换1～换9单位为元/10m³，换10～换21单位为元/10m²）

换1：171.15×2=340.30 省人工费换算:170.66×2=341.32

换2：1268.41+(44.61+12.05)×0.05−10.1×(80.47−48.27)=965.97

换3：1268.41−10.1×1.15×28=943.19

或 1268.41−10.1×(80.41−48.27)=943.19

换4：4046.65−10.15×(260.19−243.88)=3881.10

换5：3606.10−10.15×(219.42−205.16)=3461.36

换6：3857.29−10.15×(260.19−243.88)=3691.74

换7：3431.04−10.15×(219.42−205.16)=3286.30

换8：3414.43−10.15×(266.62−249.82)=3243.91

换9：2976.50−10.15×(225.40−210.69)=2827.19

换10：444.57+(45.58+6.72)×0.3=460.26

换11：151.43+(77.91+0.17)×0.35=178.76

换12：821.05+(130.38+20.99)×0.3=866.46

换13：108.61+81.09×0.35=136.99

换14：663.63−0.606×(216.67−238.28)−1.515×124.20=488.81

换15：549.46−0.606×(181.34−199.93)−1.515×80.47=438.81

换16：894.14−59.81×2−3.03×124.20(扣除灰土费用)=398.19

换17：717.88−52.17×2−3.03×80.47=369.72

换18：103.95+21.81(9-1-3基价)×2−(0.2020+0.0510×2)×(265.70−295.67)=156.68

换19：96.92+20.18×2−(0.202+0.051×2)×(233.82−260.23)=145.31 省人工费换算：41.34+7.42×2=56.18

换20：738.73−28×(18−3.5)=323.73

换21：737.32−28×(22−3.5)=331.32

**（四）工程费用统计**

**1. 建筑工程部分**

市价直接工程费费用合计：20979.59元

参照市定额计取措施费费用合计：1875.54元

计费基础 $JF_1$：19102.99元

参照省定额计取措施费费用合计：1913.21元

计费基础 $JF_2$：2199.75元

**2. 装饰工程部分**

市价直接工程费费用合计：5717.56元

计费基础 $JF_1$：2881.93元

计费基础 $JF_2$：48.99元

**（五）建筑工程费用计算**

楼管室建筑工程费用计算程序表见表8-6。

表 8-6　建筑工程定额计价计算程序表

| 序号 | 费用名称 | 计算方法 | 费用金额 |
|---|---|---|---|
| 一 | 直接费 | (一) + (二) | 23141.67 |
| | (一) 直接工程费 | ∑工程量×∑［(定额工日消耗量×人工单价) + (定额材料消耗量×材料单价) + (定额机械台班消耗量×机械台班单价)］ | 20979.59 |
| | 计费基础 $JF_1$ | ∑(工程量×省基价) | 19102.29 |
| | (二) 措施费 | 1.1+1.2+1.3+1.4 | 2162.08 |
| | 1.1 参照定额规定计取的措施费 | 按定额规定计算 | 1875.54 |
| | 1.2 参照费率计取的措施费 | (1)+(2)+(3)+(4) | 286.54 |
| | (1) 夜间施工费 | 计费基础 $JF_1$×0.7% | 133.72 |
| | (2) 二次搬运费 | 计费基础 $JF_1$×费率 | 0 |
| | (3) 冬、雨季施工增加费 | 计费基础 $JF_1$×0.8% | 152.82 |
| | (4) 已完工程及设备保护费 | 计费基础 $JF_1$×费率 | 0 |
| | 1.3 按施工组织设计（方案）计取的措施费 | 按施工组织设计（方案）计取 | 0 |
| | 1.4 总承包服务费 | 专业分包工程费（不包括设备费）×费率 | 0 |
| | 计费基础 $JF_2$ | ∑措施费中 1.1、1.2、1.3 中省价措施费 | 2199.75 |
| 二 | 企业管理费 | ($JF_1$+$JF_2$) ×5% | 1065.10 |
| 三 | 利润 | ($JF_1$+$JF_2$) ×3.1% | 660.36 |
| 四 | 规费 | 4.1+4.2+4.3+4.4+4.5 | 1658.63 |
| | 4.1 安全文明施工费 | (1)+(2)+(3)+(4) | 775.84 |
| | (1) 安全施工费 | (一+二+三) ×2% | 497.34 |
| | (2) 环境保护费 | (一+二+三) ×0.11% | 27.35 |
| | (3) 文明施工费 | (一+二+三) ×0.29% | 72.11 |
| | (4) 临时设施费 | (一+二+三) ×0.72% | 179.04 |
| | 4.2 工程排污费 | 按相关规定计算 | 37.30 |
| | 4.3 社会保障费 | (一+二+三) × 2.6% | 646.55 |
| | 4.4 住房公积金 | 按相关规定计算 | 74.6 |
| | 4.5 危险作业意外伤害保险 | 按相关规定计算 | 124.34 |
| 五 | 税金 | (一+二+三+四) ×3.41% | 904.53 |
| 六 | 建筑工程造价 | 一+二+三+四+五 | 27430.29 |

## (六) 装饰工程费用计算

楼管室装饰工程费用计算程序表见表 8-7。

表 8-7 装饰工程定额计价计算程序表

| 序号 | 费用名称 | 计算方法 | 费用金额 |
|---|---|---|---|
| 一 | 直接费 | (一)+(二) | 5962.53 |
| | (一) 直接工程费 | Σ工程量×Σ［(定额工日消耗量×人工单价)+(定额材料消耗量×材料单价)+(定额机械台班消耗量×机械台班单价)］ | 5717.56 |
| | 计费基础 $JF_1$ | Σ［工程量×(定额工日消耗量×省价人工单价)］ | 2881.93 |
| | (二) 措施费 | 1.1+1.2+1.3+1.4 | 244.97 |
| | 1.1 参照定额规定计取的措施费 | 按定额规定计算 | 0 |
| | 1.2 参照省发布费率计取的措施费 | (1)+(2)+(3)+(4) | 244.97 |
| | (1) 夜间施工费 | 计费基础 $JF_1$×4% | 115.28 |
| | (2) 二次搬运费 | 计费基础 $JF_1$×费率 | 0 |
| | (3) 冬、雨季施工增加费 | 计费基础 $JF_1$×4.5% | 129.69 |
| | (4) 已完工程及设备保护费 | 省直接工程费×费率 | 0 |
| | 其中：人工费 | 244.97×20% | 48.99 |
| | 1.3 按施工组织设计(方案)计取的措施费 | 按施工组织设计(方案)计取 | 0 |
| | 1.4 总承包服务费 | 专业分包工程费(不包括设备费)×费率 | 0 |
| | 计费基础 $JF_2$ | Σ措施费中 1.1、1.2、1.3 中省价措施费中人工费之和 | 48.99 |
| 二 | 企业管理费 | ($JF_1$+$JF_2$)×49% | 1436.15 |
| 三 | 利润 | ($JF_1$+$JF_2$)×16% | 468.95 |
| 四 | 规费 | 4.1+4.2+4.3+4.4+4.5 | 553.88 |
| | 4.1 安全文明施工费 | (1)+(2)+(3)+(4) | 302.12 |
| | (1) 安全施工费 | (一+二+三)×2% | 157.35 |
| | (2) 环境保护费 | (一+二+三)×0.12% | 9.44 |
| | (3) 文明施工费 | (一+二+三)×0.1% | 7.87 |
| | (4) 临时设施费 | (一+二+三)×1.62% | 127.46 |
| | 4.2 工程排污费 | 按相关规定计算 | 11.8 |
| | 4.3 社会保障费 | (一+二+三)×2.6% | 204.56 |
| | 4.4 住房公积金 | 按相关规定计算 | 23.6 |
| | 4.5 危险作业意外伤害保险 | 按相关规定计算 | 11.8 |
| 五 | 税金 | (一+二+三+四)×3.41% | 287.17 |
| 六 | 装饰工程造价 | 一+二+三+四+五 | 8708.68 |

**（七）工程预算造价合计**

楼管室预算造价合计　27430.29 元＋8708.68 元＝36138.97 元

## 想一想，算一算

1. 想一想，单位工程预算书的编制步骤。
2. 计算工程量时，需要注意哪些地方？
3. 参阅教材后的附录 B 某单位职工宿舍楼施工图，编写一份完整的单位工程预算书。

# 附　录

## 附录 A　“想一想，算一算”参考答案

### 第二章　部分题目答案

5. 解：第一种方法：按时间定额计算。

查表 2-7，得综合用工时间定额为 1.04 工日/$m^3$，其中砌砖 0.63 时间定额为工日/$m^3$，运输时间定额为 0.325 工日/$m^3$，调制砂浆时间定额为 0.085 工日/$m^3$。

砌筑 $182m^2$ 单墙清水砖墙综合劳动量为＝182×1.04＝189.28（工日）

其中，砌砖劳动量＝182×0.63＝114.66（工日）

塔吊运输劳动量＝182×0.325＝59.15（工日）

调制砂浆劳动量＝182×0.085＝15.47（工日）

完成该工程共需：189.28÷8＝23.66（工日）

第二种方法：按产量定额计算。

查表 2-7，得综合用工产量定额为 0. 962$m^3$/工日，砌砖产量定额为 1.587$m^3$/工日，运输产量定额为 3.077$m^3$/工日，调制砂浆产量定额为 11.765$m^3$/工日。

砌筑 $182m^2$ 单墙清水砖墙综合劳动量为＝182÷0.962＝189.19（工日）

其中：砌砖劳动量＝182÷1.587＝114.68（工日）

塔吊运输劳动量＝182÷3.082＝59.05（工日）

调制砂浆劳动量＝182÷11.765＝15.47（工日）

完成该工程共需：189.19÷8＝23.65（工日）

### 第三章　部分题目答案

3. **解**：（1）由建筑工程类别划分标准表 3-1 得知，该商住楼属于民用居住建筑工程，砖混结构，层数小于 8 层，建筑面积 5321.00 $m^2$＜8000$m^2$，两个指标，均满足Ⅲ类工程要求，属Ⅲ类工程。

查表 3-3 可知，措施费中夜间施工费费率 0.7%，二次搬运费费率 0.6%，冬、雨季施工增加费费率 0.8%，已完工程及设备保护费费率 0.15%，总承包服务费费率 3%；查表3-4 可知，企业管理费费率 5.0%，利润率为 3.1%；查表 3-5 可知，安全施工费费率 2.0%、环境保护费费率 0.11%、文明施工费费率 0.29%、临时设施费费率 0.72%；查表 3-6，县城、镇税率为 3.41%。

（2）该商住楼的建筑工程费用见下表。

建筑工程定额计价计算程序表

| 序号 | 费用名称 | 计算方法 | 费用金额 |
|---|---|---|---|
| 一 | 直接费 | (一)+(二) | 1791203.89 |
|  | (一) 直接工程费 | ∑工程量×∑[(定额工日消耗量×人工单价)+(定额材料消耗量×材料单价)+(定额机械台班消耗量×机械台班单价)] | 1522321.65 |
|  | 计费基础 $JF_1$ | ∑(工程量×省基价) | 1512695.52 |
|  | (二) 措施费 | 1.1+1.2+1.3+1.4 | 268882.24 |
|  | 1.1 参照定额规定计取的措施费 | 按定额规定计算 | 234846.6 |
|  | 1.2 参照省发布费率计取的措施费 | (1)+(2)+(3)+(4) | 34035.64 |
|  | (1) 夜间施工费 | 计费基础 $JF_1$×0.7% | 10588.87 |
|  | (2) 二次搬运费 | 计费基础 $JF_1$×0.6% | 9076.17 |
|  | (3) 冬、雨季施工增加费 | 计费基础 $JF_1$×0.8% | 12101.56 |
|  | (4) 已完工程及设备保护费 | 计费基础 $JF_1$×0.15% | 2269.04 |
|  | 1.3 按施工组织设计(方案)计取的措施费 | 按施工组织设计(方案)计取 | 0 |
|  | 1.4 总承包服务费 | 专业分包工程费(不包括设备费)×费率 | 0 |
|  | 计费基础 $JF_2$ | ∑措施费中 1.1、1.2、1.3 中省价措施费 | 249303.10 |
| 二 | 企业管理费 | ($JF_1$+$JF_2$)×5% | 88099.93 |
| 三 | 利润 | ($JF_1$+$JF_2$)×3.1% | 54621.96 |
| 四 | 规费 | 4.1+4.2+4.3+4.4+4.5 | 125705.18 |
|  | 4.1 安全文明施工费 | (1)+(2)+(3)+(4) | 60338.49 |
|  | (1) 安全施工费 | (一+二+三)×2% | 38678.52 |
|  | (2) 环境保护费 | (一+二+三)×0.11% | 2127.32 |
|  | (3) 文明施工费 | (一+二+三)×0.29% | 5608.38 |
|  | (4) 临时设施费 | (一+二+三)×0.72% | 13924.27 |
|  | 4.2 工程排污费 | 按相关部门规定计算 | 3867.85 |
|  | 4.3 社会保障费 | (一+二+三)×2.6% | 50282.07 |
|  | 4.4 住房公积金 | 按相关部门规定计算 | 9282.84 |
|  | 4.5 危险作业意外伤害保险 | 按相关部门规定计算 | 1933.93 |
| 五 | 税金 | (一+二+三+四)×税率 | 70233.42 |
| 六 | 建筑工程造价 | 一+二+三+四+五 | 2129864.38 |

## 第四章 部分题目答案

2. 解：
$$L_{中}=(3.6\times4+6.0)\text{m}\times2=40.80\text{m}$$
$$L_{外}=(3.6\times4+0.24+6.0+0.24)\text{m}\times2=41.76\text{m}$$
或
$$L_{外}=L_{中}+4\times墙厚=40.80\text{m}+4\times0.24\text{m}=41.76\text{m}$$
$$L_{内}=(6.0-0.24)\text{m}\times3=17.28\text{m}$$
$$S_{底}=(3.6\times4+0.24)\text{m}\times(6.0+0.24)\text{m}=91.35\text{m}^2$$

$S_{房}=S_{底}-(L_{中}+L_{内})\times$墙厚$=91.35\text{m}^2-(40.80+17.28)\text{m}\times0.24\text{m}=77.41\text{m}^2$

或 $S_{房}=(3.6-0.24)\text{m}\times(6.0-0.24)\text{m}\times4=77.41\text{m}^2$

3. 解：(1) 外墙中心线长度

370 外墙中心线长度

Ⓛ、①、⑫轴线 21.30m+(12.5−1.5−0.37)m×2=42.56m

Ⓐ、Ⓑ 轴线 (3.3+4.5+0.25×2)m+(3.60+2.6)m=14.50m

合计 $L_{中370}=42.56\text{m}+14.50\text{m}=57.06\text{m}$

240 外墙中心线长度 $L_{中240}=1.5\text{m}\times2=3.00\text{m}$

(2) 标准层内墙净长度

370 内墙净长度 $L_{内370}=(3.4+1.5-0.37)\text{m}\times2=9.06\text{m}$

240 内墙净长度

Ⓒ、Ⓓ、Ⓔ、Ⓕ、Ⓖ 轴线 21.3m−0.37m×2+0.6m+0.75m×2+0.9m+(0.25−0.12)m×2+(2.4−0.24)m+2.4m−(2.4−0.24)m=26.22m

②、③、④、⑤、⑥、⑧轴线 (1.8+2.1−0.24)m+(3.6−0.24)m+(1.8+2.1)m+(3.6+0.6−0.24)m+(2.4+1.8+2.1−0.24)m×2=27.00m

⑦、⑨、⑩、⑪轴线(4.2+1.5−0.24)m+(2.1+2.7)m+(4.2−0.24)m+(2.1+2.7+4.2−0.24)m=22.98m

合计 $L_{内240}=26.22\text{m}+27.00\text{m}+22.98\text{m}=76.20\text{m}$

(3) 计算底层建筑面积

$21.3\text{m}\times12.5\text{m}-1.5\text{m}\times(2.6+0.25-0.12)\text{m}-1.5\text{m}\times(3.6+0.25-0.12)\text{m}=256.56\text{m}^2$

(4) 计算标准层建筑面积

$256.56\text{m}^2-1.5\text{m}\times(3.4-0.25+0.12)\text{m}=251.66\text{m}^2$

## 第六章 部分题目答案

9. 解：(1) 挖土深度：1.75m−0.15m=1.6m<1.7m，不放坡

基坑底面积：(21.3+0.565×2)m×(12.5+0.565×2)m−(3.6+0.25+0.565−2.2÷2)m×1.5m−(2.6+0.25+0.565−2.2÷2)m×1.5m+(3.4+2.2÷2)m×(2.2÷2−0.25−0.565)m×2=299.84m²

挖土工程量 299.84m×(1.75−0.15)m=479.74m²

(2) $V_{垫}=299.84\text{m}^2\times0.45\text{m}=134.93\text{m}^3$

3∶7 灰土垫层 套 2-1-1 基价（换）

[1268.41−10.1×(80.47−48.27)]元/10m³=943.19 元/10m³

直接工程费：(560.92×134.93÷10)元=7568.49 元

(3) 由结施 02，基础详图 1-1 知，该部分为无梁式带型基础。

$V=[0.6\times(0.37+0.065\times2)+(1.5-0.3\times2)\times(1.75-0.45-0.6-0.325-0.0750)]\text{m}^2\times[(21.3+12.5)\times2-4\times0.37]\text{m}=37.69\text{m}^3$

毛石混凝土带型基础 套 4-2-3 基价 2348.78 元/10m³

(4) 由第四章课后第 3 题知：$L_{中370}=57.06\text{m}$，$L_{中240}=3.00\text{m}$，$L_{内370}=9.06\text{m}$，$L_{内240}=76.20\text{m}$。由结施 02、03、04 知，标准层高为 2.8m，圈梁断面尺寸为 240mm×240mm，过

梁断面尺寸为墙厚×400mm。异型窗台梁断面尺寸为370mm×200mm，长度至构造柱侧面。

370墙体工程量：

毛体积[(57.06+9.06)×0.365−0.24×0.24×20−0.06×0.24×20]$m^2$×(2.8−0.24)m=58.10$m^3$

门窗体积(1.2×2+0.9×3+1.5×3+1.8×4+2.4×2)m×1.5m×0.365m+0.9m×2.4m×0.365m×2=13.40$m^3$

门窗、过梁体积(1.2×2+0.9×3+1.5×3+1.8×4+2.4×2+0.9×2+0.25×2×14)m×(0.4−0.24)m×0.365m=1.78$m^3$

异形窗台梁体积0.365m×0.2m×(2.4+3.3+4.5+4.2−0.24×4)m=0.98$m^3$

370墙体工程量合计　　　(58.10−13.40−1.78−0.98)$m^3$=41.94$m^3$

240墙体工程量：

毛体积[(76.2+3.0)×0.24−0.24×0.24×9−0.06÷2×27]$m^2$×(2.8-0.24)m=45.26$m^3$

门窗、过梁体积[1.0×2.1×2+(0.9×6+0.8×2)×2.4]$m^2$×0.24m+1.5m×0.24m×0.18m×2+[(0.9×2+0.25×2)×6+(0.8+0.25×2)×2]m×(0.4−0.24)m×0.24m=5.59$m^3$

240墙体工程量合计45.26$m^3$−5.59$m^3$=39.67$m^3$

(5) 由施工图知，C6：1500mm×1500mm共14樘；C7：1800mm×1500mm共10樘；C8：3160mm×1500mm共10樘。

塑料窗工程量1.5m×1.5m×14+1.8m×1.5m×10+3.16m×1.5m×5=82.20$m^2$

塑料窗带纱扇　套5-6-3　基价2661.49元/10$m^2$

直接工程费：(2661.49×82.20÷10)元=21877.45元

(6) 370墙体防潮层工程量：

[(21.3+12.5)×2−4×0.37]m×0.37m−0.24m×0.24m×20=23.31$m^2$

240墙体防潮层工程量：

Ⓒ、Ⓓ、Ⓔ、Ⓕ、Ⓖ轴线[(21.3−0.37×2)+(0.75×2)+(2.4+4.2+0.25×2+0.9−0.24×2)+(3.9−0.24)+(2.4+1.7−0.24)]m×0.24m=8.90$m^2$

Ⓐ、②、③、④、⑤轴线[(3.4−0.25−0.12)×2+(2.1+1.8−0.24)+(1.5+3.6−0.37)+(0.6+1.5+0.9+1.8+2.1−0.24)+(4.2−0.24)]m×0.24m=6.02$m^2$

⑥、⑦、⑧、⑨、⑩、⑪轴线[(1.5+0.9+1.8+2.1−0.24)×3+(1.5+4.2−0.24)+(4.2−0.24)+(1.5+4.2+2.7+2.1−0.24×2)]m×0.24m=9.03$m^2$

小计(8.90+6.02+9.03−0.24×0.24×9)$m^2$=23.43$m^2$

墙体水平防潮层工程量(23.31+23.43)$m^2$=46.74$m^2$

防水砂浆20mm厚　套6-2-5　基价131.83元/10$m^2$

# 附录B　某单位职工宿舍楼施工图

## 建筑设计说明

1. 建筑名称：某单位职工宿舍楼施工图。
2. 本工程座落在县城以内，一层室内标高为±0.000，室内外高差为−0.150m,底层地面相当于绝对高程15.200m。
3. 建筑层数6层，抗震设防烈度为7度。
4. 建筑结构形式：砖混结构，建筑工程耐久年限50年。
5. 室外勒脚高为300mm，采用水泥砂浆抹面，且与水平防潮层交圈，水平防潮层采用1∶2防水砂浆，内掺3%防水粉。
6. 散水宽1m，每隔6～8m设伸缩缝一道，缝宽15mm，采用沥青灌缝。

## 图样目录

| 序号 | 图号 | 图样名称 |
|---|---|---|
| 1 | 建施01 | 建筑设计说明、图样目录、门窗明细表 |
| 2 | 建施02 | 一层平面图 |
| 3 | 建施03 | 二层平面图 |
| 4 | 建施04 | 标准层平面图 |
| 5 | 建施05 | 六层平面图 |
| 6 | 建施06 | 屋顶平面图 |
| 7 | 建施07 | 坡屋顶内墙体布置图 |
| 8 | 建施08 | 南立平面 |
| 9 | 建施09 | 北立平面 |
| 10 | 建施10 | 东立面图、檐口详图 |
| 11 | 建施11 | 西立面图、檐口详图 |
| 12 | 建施12 | 楼梯平面图 |
| 13 | 建施13 | 楼梯剖面图 |
| 14 | 结施1 | 基础平面图 |
| 15 | 结施2 | 基础详图、GL、QL、L1、L2、L3、L4配筋图 |
| 16 | 结施3 | 二～五层现浇楼面配筋图 |
| 17 | 结施4 | 六层平屋面配筋图 |
| 18 | 结施5 | 楼梯结构平面图、剖面图 |
| 19 | 结施6 | 楼梯段、楼梯平台梁、M1、贮藏室外门配筋图 |

## 门窗明细表

| 类别 | 门窗编号 | 洞口尺寸/mm | | 数量 | 标准图集代号 | 位置 | 备注 |
|---|---|---|---|---|---|---|---|
| | | 宽度 | 高度 | | | | |
| 门 | M1 | 1500 | 2100 | 1 | | 进楼门 | 平开铁门定做 |
| | M2 | 1800 | 1800 | 6 | | 储藏室门 | 平开铁门定做 |
| | M3 | 900 | 1800 | 11 | | 储藏室门 | 平开铁门定做 |
| | M4 | 1200 | 1800 | 2 | | 储藏室门 | 平开铁门定做 |
| | M5 | 800 | 1800 | 1 | L92J601 | 坡屋顶门 | 防M2-21 |
| | M6 | 2400 | 1800 | 2 | | 储藏室门 | 平开铁门定做 |
| | M7 | 1000 | 2100 | 10 | | 进户门 | 安全门 |
| | M8 | 900 | 2400 | 30 | | 卧室门 | 房主定做 |
| | M9 | 800 | 2400 | 10 | | 厨房、卫生间门 | 房主定做 |
| 窗 | C1 | 900 | 900 | 1 | L99J605 | 储藏室窗 | 防TC-01 |
| | C2 | 1500 | 900 | 2 | L99J605 | 储藏室窗 | TC-02 |
| | C3 | 1200 | 1500 | 5 | L99J605 | 卫生间窗 | 防TC-71 |
| | C4 | 900 | 1500 | 5 | L99J605 | 卫生间窗 | 防TC-71 |
| | C5 | 1200 | 1500 | 5 | L99J605 | 厨房窗 | 见详图 |
| | C6 | 1500 | 1500 | 14 | L99J605 | 餐厅、卧室、楼道窗 | 防TC-72 |
| | C7 | 1800 | 1500 | 10 | L99J605 | 卧室窗 | 防TC-73 |
| | C8 | 3160 | 1500 | 5 | L99J605 | 阳台窗 | 防TC-116 |
| | C9 | 2400 | 1500 | 5 | L99J605 | 起居窗 | 防TC-76 |
| | C10 | 1800 | 1500 | 5 | L99J605 | 厨房窗 | 见详图 |
| | C11 | 1800 | 1500 | 5 | L99J605 | 卧室窗 | 见详图 |
| | C12 | 2400 | 1500 | 5 | L99J605 | 起居窗 | 见详图 |
| | C13 | 1800 | 1200 | 1 | L99J605 | 坡屋顶窗 | 防TC-86 |
| | C14 | 1200 | 1200 | 1 | L99J605 | 坡屋顶窗 | 防TC-86 |
| 门连窗 | MC1 | 1800 | 2400 | 10 | | 厨房、卫生间门 | 房主定做 |
| | MC2 | 3960 | 2400 | 5 | | 厨房、卫生间门 | 房主定做 |
| | MC3 | 1460 | 2400 | 5 | | 厨房、卫生间门 | 房主定做 |

| 图号 | 建施01 |
|---|---|

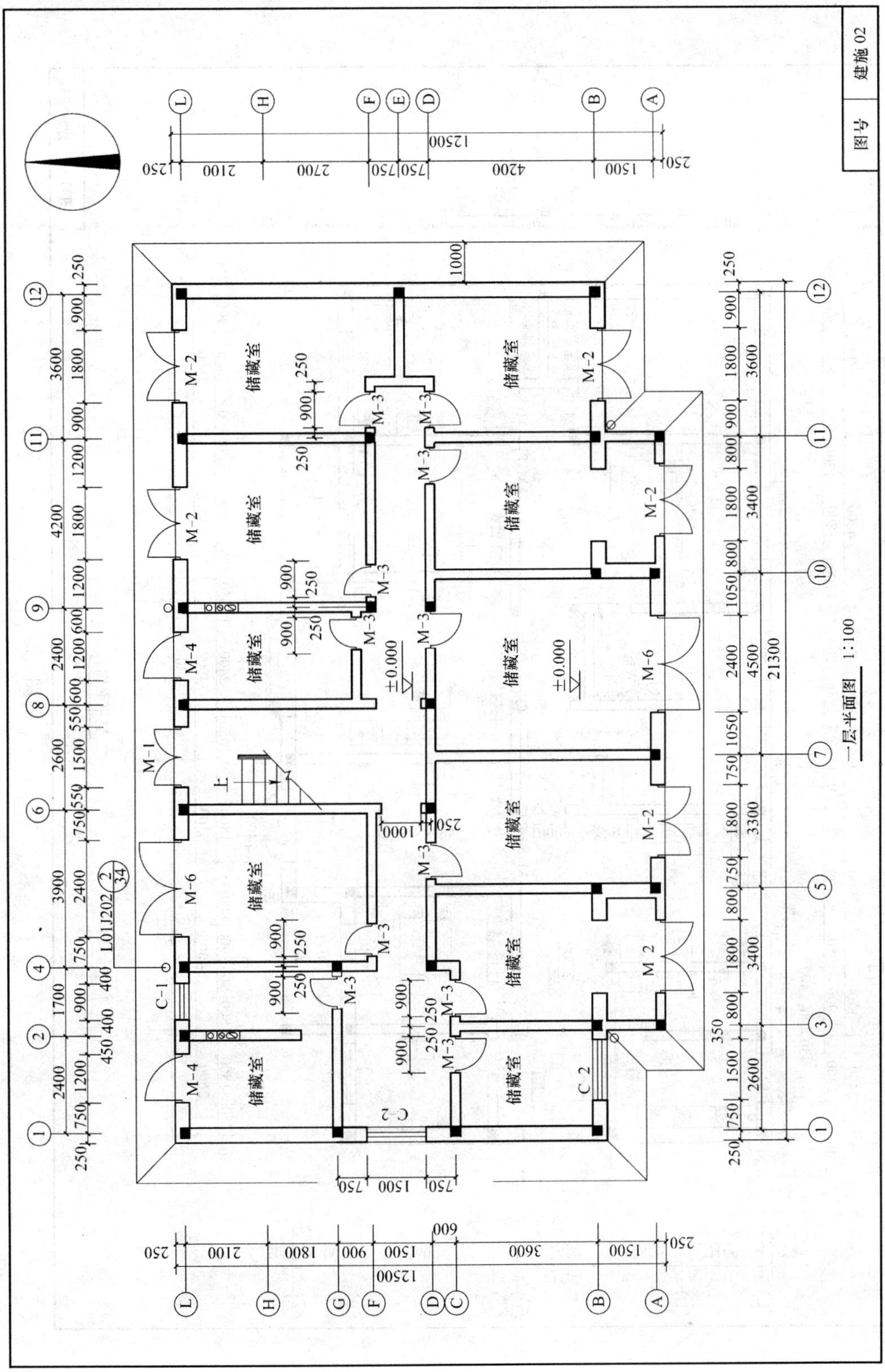


一层平面图 1:100

附图 1

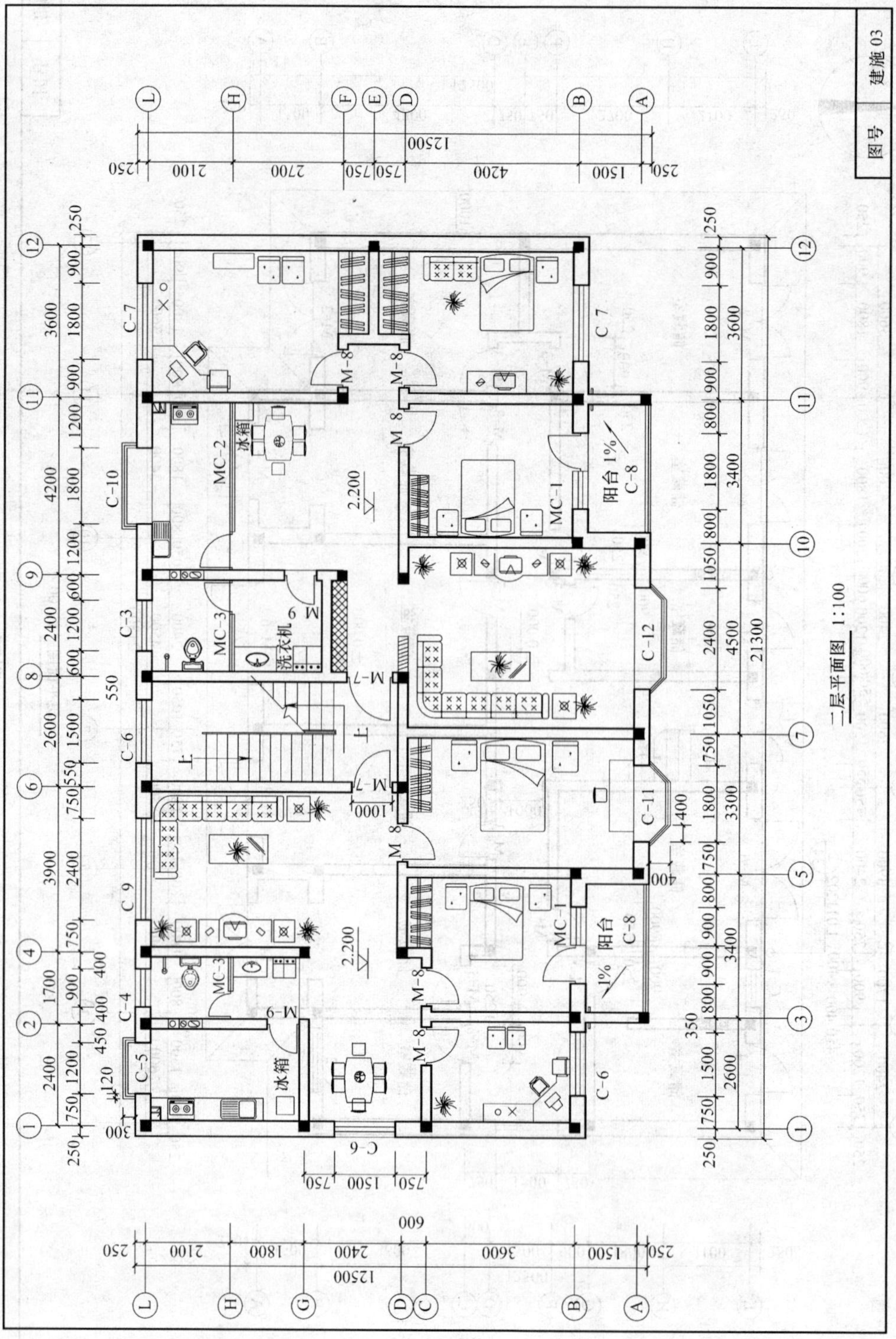


二层平面图　1:100

附图　2

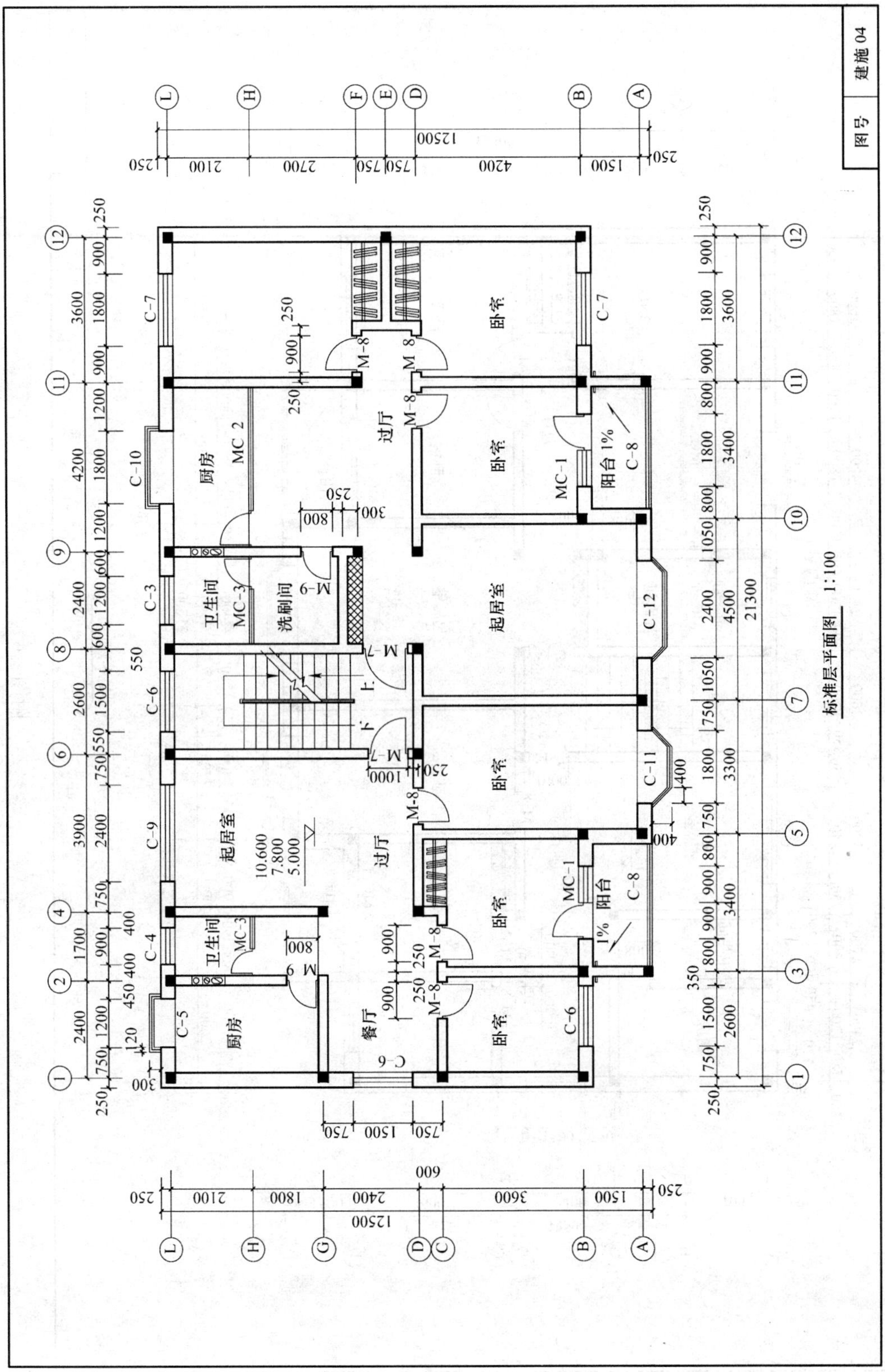


标准层平面图 1:100

附图 3

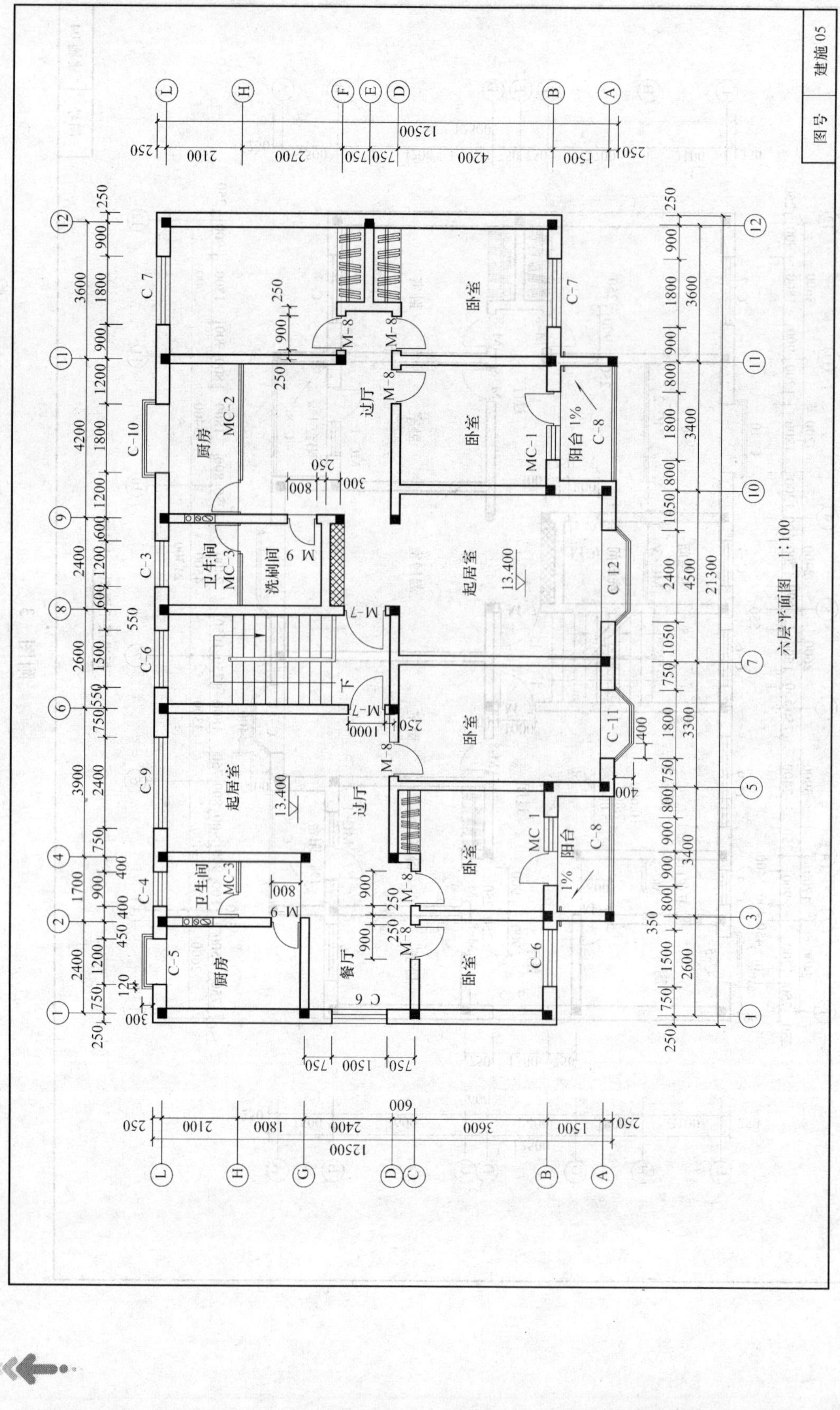
图号
建施05
六层平面图 1:100
厨房
卫生间
洗刷间
起居室
13.400
过厅
卧室
阳台 1%
餐厅
MC-1
MC-2
MC-3
M-7
M-8
M-9
C-3
C-4
C-5
C-6
C-7
C-8
C-9
C-10
C-11
C-12
21300
12500

附图 4

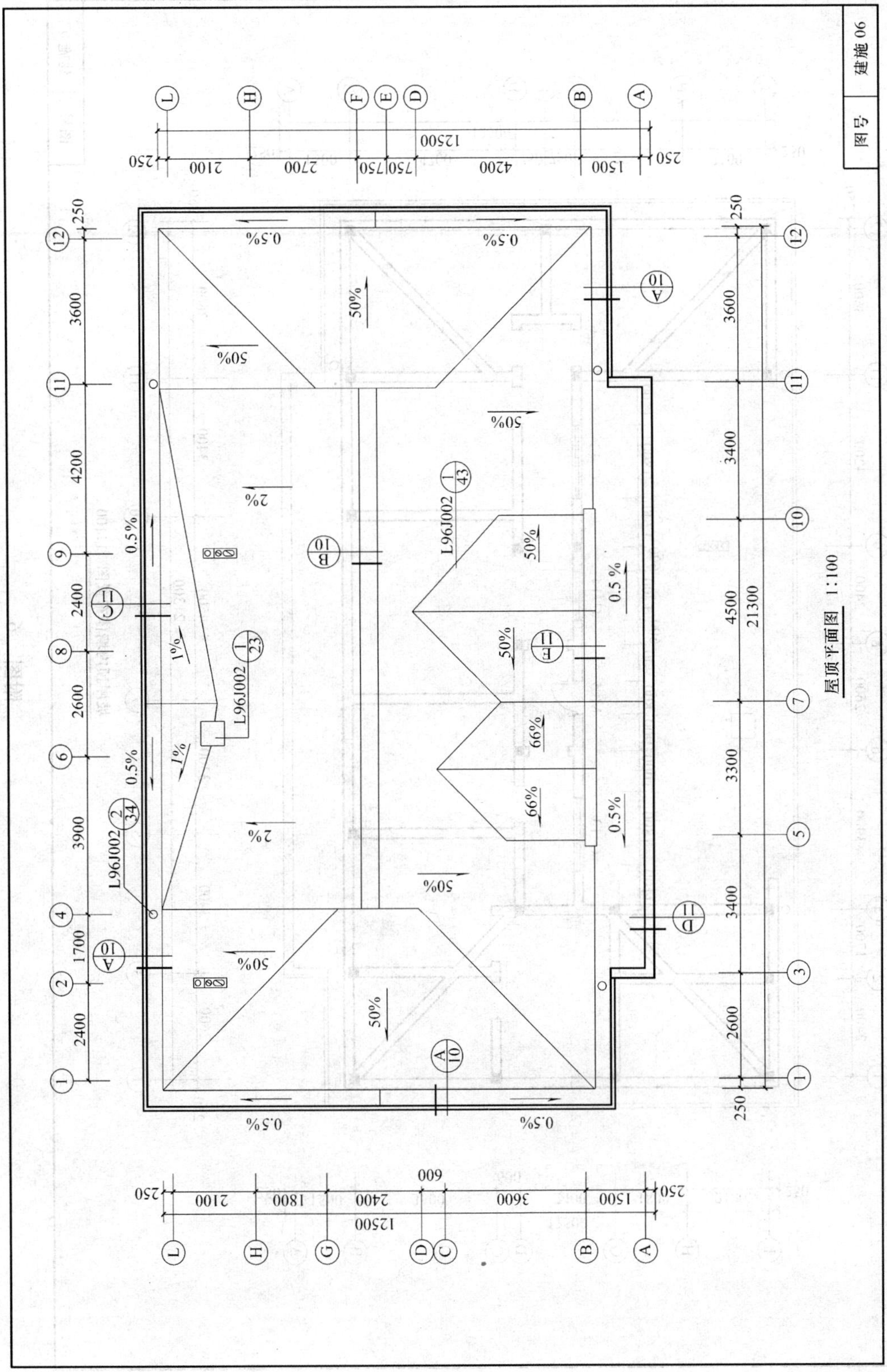


附图 5

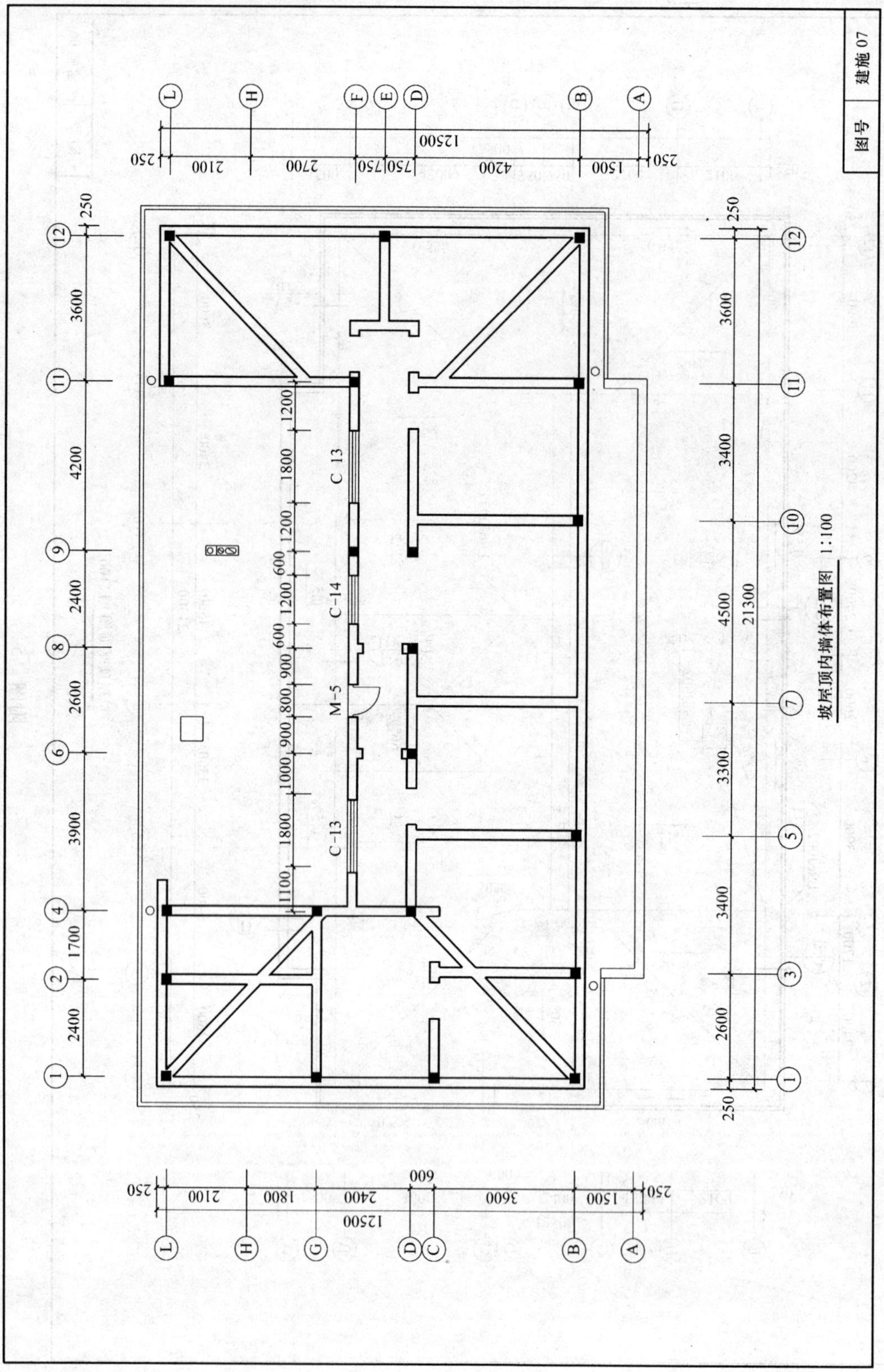


附图 6

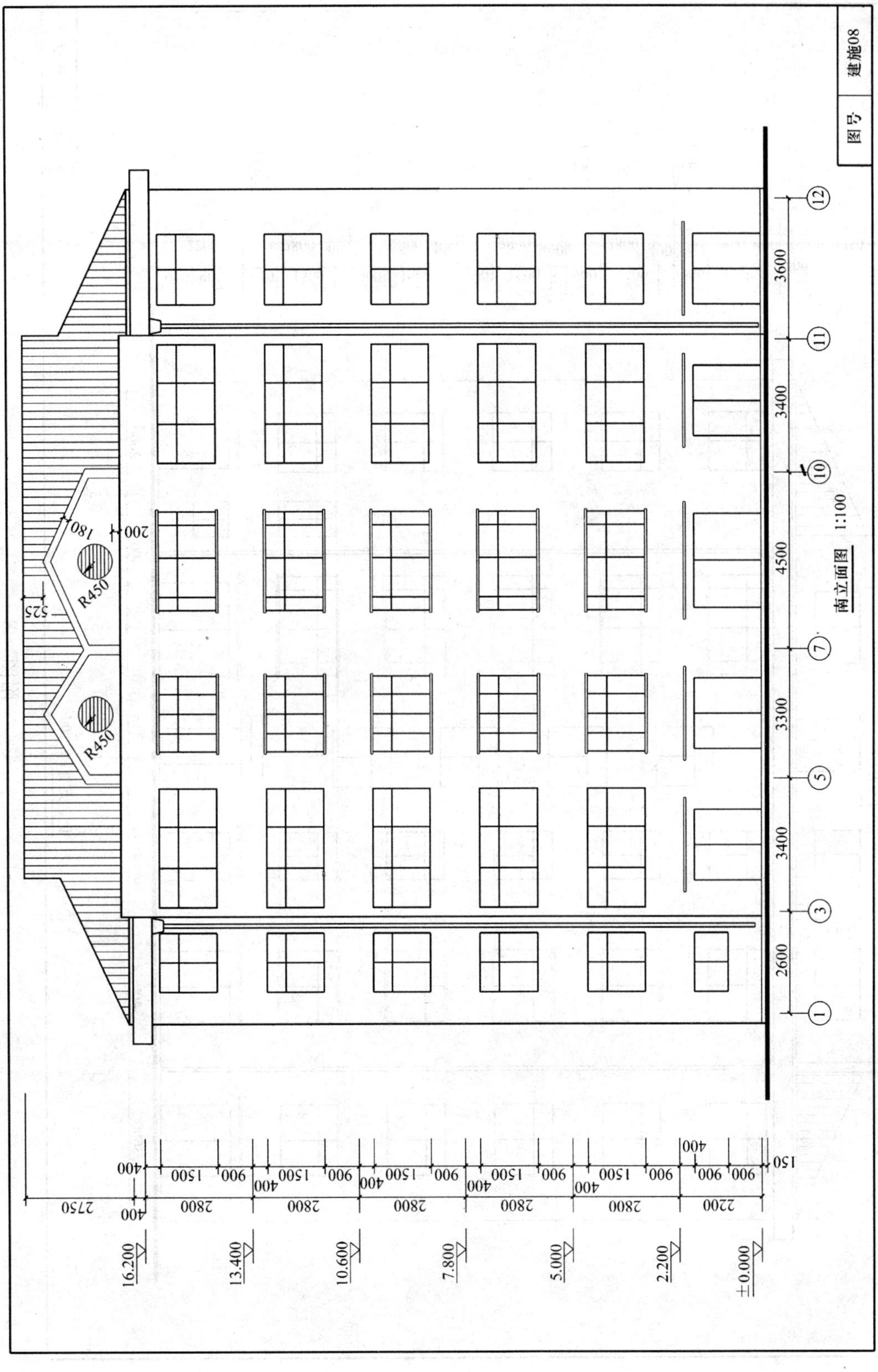

图号
建施08
南立面图 1:100
R450
R450
16.200
13.400
10.600
7.800
5.000
2.200
±0.000


附图 7

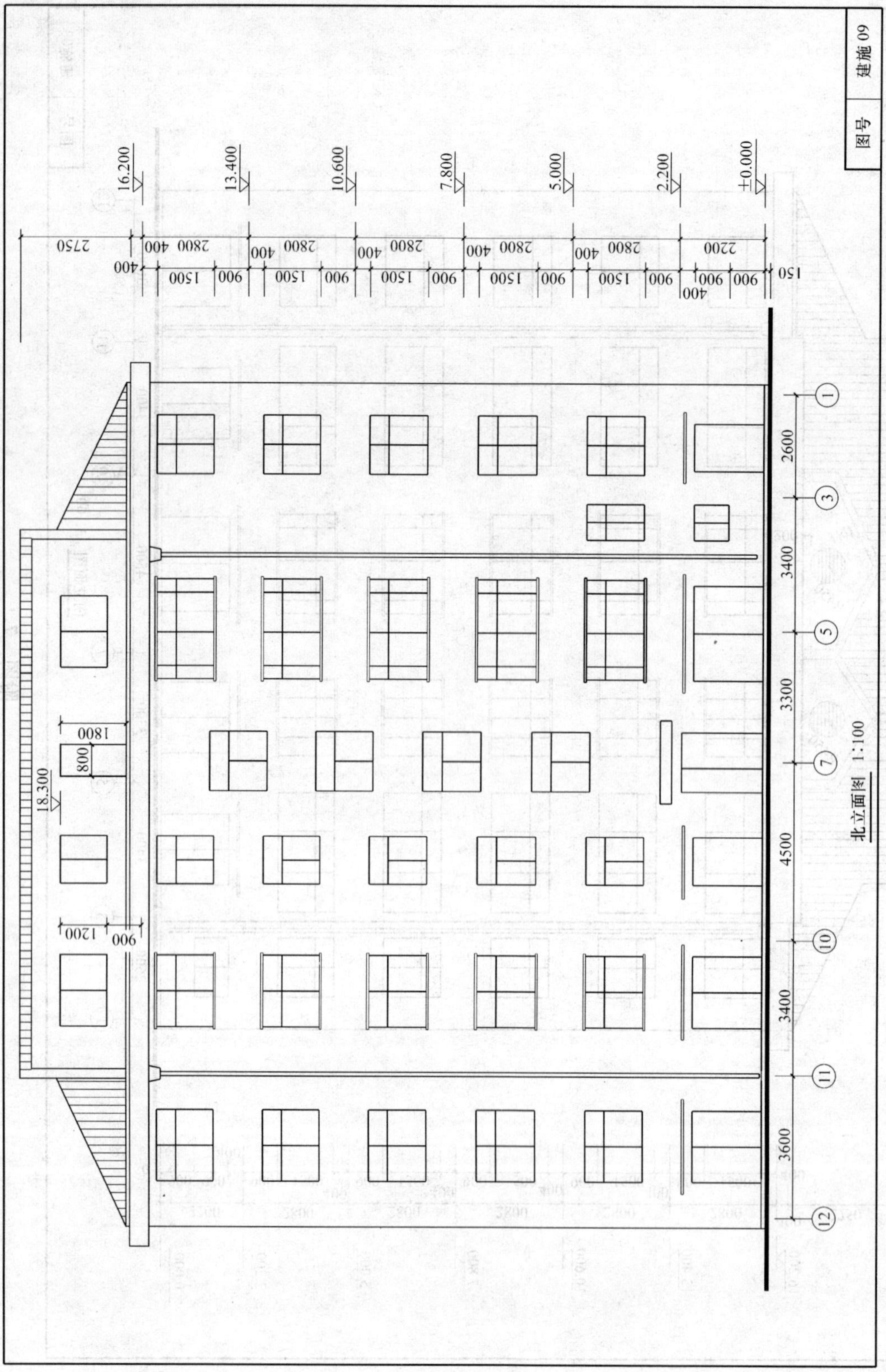

北立面图　1:100
图号　建施 09
±0.000
2.200
5.000
7.800
10.600
13.400
16.200
18.300
2600
3400
3300
4500
3400
3600
2750
2800
2200
1500
900
400
150
1800
800
1200
900
①
③
⑤
⑦
⑩
⑪
⑫


附图　8

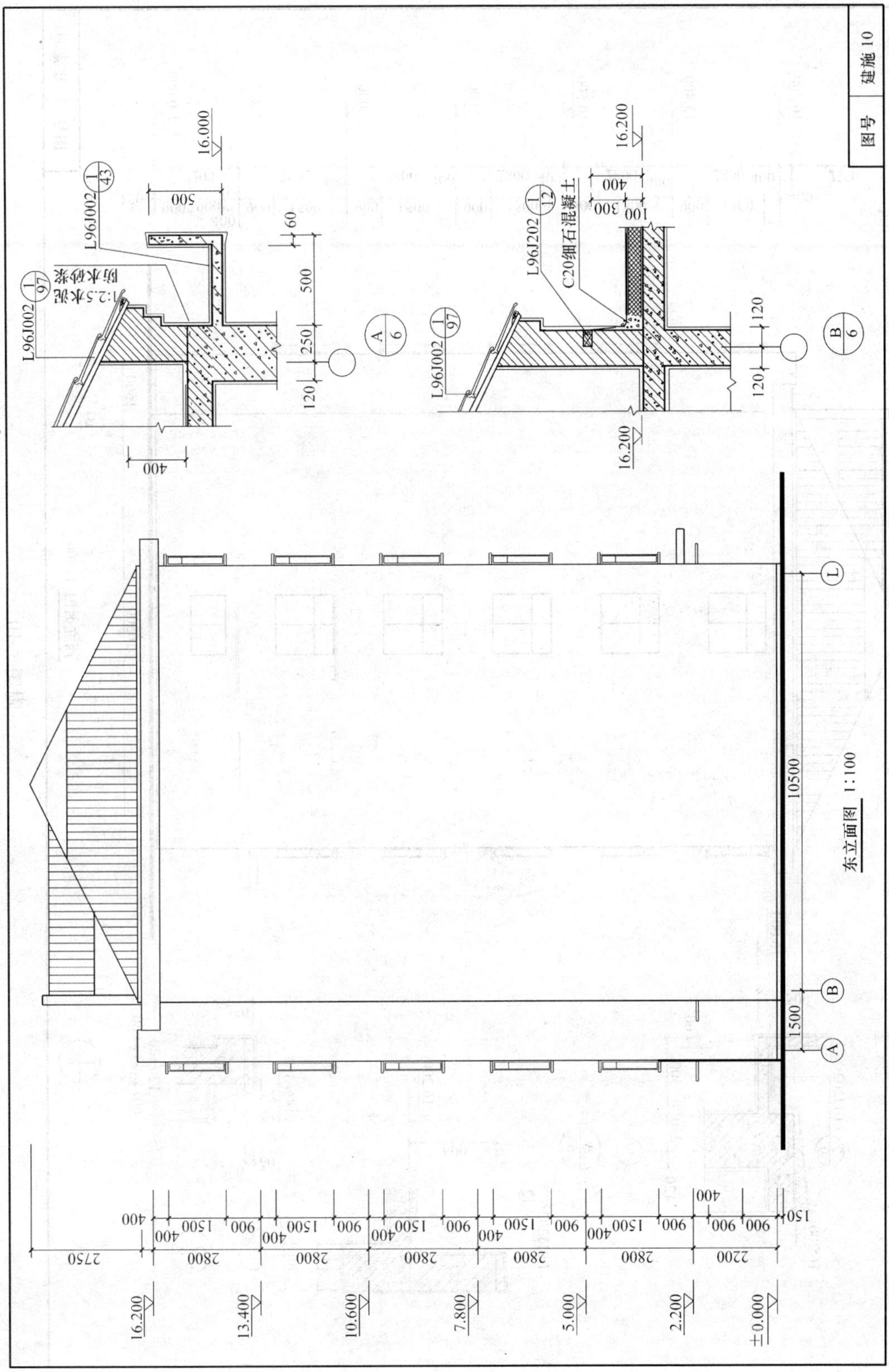
东立面图 1:100
图号 建施 10
L96J002 1/97
1:2.5水泥防水砂浆
L96J002 1/43
L96J202 1/12
C20细石混凝土
A/6
B/6
16.000
16.200
13.400
10.600
7.800
5.000
2.200
±0.000
10500
1500
2750
2800
2200


附图 9

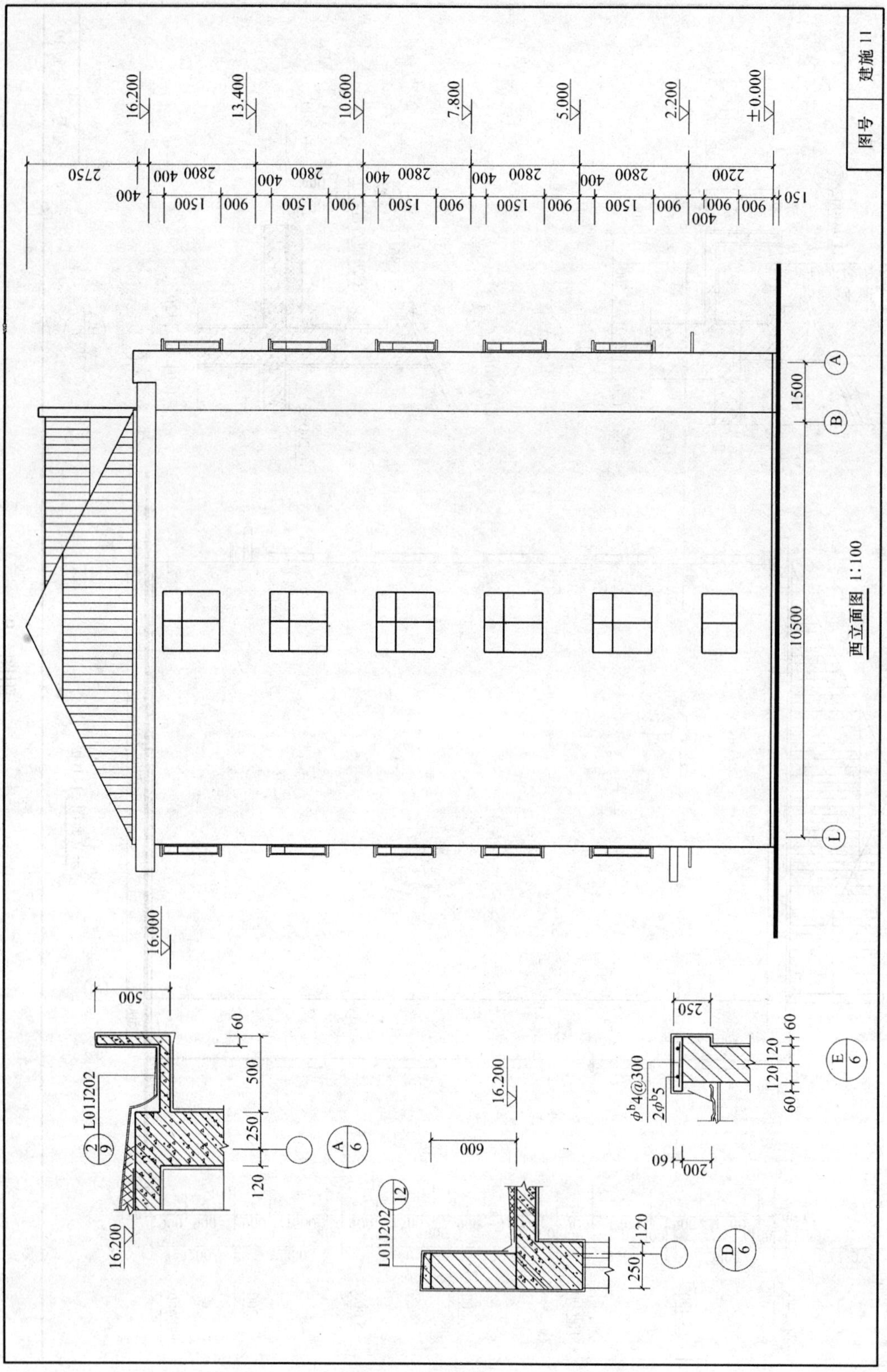
16.200
13.400
10.600
7.800
5.000
2.200
±0.000
16.000
西立面图 1:100
10500
1500
图号
建施 11
L01J202
φb4@300
2φb5

附图 10

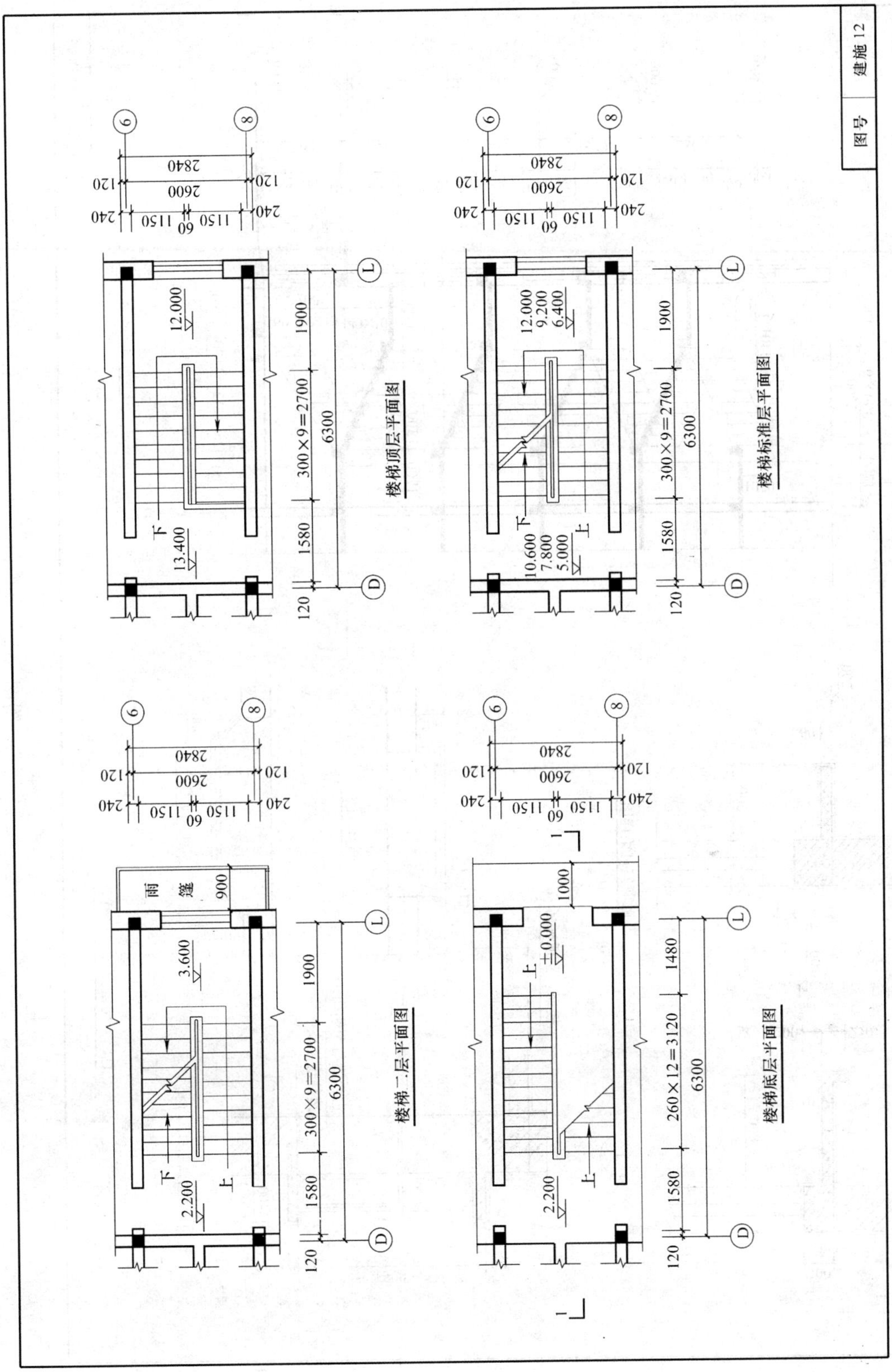
图号
建施 12
楼梯顶层平面图
楼梯标准层平面图
楼梯二层平面图
楼梯底层平面图
12.000
13.400
12.000
9.200
6.400
10.600
7.800
5.000
3.600
2.200
±0.000
2.200
雨篷
900
1000
300×9=2700
260×12=3120
6300
1900
1580
1480
120
2840
2600
1150
60
240
上
下

附图 11

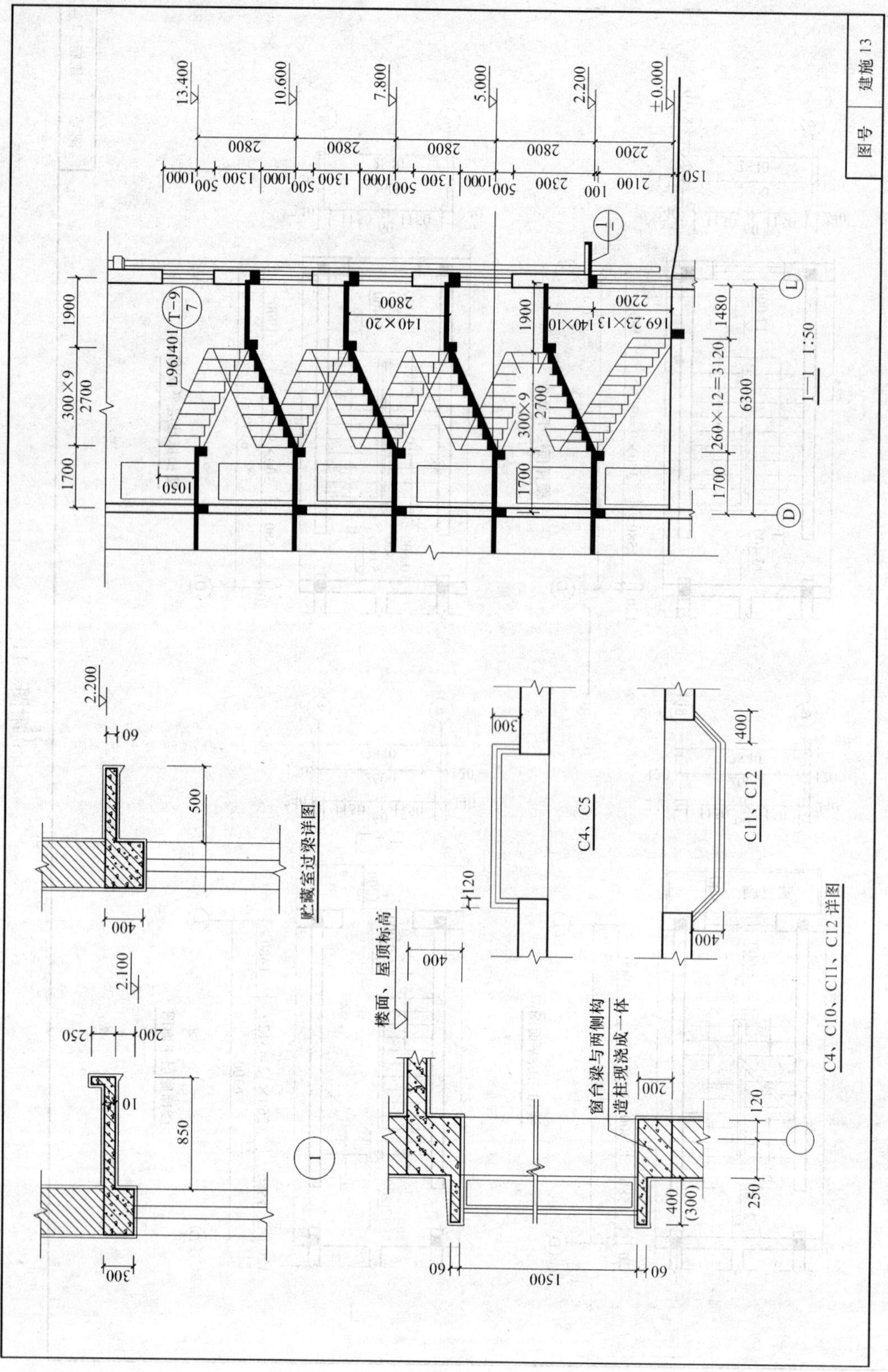
图号 建施13
1—1 1:50
L96J401
贮藏室过梁详图
楼面、屋顶标高
窗台梁与两侧构造柱现浇成一体
C4、C5
C11、C12
C4、C10、C11、C12 详图

附图 12

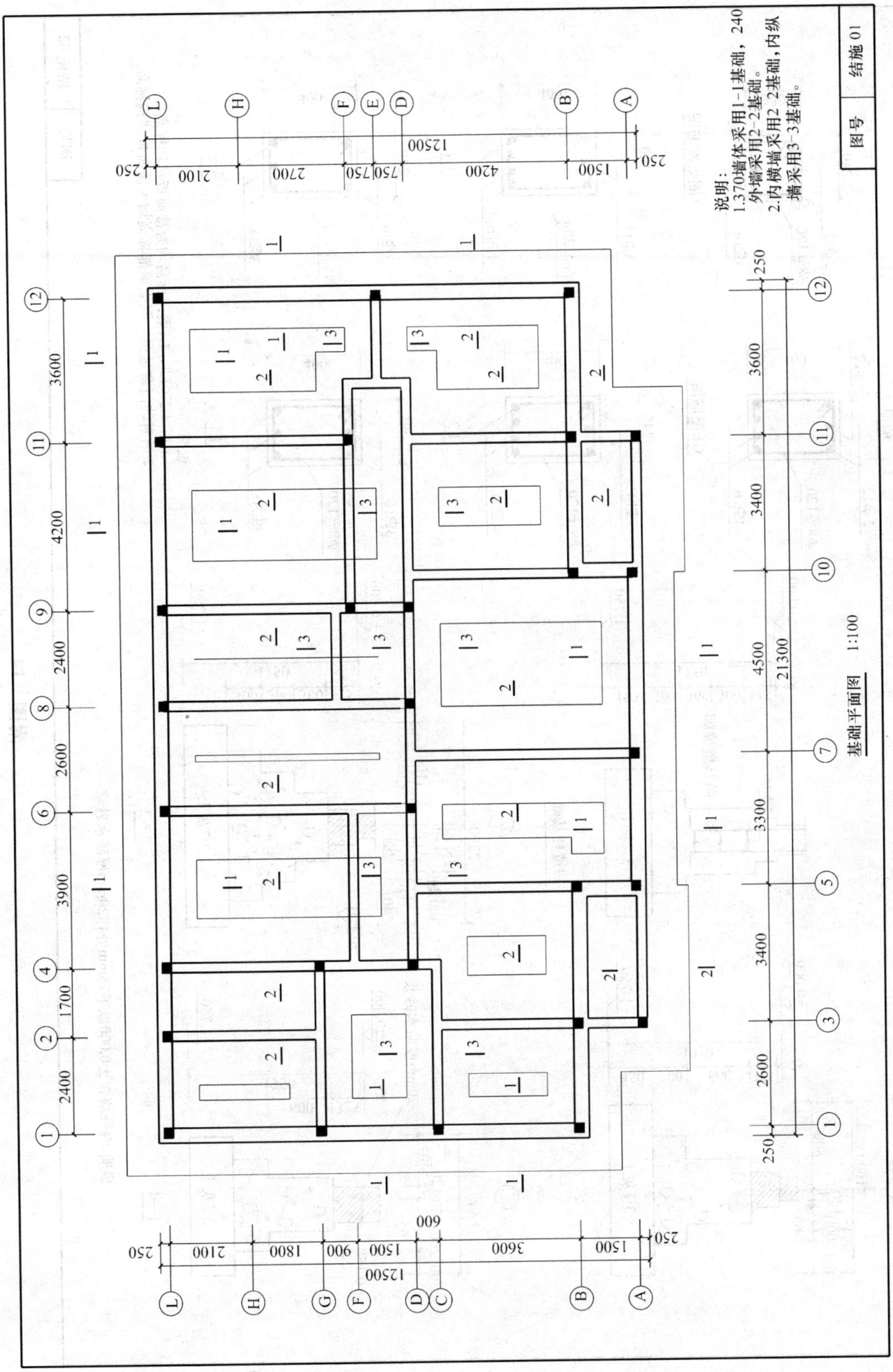
说明：
1.370墙体采用1-1基础，240外墙采用2-2基础。
2.内横墙采用2-2基础，内纵墙采用3-3基础。
基础平面图 1:100
图号 结施01

附图 13

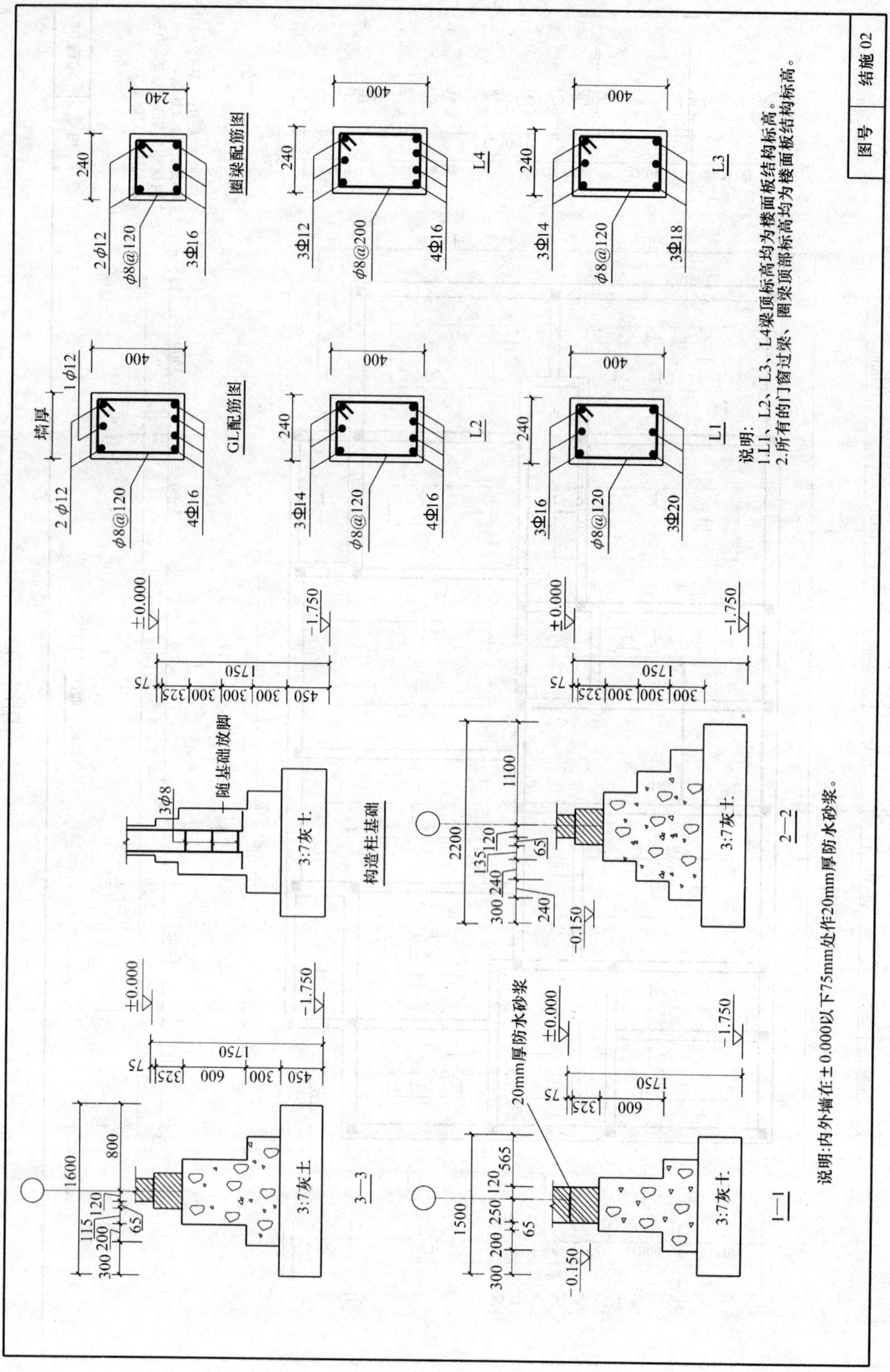

图号 结施02
说明:
1.L1、L2、L3、L4梁顶标高均为楼面板结构标高。
2.所有的门窗过梁、圈梁顶部标高均为楼面板结构标高。
圈梁配筋图
GL配筋图
L1
L2
L3
L4
构造柱基础
随基础放脚
1—1
2—2
3—3
3:7灰土
20mm厚防水砂浆
说明:内外墙在±0.000以下75mm处作20mm厚防水砂浆。


附图 14

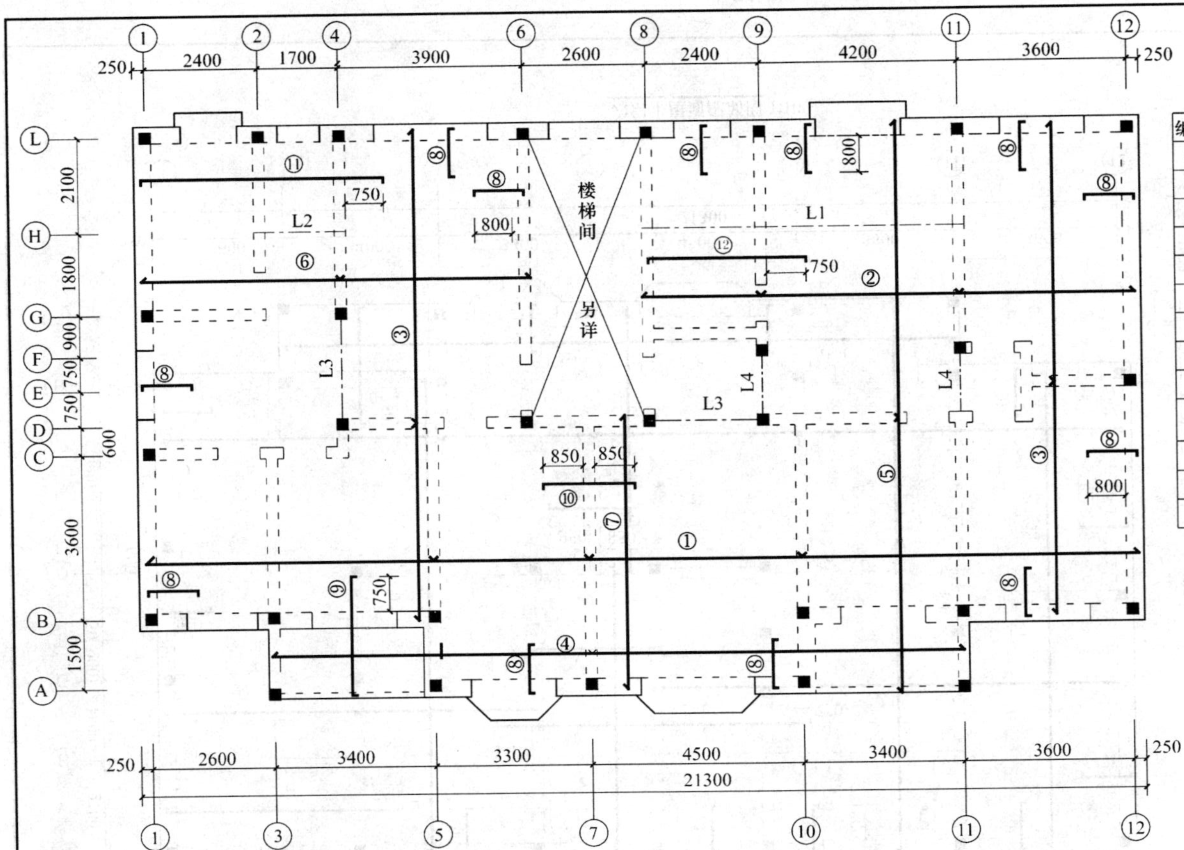

楼面现浇板配筋表

| 编号 | 直径/mm | 级别 | 间距/mm | 型式 | 范围 |
|---|---|---|---|---|---|
| ① | 14 | Ⅱ | 100 | | Ⓑ~Ⓓ |
| ② | 14 | Ⅱ | 100 | | Ⓓ~Ⓛ |
| ③ | 12 | Ⅱ | 120 | | ①~⑬,⑪,⑫ |
| ④ | 14 | Ⅱ | 100 | | Ⓐ~Ⓑ |
| ⑤ | 12 | Ⅱ | 120 | | ③~⑥,⑧~⑪ |
| ⑥ | 14 | Ⅱ | 100 | | Ⓓ~Ⓛ |
| ⑦ | 12 | Ⅱ | 120 | | ⑥~⑧ |
| ⑧ | 10 | Ⅰ | 150 | | 沿370外墙,⑥ |
| ⑨ | 12 | Ⅰ | 150 | | ③~⑤,⑩~⑪ |
| ⑩ | 10 | Ⅰ | 100 | | ②.⑤.⑦.⑩.⑪ Ⓒ.Ⓓ.Ⓛ.Ⓕ.Ⓛ |
| ⑪ | 12 | Ⅰ | 150 | | Ⓖ~Ⓛ |
| ⑫ | 12 | Ⅰ | 150 | | Ⓕ~Ⓛ |
| | | | | | |

说明：现浇板除厨房、卫生间、洗刷间厚度为80mm外，其余均为100mm。

二~五层现浇楼面配筋图 1:100

| 图号 | 结施 03 |
|---|---|

附图 15

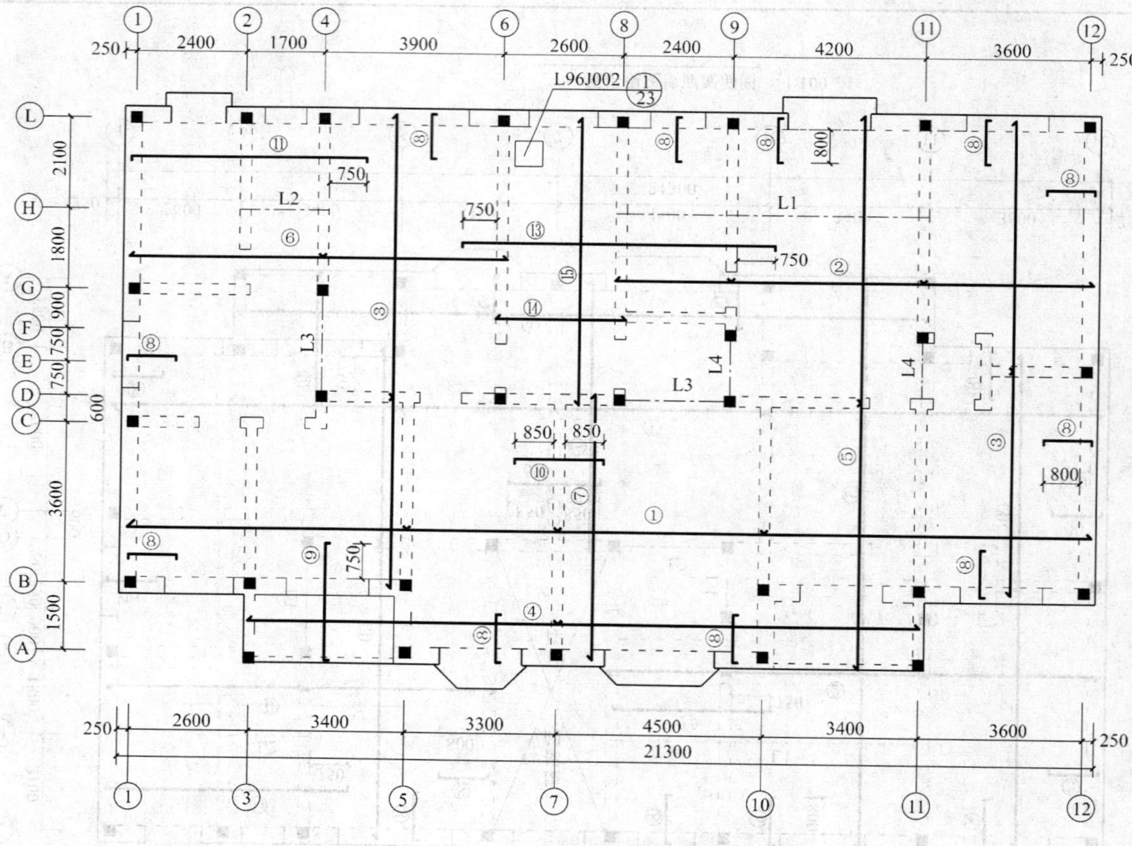


六层平屋面配筋图 1:100

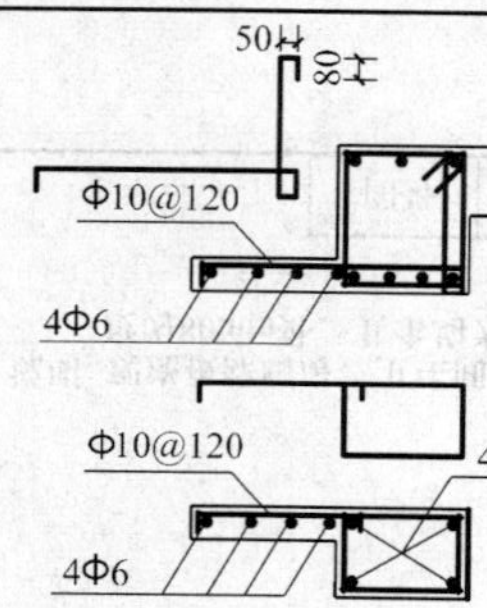


异形窗配筋
未注筋见GL图

现浇屋面板配筋表

| 编号 | 直径/mm | 级别 | 间距/mm | 型式 | 范围 |
|---|---|---|---|---|---|
| ① | 14 | Ⅱ | 100 | | Ⓑ~Ⓓ |
| ② | 14 | Ⅱ | 100 | | Ⓓ~Ⓛ |
| ③ | 12 | Ⅱ | 120 | | ①~③,⑪,⑫ |
| ④ | 14 | Ⅱ | 100 | | Ⓐ~Ⓑ |
| ⑤ | 12 | Ⅱ | 120 | | ③~⑥,⑧~⑪ |
| ⑥ | 14 | Ⅱ | 100 | | Ⓓ~Ⓛ |
| ⑦ | 12 | Ⅱ | 120 | | ⑥~⑧ |
| ⑧ | 10 | Ⅰ | 150 | | 沿370外墙,⑥ |
| ⑨ | 12 | Ⅰ | 150 | | ③~⑤,⑩~⑪ |
| ⑩ | 10 | Ⅰ | 100 | | ②,⑤,⑦,⑩,⑪ Ⓒ,Ⓓ,Ⓔ,Ⓕ,Ⓗ |
| ⑪ | 12 | Ⅰ | 150 | | Ⓖ~Ⓛ |
| ⑬ | 12 | Ⅰ | 150 | | Ⓕ~Ⓛ |
| ⑭ | 14 | Ⅱ | 100 | | Ⓓ~Ⓛ |
| ⑮ | 12 | Ⅱ | 120 | | ⑥~⑧ |

说明：现浇屋面板厚度为100mm。

| 图号 | 结施04 |
|---|---|

附图　16

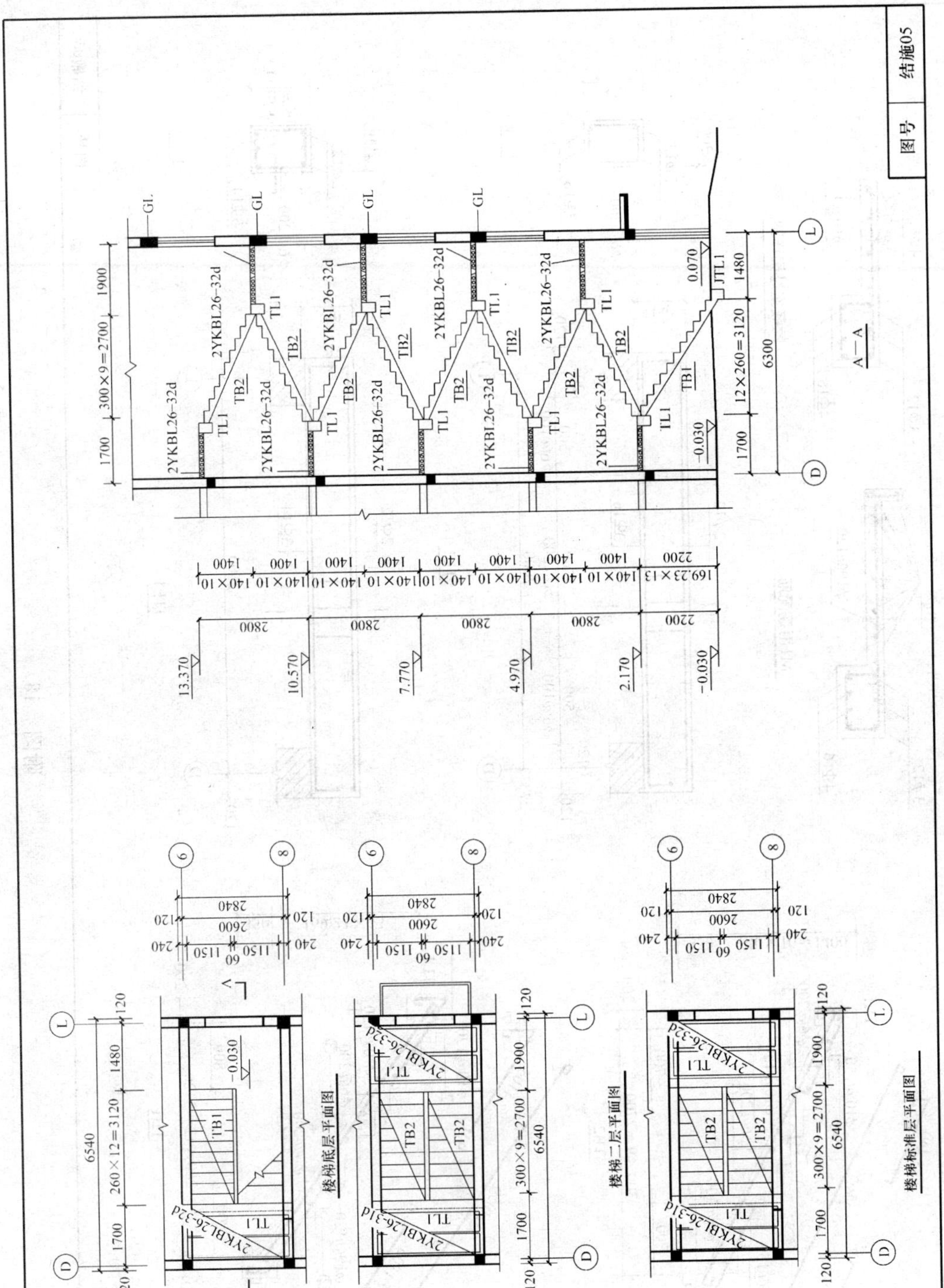
图号
结施05
A—A
楼梯底层平面图
楼梯二层平面图
楼梯标准层平面图
2YKBL26-32d
TL1
TB1
TB2
JTL1
GL
13.370
10.570
7.770
4.970
2.170
-0.030
0.070
6300
6540
12×260=3120
300×9=2700
169.23×13
140×10
2800
2200
1400
1700
1900
1480
2840
2600
1150
240
120
60

附图 17

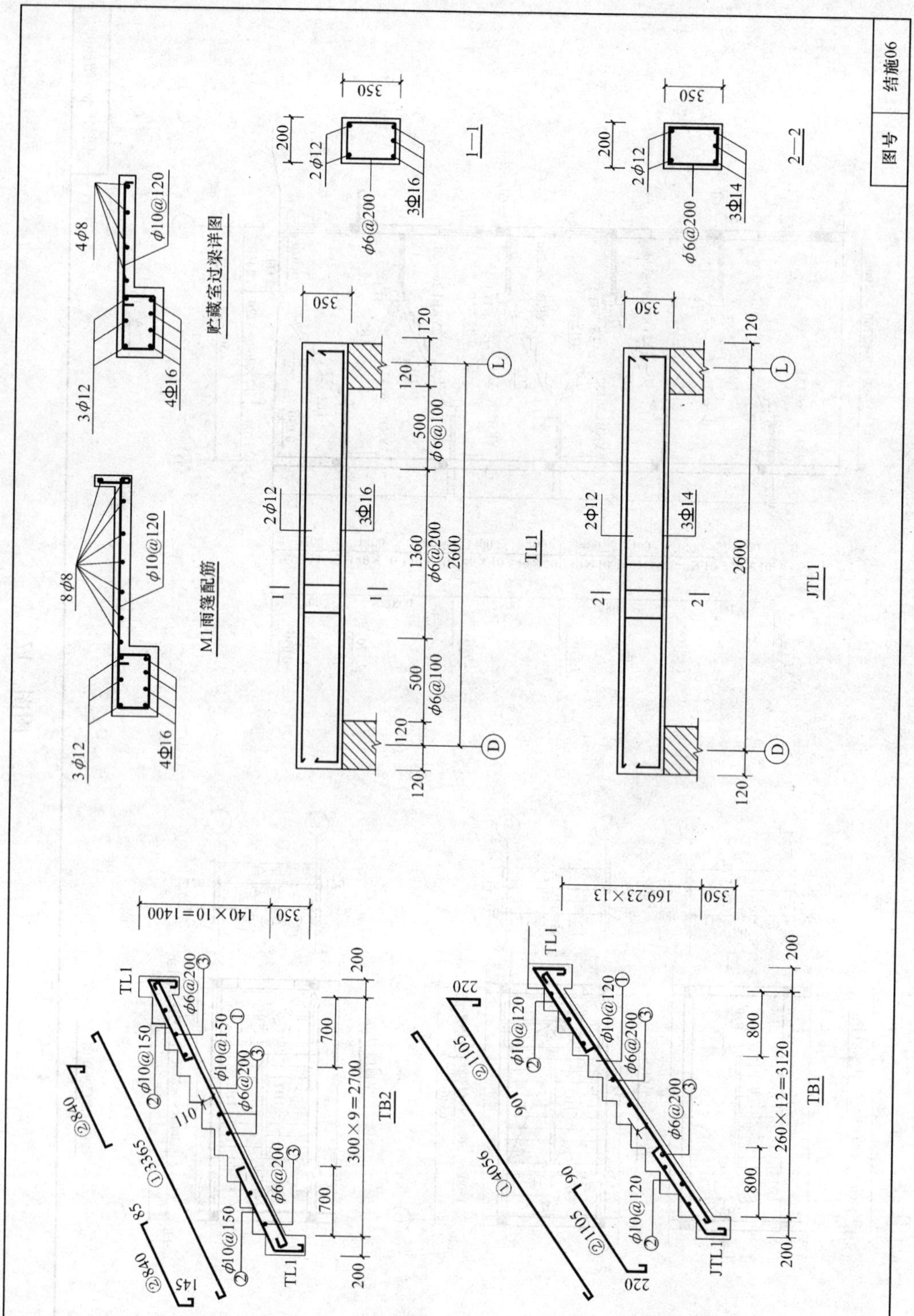


附图 18